博士后文库
中国博士后科学基金资助出版

大跨度建筑结构太阳辐射
非均匀温度效应

刘红波　陈志华　著

科学出版社
北　京

内 容 简 介

本书系统总结和阐述了作者在大跨度建筑结构太阳辐射非均匀温度效应方面的研究成果。本书共 6 章,第 1 章论述了在大跨度建筑结构建造过程中考虑太阳辐射非均匀温度作用的必要性;第 2 章论述了常用材料的太阳辐射吸收和透射特性;第 3 章论述了太阳辐射下典型构件的非均匀温度试验;第 4 章论述了太阳辐射非均匀温度场的数值模拟方法;第 5 章结合工程实例,论述了大跨度建筑结构太阳辐射的非均匀温度效应;第 6 章给出了典型构件太阳辐射非均匀温度作用的简化计算方法。

本书可供土木工程及相关领域的广大科技人员参考,也可作为土木工程专业研究生和高年级本科生的学习参考书。

图书在版编目(CIP)数据

大跨度建筑结构太阳辐射非均匀温度效应/刘红波,陈志华著. —北京:科学出版社,2016
（博士后文库）
ISBN 978-7-03-046858-1

Ⅰ.①大… Ⅱ.①刘…②陈… Ⅲ.①建筑物-大跨度结构-研究
Ⅳ.①TU208.5

中国版本图书馆 CIP 数据核字(2015)第 311407 号

责任编辑:裴 育 高慧元 / 责任校对:桂伟利
责任印制:张 倩 / 封面设计:陈 敬

科 学 出 版 社 出版
北京东黄城根北街 16 号
邮政编码:100717
http://www.sciencep.com

三河市骏杰印刷有限公司 印刷
科学出版社发行 各地新华书店经销
*
2016 年 6 月第 一 版 开本:720×1000 1/16
2016 年 6 月第一次印刷 印张:16 1/2 插页:2
字数:316 000
定价: 98.00 元
（如有印装质量问题,我社负责调换）

《博士后文库》序言

博士后制度已有一百多年的历史。世界上普遍认为,博士后研究经历不仅是博士们在取得博士学位后找到理想工作前的过渡阶段,而且也被看成是未来科学家职业生涯中必要的准备阶段。中国的博士后制度虽然起步晚,但已形成独具特色和相对独立、完善的人才培养和使用机制,成为造就高水平人才的重要途径,它已经并将继续为推进中国的科技教育事业和经济发展发挥越来越重要的作用。

中国博士后制度实施之初,国家就设立了博士后科学基金,专门资助博士后研究人员开展创新探索。与其他基金主要资助"项目"不同,博士后科学基金的资助目标是"人",也就是通过评价博士后研究人员的创新能力给予基金资助。博士后科学基金针对博士后研究人员处于科研创新"黄金时期"的成长特点,通过竞争申请、独立使用基金,使博士后研究人员树立科研自信心,塑造独立科研人格。经过 30 年的发展,截至 2015 年底,博士后科学基金资助总额约 26.5 亿元人民币,资助博士后研究人员 5 万 3 千余人,约占博士后招收人数的 1/3。截至 2014 年底,在我国具有博士后经历的院士中,博士后科学基金资助获得者占 72.5%。博士后科学基金已成为激发博士后研究人员成才的一颗"金种子"。

在博士后科学基金的资助下,博士后研究人员取得了众多前沿的科研成果。将这些科研成果出版成书,既是对博士后研究人员创新能力的肯定,也可以激发在站博士后研究人员开展创新研究的热情,同时也可以使博士后科研成果在更广范围内传播,更好地为社会所利用,进一步提高博士后科学基金的资助效益。

中国博士后科学基金会从 2013 年起实施博士后优秀学术专著出版资助工作。经专家评审,评选出博士后优秀学术著作,中国博士后科学基金会资助出版费用。专著由科学出版社出版,统一命名为《博士后文库》。

资助出版工作是中国博士后科学基金会"十二五"期间进行基金资助改革的一项重要举措,虽然刚刚起步,但是我们对它寄予厚望。希望通过这项工作,使博士后研究人员的创新成果能够更好地服务于国家创新驱动发展战略,服务于创新型国家的建设,也希望更多的博士后研究人员借助这颗"金种子"迅速成长为国家需要的创新型、复合型、战略型人才。

中国博士后科学基金会理事长

前　言

近年来,布置大型室外构件或者大面积透光性屋面的大跨度、超大跨度建筑结构工程不断涌现,使得太阳强烈辐射对结构的影响日显重要,不容忽视。目前进行结构设计与施工时,温度荷载一般采用历史最低和最高气温确定一个整体、均匀的温度作用。然而,在太阳强烈辐射作用下,钢结构表面的温度受到太阳短波辐射、周围建筑物与天空的长波辐射、外部空气的对流换热等多因素动态耦合作用,温度值不仅超出环境气温很多,而且具有强非均匀性和时变性。目前工程中对其了解并不充分,从而导致钢结构钢材开裂、局部结构严重变形、结构整体破坏等各种工程事故。

本书结合作者多年的研究成果,系统阐述大跨度建筑结构太阳辐射非均匀温度效应的分析理论与控制技术。全书共 6 章,第 1 章简要阐述大跨度建筑结构的发展及考虑太阳辐射非均匀温度效应影响的必要性;第 2 章采用紫外-可见-近红外分光光度计,测定大跨度建筑结构常用材料的太阳辐射吸收系数、透射系数等物理特性;第 3 章通过大量的温度实测,分析太阳辐射作用下大跨度建筑结构常用构件形式的温度分布和变化规律;第 4 章基于有限元方法和计算流体动力学方法,分别提出两种大跨度建筑结构太阳辐射非均匀温度场的数值模拟方法;第 5 章结合作者参与的山东茌平体育馆、天津于家堡交通枢纽站房、内蒙古鄂尔多斯新建机场航站楼等工程项目,系统分析典型大跨度建筑结构太阳辐射非均匀温度场和温度响应的分布和变化规律;第 6 章基于稳态热传导理论,推导大跨度建筑结构常用构件形式的太阳辐射非均匀温度作用计算公式。

本书涉及的研究工作先后得到国家自然科学基金青年科学基金项目(51208355)、中国博士后科学基金面上项目(2012M510751)、天津市建交委科技项目(2012-12)、中国博士后科学基金特别资助项目(2013T60253)、全国百篇优秀博士学位论文作者专项资金资助项目(201453)以及多项重大工程委托项目的大力资助,本书的出版也得到了中国博士后科学基金会优秀学术专著出版基金的资助,在此对国家自然科学基金委员会、中国博士后科学基金会和各部委表示由衷的感谢。

天津大学博士生赵中伟和硕士生张智生、李博、陈滨滨、肖骁等参与了有关章节的素材收集、文字编辑和插图绘制等工作;各位前辈、老师和同仁的相关文献为作者的研究开阔了视野,提供了参考。在此一并感谢。

由于作者水平所限,书中难免存在不妥之处,恳请广大读者批评指正。

目　　录

《博士后文库》序言

前言

第1章　绪论 ··· 1

　　1.1　大跨度建筑结构 ·· 1

　　1.2　结构温度作用 ··· 3

　　1.3　太阳辐射对大跨度建筑结构的影响 ··· 4

　　1.4　本书的主要内容 ·· 5

第2章　大跨度建筑结构常用材料太阳辐射系数 ··· 7

　　2.1　大跨度建筑结构常用材料 ·· 7

　　2.2　太阳辐射系数及其测试方法 ·· 7

　　　　2.2.1　太阳辐射光谱 ·· 7

　　　　2.2.2　太阳辐射系数 ·· 8

　　　　2.2.3　太阳辐射系数的测试标准 ·· 9

　　　　2.2.4　太阳辐射系数的测试方法 ·· 9

　　2.3　太阳辐射系数试验试件设计 ·· 11

　　　　2.3.1　钢结构常用涂料配套 ··· 11

　　　　2.3.2　钢结构常用涂料试件制备 ·· 13

　　　　2.3.3　铝合金材料试件制备 ··· 18

　　　　2.3.4　膜材料试件制备 ·· 18

　　2.4　常用涂料与铝合金材料太阳辐射吸收系数试验 ···································· 21

　　　　2.4.1　试验仪器 ··· 21

　　　　2.4.2　试验过程 ··· 21

　　　　2.4.3　试验结果 ··· 22

　　2.5　膜材太阳辐射透射系数和吸收系数试验 ··· 28

　　　　2.5.1　试验仪器 ··· 28

　　　　2.5.2　试验过程 ··· 28

　　　　2.5.3　试验结果 ··· 29

　　2.6　太阳辐射系数试验结果总结 ·· 33

第3章　太阳辐射作用下金属构件温度试验 ··· 34

　　3.1　温度测量方法 ··· 34

3.1.1　温度测量方法概述 ……………………………………… 34

3.1.2　热电阻法 ……………………………………………… 34

3.1.3　热电偶法 ……………………………………………… 35

3.1.4　辐射温度计 ……………………………………………… 36

3.1.5　测试方法选择 …………………………………………… 36

3.2　不同涂层钢构件与铝合金构件太阳辐射温度试验 ………… 37

3.2.1　试件设计 ………………………………………………… 37

3.2.2　试验装置设计 …………………………………………… 38

3.2.3　试验过程 ………………………………………………… 39

3.2.4　热电偶法试验结果 ……………………………………… 39

3.2.5　红外线测温枪试验结果 ………………………………… 47

3.3　不同截面形式与空间方位的钢构件太阳辐射温度试验 …… 49

3.3.1　试验目的 ………………………………………………… 49

3.3.2　试验方案 ………………………………………………… 49

3.3.3　测点布置 ………………………………………………… 50

3.3.4　夏季太阳辐射作用下钢板试件试验数据分析 ………… 53

3.3.5　夏季太阳辐射作用下钢管试件试验数据分析 ………… 57

3.3.6　夏季太阳辐射作用下箱型钢管试件试验数据分析 …… 58

3.3.7　夏季太阳辐射作用下 H 型钢试件试验数据分析 …… 59

3.3.8　不同气象条件下钢构件试验数据分析 ………………… 61

3.4　不同防护措施下矩形钢管构件太阳辐射温度实测 ………… 63

3.4.1　试验目的 ………………………………………………… 63

3.4.2　试验方案 ………………………………………………… 63

3.4.3　试验数据分析 …………………………………………… 64

3.5　不同膜材屋面下钢构件太阳辐射温度实测 ………………… 68

3.5.1　试验目的 ………………………………………………… 68

3.5.2　试验模型设计 …………………………………………… 69

3.5.3　测点布置 ………………………………………………… 70

3.5.4　试验方案 ………………………………………………… 71

3.5.5　试验测试过程 …………………………………………… 72

3.5.6　试验结果分析 …………………………………………… 73

3.6　天津东亚运动会自行车馆屋盖钢结构温度作用与温度应力实测 …… 79

3.6.1　工程概况 ………………………………………………… 79

3.6.2　应力与温度监测方案 …………………………………… 80

3.6.3　应力与温度监测结果 …………………………………… 82

第4章　太阳辐射作用下钢构件非均匀温度场数值模拟 …………………… 86

　4.1　太阳辐射 ……………………………………………………………… 86

　　4.1.1　太阳常数 ……………………………………………………… 86

　　4.1.2　太阳光线方向角度参数 ……………………………………… 87

　　4.1.3　太阳辐射强度计算 …………………………………………… 89

　4.2　基于FEM的钢结构太阳辐射非均匀温度场模拟方法 ……………… 91

　　4.2.1　钢构件表面的热流类型 ……………………………………… 91

　　4.2.2　瞬态导热微分方程 …………………………………………… 93

　　4.2.3　边界条件 ……………………………………………………… 93

　　4.2.4　与空气间的热对流 …………………………………………… 94

　　4.2.5　长波辐射强度计算 …………………………………………… 94

　　4.2.6　阴影计算方法 ………………………………………………… 94

　　4.2.7　有限元数值分析的实现 ……………………………………… 100

　4.3　基于FEM的不同截面形式钢构件太阳辐射非均匀温度场模拟 …… 102

　　4.3.1　数值模型中参数的取值 ……………………………………… 102

　　4.3.2　太阳辐射作用下钢板试件数值模拟 ………………………… 105

　　4.3.3　太阳辐射作用下钢板试件温度场参数分析 ………………… 107

　　4.3.4　太阳辐射作用下钢管试件数值模拟 ………………………… 108

　　4.3.5　太阳辐射作用下钢管试件温度场参数分析 ………………… 110

　　4.3.6　太阳辐射作用下箱型钢管试件数值模拟 …………………… 112

　　4.3.7　太阳辐射作用下箱型钢管试件温度场参数分析 …………… 113

　　4.3.8　太阳辐射作用下H型钢试件数值模拟 ……………………… 114

　　4.3.9　太阳辐射作用下H型钢试件温度场参数分析 ……………… 115

　4.4　基于FEM的不同涂层钢板试件温度场数值模拟 …………………… 116

　4.5　基于CFD的钢结构太阳辐射非均匀温度场数值模拟方法 ………… 120

　　4.5.1　CFD数值分析模型 …………………………………………… 120

　　4.5.2　太阳辐射作用下封闭方钢管温度场数值模拟 ……………… 124

第5章　太阳辐射作用下大跨度建筑结构温度效应 …………………… 128

　5.1　山东茌平体育馆太阳辐射温度效应 ………………………………… 128

　　5.1.1　工程概况 ……………………………………………………… 128

　　5.1.2　弦支穹顶叠合拱太阳辐射非均匀温度场数值模拟 ………… 132

　　5.1.3　弦支穹顶叠合拱结构的温度效应分析 ……………………… 135

　　5.1.4　支座刚度对弦支穹顶叠合拱结构温度效应的影响 ………… 137

　　5.1.5　合拢温度对弦支穹顶叠合拱结构温度效应的影响 ………… 138

　　5.1.6　钢拱刚度对弦支穹顶叠合拱结构温度效应的影响 ………… 139

5.1.7 钢拱与弦支穹顶结构不同合拢温度下的温度效应 ……… 139

5.1.8 索滑移对弦支穹顶叠合拱结构温度效应的影响 ……… 142

5.2 天津保税中心大堂屋盖太阳辐射温度效应 ……… 145

5.2.1 工程概况 ……… 145

5.2.2 太阳辐射作用下温度场分析 ……… 145

5.2.3 太阳辐射作用下弦支穹顶结构温度响应分析 ……… 146

5.3 天津天山海世界米立方屋盖太阳辐射温度效应 ……… 147

5.3.1 工程概况 ……… 147

5.3.2 天山海世界米立方钢屋盖温度实测方案 ……… 149

5.3.3 天山海世界米立方钢屋盖温度实测结果 ……… 151

5.3.4 非均匀温度场对树状结构的影响 ……… 155

5.3.5 不同温度工况对树状结构的影响 ……… 159

5.3.6 温度作用下树状支承与普通柱支承的结构性能对比 ……… 161

5.4 鄂尔多斯新建机场航站楼太阳辐射温度效应 ……… 163

5.4.1 工程概况 ……… 163

5.4.2 太阳辐射作用下非均匀温度场分析 ……… 164

5.4.3 太阳辐射作用下非均匀温度效应分析 ……… 166

5.5 秦皇岛首秦办公楼中庭太阳辐射温度效应 ……… 168

5.5.1 工程概况 ……… 168

5.5.2 参数取值 ……… 169

5.5.3 结果分析 ……… 169

5.5.4 温度响应分析 ……… 170

5.6 曹妃甸开滦储煤基地单层网壳结构太阳辐射温度效应 ……… 173

5.6.1 工程概况 ……… 173

5.6.2 太阳辐射作用下铝合金板的温度场数值模拟 ……… 174

5.6.3 铝合金网壳的太阳辐射温度效应 ……… 176

5.6.4 参数化分析 ……… 178

5.7 天津于家堡交通枢纽站房太阳辐射温度效应 ……… 179

5.7.1 工程概况 ……… 179

5.7.2 太阳辐射温度效应现场监测方案 ……… 183

5.7.3 太阳辐射作用下非均匀温度场分析 ……… 183

5.7.4 太阳辐射作用下非均匀温度效应分析 ……… 188

第6章 考虑太阳辐射作用的钢构件温度计算方法 ……… 197

6.1 概述 ……… 197

6.2 太阳辐射作用下钢板温度计算简化公式 ……… 198

6.2.1　钢板温度计算理论 ……………………………………… 198

6.2.2　钢板温度简化计算公式 ………………………………… 198

6.2.3　钢板温度计算算例 ……………………………………… 203

6.2.4　简化计算公式结果与温度实测值对比 ………………… 207

6.3　太阳辐射作用下矩形钢管温度计算简化公式 ……………… 208

6.3.1　矩形钢管温度计算简化公式 …………………………… 208

6.3.2　矩形钢管温度计算算例 ………………………………… 210

6.4　太阳辐射作用下圆钢管温度计算简化公式 ………………… 214

6.4.1　圆钢管温度计算简化公式 ……………………………… 214

6.4.2　圆钢管温度计算算例 …………………………………… 217

6.5　太阳辐射作用下 H 型钢温度计算简化公式 ………………… 219

6.6　基于年度极值的基本温度取值 ……………………………… 222

6.7　温度作用确定的方法 ………………………………………… 226

参考文献 ………………………………………………………………… 228

附录　基于年极值温度的各地区基本气温 ……………………… 231

编后记 ………………………………………………………………… 250

第1章 绪　　论

1.1　大跨度建筑结构

随着我国经济的飞速发展和社会精神文化需求的日益增加,尤其借助北京奥运会、上海世博会、深圳大运会、广州亚运会和多届全运会以及我国高速铁路和民航事业大发展的契机,我国已建、在建和将要建造大量的公共建筑和工业建筑,如大型体育场馆、会展中心、火车站房、机场航站楼、大型厂房和仓库等,这类建筑以其优美的造型,往往成为一个城市的标志和经济文化活动的中心。空间结构由于其受力合理、自重轻、刚度大及形式活泼新颖而备受世界各国建筑师的青睐,成为大跨度建筑的首选结构形式。

我国空间结构在 20 世纪 50 年代末多采用薄壳结构和悬索结构,如北京火车站大厅和北京工人体育馆;60 年代多采用网架结构,如首都体育馆;80 年代较多地采用了网壳结构,如北京体院体育馆;进入 21 世纪,这些比较传统的近代空间结构,除薄壳结构外,均获得了长期蓬勃的发展,工程项目遍布全国各地。

同时,我国自 20 世纪 90 年代起开始采用索膜结构(如上海八万人体育场)、张弦梁结构(如上海浦东国际机场航站楼)、弦支穹顶结构(如天津保税区商务中心大堂)、索穹顶结构(如内蒙古伊金霍洛旗全民健身体育中心和天津理工大学体育馆)等一些轻质高效的现代空间结构。

目前,我国大跨度空间结构的规模和数量已经跃居世界前列,其中许多大跨度空间结构成为世界之最。例如,济南奥体中心体育馆弦支穹顶结构,直径 122m,如图 1-1 所示;国家体育馆双向张弦结构,跨度 114m×144m,如图 1-2 所示;山东东营黄河口模型试验厅张弦桁架结构,跨度 148m。这些大跨度空间结构极大地提升了我国土木工程的建造水平,使我国成为世界空间结构大国,并逐步成为世界空间结构强国。

近年来,随着大跨度建筑结构的快速发展,结构跨度不断实现突破,建筑造型也日益复杂,出现了很多布置大型室外构件或大面积透光性屋面的大跨度、超大跨度建筑钢结构工程。图 1-3 所示的鄂尔多斯东胜体育场开合屋盖结构,室外钢拱跨度达 330m;图 1-4 所示的国家体育场钢结构,跨度 296m×332m,屋面上弦采用透光率达 94% 的 ETFE 膜材,下弦采用透光率为 30% 的 PTFE 膜材;图 1-5 所示的天津天山海世界水上娱乐中心屋盖钢结构,跨度 200m×140m,部分屋面采用了玻璃材料;图 1-6 所示的天津于家堡京津城际延长线交通枢纽站房螺旋线单层网壳结构,跨度 143m×80m,为目前国内跨度最大的双螺旋单层网壳结构,屋面采用了透光率较高的 ETFE 膜材。结构跨度的不断超越和透光性屋面材料的广泛应用,使得大跨度建筑结构对温度变化和太阳辐射越来越敏感,尤其是太阳强烈辐射作用下的非均匀温度作用,常常成为结构的控制荷载之一。

图 1-1　济南奥体中心体育馆

图 1-2　国家体育馆

图 1-3　鄂尔多斯东胜体育场

图 1-4　国家体育场

图 1-5　天津天山海世界水上娱乐中心

图 1-6　天津于家堡交通枢纽站房

1.2 结构温度作用

温度分布是指某一时刻结构内部与表面各点的温度状态。影响温度分布的主要因素有两种:①外部因素,如太阳辐射、冷气流、热气流、风、雨、雪等气候现象;②内部因素,如材料热物理性质、构件形状等。对于暴露于大气中的结构物,其构件表面与内部各点的温度时刻都在变化。由于材料的热胀冷缩,若结构为超静定结构,温度变化必然导致结构产生一定的变形和应力。这种温度变化在土木工程领域被称为温度作用。

作用在结构或构件上的温度作用,应采用结构服役阶段温度与施工合拢温度变化值来表示。由自然环境变化所产生的温度作用,一般可以分为三种类型:季节温度作用、骤然降温温度作用、太阳辐射温度作用。

(1) 季节温度作用。由季节变化导致的结构施工合拢温度与使用阶段温度的温差。

(2) 骤然降温温度作用。主要是强冷空气的侵袭作用和日落后夜间形成的内高外低温差。降温温差一般只考虑气温变化和风速这两个因素。

(3) 太阳辐射温度作用。工程结构的太阳辐射温度作用变化很复杂,影响因素众多,主要包括太阳短波辐射、周围环境温度、风速、地理纬度、结构物的方位和壁板朝向、附近地形地貌条件等。因此,工程结构物由太阳辐射变化引起的表面和内部温度变化,是一个随机变化的复杂函数。

各种温度作用特点如表 1-1 所示。

表 1-1 各种温度作用特点

温度作用	主要影响因素	时间性	作用范围	分布状况	对结构影响	复杂性
季节温差	缓慢温变	长期缓慢	整体	均匀	整体位移大	较复杂
骤降温差	强冷空气	短时变化	整体	较均匀	应力较大	较复杂
太阳辐射温差	太阳辐射	短时变化	局部性	不均匀	局部应力大	最复杂

GB 50009—2012《建筑结构荷载规范》一般采用基本气温来计算建筑结构的温度作用,但对于金属结构等对气温变化较敏感的结构,宜考虑极端气温的影响,即应根据当地气候条件适当地增加基本气温 T_{max} 和降低基本气温 T_{min}。基本气温一般指当地 50 年重现期的月平均最高气温 T_{max} 和月平均最低气温 T_{min}。

对结构最大温升的工况,均匀温度作用标准值按式(1-1)计算:

$$\Delta T_k = T_{s,max} - T_{0,min} \tag{1-1}$$

式中,ΔT_k 为均匀温度作用标准值(℃);$T_{s,max}$ 为结构最高平均温度(℃);$T_{0,min}$ 为结构最低初始平均温度(℃)。

对结构最大温降的工况,均匀温度作用标准值按式(1-2)计算:

$$\Delta T_k = T_{s,min} - T_{0,max} \tag{1-2}$$

式中,$T_{s,min}$ 为结构最低平均温度(℃);$T_{0,max}$ 为结构最高初始平均温度(℃)。

结构的最高初始平均温度 $T_{0,max}$ 和最低初始平均温度 $T_{0,min}$ 应根据结构的合拢或形成约束的时间确定,或根据施工时结构可能出现的温度按不利情况确定。

计算结构或构件的温度作用时,常用材料的线膨胀系数 α_T,如表 1-2 所示。

表 1-2 常用材料的线膨胀系数 α_T

材料	普通混凝土	钢,锻铁,铸铁	不锈钢
线膨胀系数 $\alpha_T/(10^{-6}/℃)$	10	12	16
材料	铝,铝合金	钢丝束索	钢绞线索
线膨胀系数 $\alpha_T/(10^{-6}/℃)$	24	18.7	13.8
材料	钢丝绳索	钢拉杆索	
线膨胀系数 $\alpha_T/(10^{-6}/℃)$	19.2	12	

对于暴露于室外的结构、采用透光性屋面材料或施工期间的结构,宜依据结构的朝向和表面吸热性质考虑太阳辐射的影响,此时结构的温度作用具有强非均匀性和时变性。

太阳辐射作用下钢结构构件的温度要比气温高出很多,钢构件温度与空气温度的温差最高可超过 20℃。因此,施工过程中应合理考虑和控制钢结构合拢温度,假如钢结构在炎热的夏季或者寒冷的冬季施工合拢,钢结构的年温差一般都在 60℃ 以上,而对于两端铰接的钢构件而言,60℃ 温差引起的温度应力为 197.6MPa,为 Q235 钢材设计应力的 84%,为 Q345 钢材设计应力的 57%。

1.3　太阳辐射对大跨度建筑结构的影响

随着布置大型室外构件或者大面积透光性屋面的大跨度、超大跨度钢结构工程不断涌现,使得太阳强烈辐射对结构的影响日显重要,不容忽视。目前进行结构设计与施工时,温度荷载一般采用历史最低和最高气温确定的一个整体、均匀的温度作用。然而,在太阳强烈辐射作用下,钢结构表面的温度受到太阳短波辐射、周围建筑物与天空的长波辐射、外部空气的自然对流换热、钢管内部和透光性屋面与吊顶夹层内的弱流动气体非线性对流传热、室内空调系统调节作用等多因素动态耦合作用,温度作用不仅超出气温很多,而且具有强非均匀性和时变性。然而,目前工程中对其了解并不充分,导致了钢结构钢材开裂、局部结构严重变形、结构整体破坏等各种工程事故。

在大跨度建筑结构的施工期内,太阳辐射作用下的时变温度作用会引起复杂的温度残余应力、温度合拢施工控制偏差等施工缺陷,降低结构服役期内的工作性能,给工程带来重大安全隐患。2010年12月,耗资近十亿元的鄂尔多斯国际那达慕运动会赛马场发生主体钢结构坍塌,其主要原因就是带有较大施工缺陷的钢结构遭遇骤降温度,钢结构出现较大伸缩而发生垮塌。

在大跨度建筑结构的服役期内,太阳辐射作用下室外或透光性屋面下的钢构件会存在多种复杂的非均匀时变温度作用,而室内或非透光性屋面下的钢构件为相对稳定的均匀温度作用,二者温度场的非协调变化,将导致更加复杂的时变温度效应,引起显著的非均匀温度变形和非线性温度应力。这种非均匀时变温度作用有时可成为决定结构安全的主控因素,甚至引起局部结构严重变形、焊缝开裂、结构坍塌等工程事故。

现有的研究表明,在太阳强烈辐射作用下,夏季构件的最高温度可超过60℃,沿构件截面的非线性温度梯度可达20℃,不同构件间的温度差别可超过20℃;构件温度的日变化幅度可达40℃,年变化幅度可达100℃。温度场大幅度的复杂变化可导致非常大的温度应力和温度变形,引起结构失效。

目前,通过对多项重大工程结构的计算分析发现,通过整体均匀升温或降温来考虑温度作用的传统方法,已不能包络结构实际经历的温度作用,因此建议考虑结构实际经历的非均匀温度作用,否则,结构会存在重大安全隐患。

《建筑结构荷载规范》在2012年版本中增加了温度作用相关内容但未考虑太阳辐射-内外对流耦合作用下温度作用的时变性和强非均匀性,因此该规范不能对布置大型室外构件和透光性屋面的大跨度钢结构提供直接指导。国家行业标准JGJ 7—2010《空间网格结构技术规程》也未给出太阳辐射作用下大跨度空间结构的温度作用分析方法和设计原则,使得实际工程在太阳辐射作用下的分析设计无规范和理论可循,从而导致不合理甚至错误的设计,给工程带来重大安全隐患。

太阳辐射作用下大跨度建筑结构的时变温度场和时变温度效应已得到学术界和工程界的普遍关注,但由于涉及计算流体力学、传热学、气象学等多学科交叉,时变温度场和时变温度效应较为复杂。如何保证大跨度建筑结构在太阳强烈辐射作用下的结构安全性已是结构工程领域亟待解决的难题之一。

1.4 本书的主要内容

进行太阳辐射作用下大跨度建筑结构非均匀温度效应分析时,首先需要确定建筑结构表面的太阳辐射强度吸收系数以及膜材等透光性屋面的太阳辐射透射系数。作者通过数百组试验,采用紫外-可见-近红外分光光度计,测定了大跨度建筑钢结构常用涂料的太阳辐射吸收系数以及常用膜材的透射系数和吸收系数,可为钢结构的太阳辐射非均匀温度场分布分析提供支撑,具体内容将在第2章介绍。

为了直观掌握太阳辐射作用下大跨度建筑结构常用构件温度场的分布和变化规律,作者近十年先后完成了近百个试件的温度实测和 3 个大跨度建筑钢结构工程的现场实测,积累了丰富的试验数据,具体内容将在第 3 章介绍。

为了精确预测太阳辐射作用下大跨度建筑结构的非均匀温度场,在试验研究的基础上,分别基于有限元(FEM)理论和计算流体动力学(CFD)理论,提出了两种温度场的数值模拟方法,经试验数据验证,两种方法预测精度较好,满足工程要求,具体内容将在第 4 章介绍。

结合多年来作者参与完成的大跨度建筑结构设计与施工项目,以山东茌平体育馆、天津于家堡交通枢纽站房、天津天山海世界水上娱乐中心、曹妃甸开滦储煤基地等大型工程为对象,对太阳辐射作用下大跨度建筑结构温度场和温度效应进行了系统的分析研究,得出了一些可供工程设计和施工参考的成果,具体内容将在第 5 章介绍。

在试验研究和理论分析的基础上,基于稳态热传导理论,建立了大跨度建筑结构常用截面形式构件的太阳辐射非均匀温度作用计算公式,并经过了试验数据验证,具体内容将在第 6 章介绍。

第2章　大跨度建筑结构常用材料太阳辐射系数

2.1　大跨度建筑结构常用材料

大跨度建筑结构通常包括主承载结构和屋面围护结构两部分。主承载结构常用材料有钢、铝、混凝土、膜、木、砖等,其中对于钢构件而言,为了防腐和防火,通常会在其表面涂防腐涂料和防火涂料。屋面围护结构常用材料有压型钢板、屋面保温材料、玻璃、膜等。

本章主要关注钢结构常用防腐涂料和防火涂料、铝合金材料和膜等常用材料的太阳辐射特性,即常用涂料下钢结构表面的太阳辐射吸收系数、铝合金材料的太阳辐射吸收系数和常用膜材的太阳辐射吸收系数和透射系数,为太阳辐射作用下大跨度建筑结构的非均匀温度场分析和室内热环境分析提供准确参数。

2.2　太阳辐射系数及其测试方法

2.2.1　太阳辐射光谱

太阳辐射99.9%的能量集中在波长150～4000nm范围内,且主要分布在可见光区和红外线区,其中可见光区占总能量的50%,红外线区占了总能量的43%,紫外线区的能量则最低,只占7%左右。大气中的臭氧吸收了波长150～280nm的UVC短波紫外线,水蒸气及其他大气分子吸收了2500～4000nm的红外线,最终到达地表的太阳辐射波段是280～2500nm,如图2-1所示。

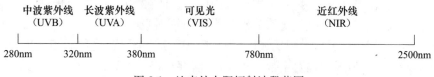

图 2-1　地表处太阳辐射波段范围

太阳辐射光谱是指太阳辐射的辐射能按波长的分布曲线。太阳辐射是黑体辐射,因此大气上界太阳辐射光谱可近似认为是用普朗克黑体辐射公式计算出的6000K的黑体光谱能量分布曲线,且波长为475nm时太阳辐射能量达到最大,对大气上界的太阳辐射光谱按波长进行积分即可得到太阳常数。太阳辐射经过大气层反射、吸收、散射之后到达地表的辐射光谱又分为直接辐射光谱和总辐射光谱。直接辐射光谱是太阳光透过大气层后直接照射到物体表面的光谱。总辐射光谱则包括直接辐射、地表反射及大气散射的光谱。

由于实际工程中的钢结构不仅直接接收太阳照射，还接收大气散射后及地面反射回来的太阳能量。因此，太阳辐射吸收系数测量时应采用总辐射光谱。

图 2-2 是 ASTM G173-03(2012)标准给出的总辐射光谱，从中可以进一步看出，地表处的太阳辐射能量集中在 280～2500nm 波段，而 2500～4000nm 波段的能量接近于零。

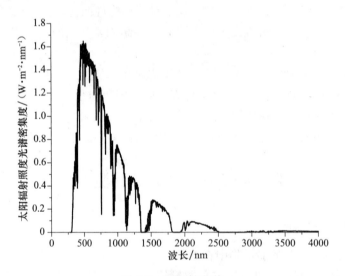

图 2-2　总辐射光谱

2.2.2　太阳辐射系数

太阳辐射到达物体后，物体对太阳辐射有吸收、反射和透射作用。部分太阳辐射被物体吸收，部分被反射，其余则透过物体。物体对太阳辐射能的吸收、反射、透射部分与太阳辐射总能量的比值分别称为太阳辐射吸收系数（也称太阳吸收比）、太阳辐射反射系数（也称太阳反射比）和太阳辐射透射系数（也称太阳透射比），将这三个系数总称为太阳辐射系数。可见，三者存在以下关系：

$$\alpha_s + \rho_s + \tau_s = 1 \tag{2-1}$$

式中，ρ_s 为太阳辐射吸收系数；α_s 为太阳辐射反射系数；τ_s 为太阳辐射透射系数。

当试件为不透明时，$\tau_s = 0$，则

$$\alpha_s = 1 - \rho_s \tag{2-2}$$

2.2.3　太阳辐射系数的测试标准

由于直接测量太阳辐射吸收系数不易实现,相关标准大多先测量材料太阳辐射反射系数和太阳辐射透射系数,再通过式(2-1)和式(2-2)计算太阳辐射吸收系数。

欧美国家对太阳辐射吸收系数测试方法的研究较早,我国对此相关的研究则主要集中在航天及军工领域。国内使用的主要测试标准及其主要使用范围如表 2-1 所示。

表 2-1　太阳辐射吸收系数测试标准

测试标准名称	主要应用范围
GJB 5023—2003 《材料和涂层反射率和发射率测试方法　第一部分:反射率》	导弹、卫星等军用目标的表面材料及涂层
GJB 2502.2—2006 《航天器热控涂层试验方法　第二部分:太阳吸收比测试》	航天器热控涂层
GB/T 25968—2010 《分光光度计测量材料的太阳透射比和太阳吸收比试验方法》	太阳能应用材料与元件,如太阳集热管的罩玻璃管
ISO 9050-1990 *Glass in Building—Determination of Light Transmittance, Solar Direct Transmittance, Total Solar Energy Transmittance and Ultraviolet Transmittance, and Related Glazing Factors*	建筑玻璃

目前建筑领域中,反射隔热涂料相关标准主要有 JC/T 1040—2007《建筑外表面用热反射隔热涂料》、JG/T 235—2008《建筑反射隔热涂料》以及 GB/T 25261—2010《建筑用反射隔热涂料》。这三个标准都采用 GJB 2502.2—2006 中的方法对太阳辐射吸收系数进行测试。

2.2.4　太阳辐射系数的测试方法

太阳辐射系数测试方法较多,主要有以下三种。

1. 光谱法

利用分光光度计(波段包括紫外、可见光和近红外),配合积分球附件,可以精确测得材料在各个波长的反射比。以太阳光在各个波长处的辐射照度为权系数计算平均值,可求得总的反射比,再根据式(2-1)和式(2-2)计算太阳辐射吸收系数。

光谱法又分绝对法和相对法,二者的区别在于是否使用标准白板。标准白板是色度标准计量器具,具有以下特点:对光谱的选择性小,即对各波长都有同样的高光谱反射比;表面平整;不透光;光学稳定性良好。满足上述条件的标准白板材质有硫酸钡、氧化镁、聚四氟乙烯。

绝对法通过测试试件在波长为 λ_i 时的光谱反射比,按式(2-3)、式(2-4)计算太阳反射比和透射比,再根据式(2-1)和式(2-2)计算太阳辐射吸收系数。

$$\rho_s = \frac{\sum\limits_{i=1}^{n} \rho(\lambda_i) E_s(\lambda_i) \Delta\lambda_i}{\sum\limits_{i=1}^{n} E_s(\lambda_i) \Delta\lambda_i} \tag{2-3}$$

式中,$\rho(\lambda_i)$ 为波长为 λ_i 时试件的光谱反射比;$E_s(\lambda_i)$ 为波长 λ_i 处太阳辐射照度的光谱密集度(W·m^{-2}·nm^{-1});$\Delta\lambda_i$ 为波长间隔(nm),$\Delta\lambda_i = (\lambda_{i+1} - \lambda_{i-1})/2$;$n$ 为测点的数目。

$$\tau_s = \frac{\sum\limits_{i=1}^{n} \tau(\lambda_i) E_s(\lambda_i) \Delta\lambda_i}{\sum\limits_{i=1}^{n} E_s(\lambda_i) \Delta\lambda_i} \tag{2-4}$$

式中,$\tau(\lambda_i)$ 为波长为 λ_i 时试件的光谱透射比。

相对法则是先用标准白板进行基线扫描,而后测试试件在波长为 λ_i 时相对于标准白板的光谱反射比和透射比,按式(2-5)、式(2-6)计算太阳反射比和透射比,再由式(2-1)和式(2-2)计算太阳辐射吸收系数。

$$\rho_s = \frac{\sum\limits_{i=1}^{n} \rho_0(\lambda_i) \rho(\lambda_i) E_s(\lambda_i) \Delta\lambda_i}{\sum\limits_{i=1}^{n} E_s(\lambda_i) \Delta\lambda_i} \tag{2-5}$$

式中,$\rho_0(\lambda_i)$ 为波长为 λ_i 时标准白板的光谱反射比;$\rho(\lambda_i)$ 为波长为 λ_i 时试件相对于标准白板的光谱反射比。

$$\tau_s = \frac{\sum\limits_{i=1}^{n} \tau_0(\lambda_i) \tau(\lambda_i) E_s(\lambda_i) \Delta\lambda_i}{\sum\limits_{i=1}^{n} E_s(\lambda_i) \Delta\lambda_i} \tag{2-6}$$

式中,$\tau_0(\lambda_i)$ 为波长为 λ_i 时标准白板的光谱透射比;$\tau(\lambda_i)$ 为波长为 λ_i 时试件相对于标准白板的光谱透射比。

2. 积分法

积分法是通过测试被测试件和参比试件(已知反射比)从检测仪器上读出的反射量指示值来计算反射比,并由式(2-2)进一步求得太阳辐射吸收系数。积分法根据仪器不同,又分为台式法和便携式法两种。台式法采用式(2-7)计算:

$$\rho_s = \rho_0 \frac{\phi_s}{\phi_0} \tag{2-7}$$

式中，ρ_0 为已知的参比试件的太阳反射比；ϕ_s 为被测样品反射比指示值；ϕ_0 为参比试件反射比指示值。

采用便携式法计算时还需考虑零点输出值的影响，计算公式如下：

$$\rho_s = \rho_0 \frac{\phi_s - \phi_1}{\phi_0 - \phi_1} \tag{2-8}$$

式中，ϕ_1 为检测仪器显示的零点指示值。

3. 量热计法

通过测量模拟阳光照射时与无模拟阳光照射时加热器的电流、电压以及模拟阳光辐射照度等参数，根据热平衡方程直接计算太阳辐射吸收系数。此方法对压力、温度等实验条件要求苛刻，实验装置复杂且需专门制作，一般用于测试参比试件的太阳辐射吸收系数。

光谱法中的相对法精度高，普通实验条件及设备即能满足测试要求，操作简单方便，是测试太阳辐射系数最为常用的方法。

2.3　太阳辐射系数试验试件设计

2.3.1　钢结构常用涂料配套

试验前先对钢结构常用的防腐涂料配套进行调研，选用工程中最常用的防腐涂料配套具有更大的实际意义。

钢结构在涂料施工前要先进行表面处理以去掉表层的氧化层（即除锈）。常用的除锈方法有以下三种。

（1）人工除锈。常用的工具是刮刀、钢丝刷、砂皮、电动砂轮，除锈等级一般分为 st2 和 st3 两个级别。

（2）喷砂除锈。一般采用铁砂、铁丸，要避免采用石英砂和海砂（效果差且有砂尘），分为 sa1、sa2、sa2 $\frac{1}{2}$、sa3 四个级别。

（3）酸洗和酸洗磷化。采用化学反应的原理，通过酸液来去除钢材表面的氧化物。这种处理方式的处理质量最好，但由于设备限制，常用于 10m 以下的构件。磷化的目的是使钢材表面具备粗糙的状态且粗糙状态均匀，从而可增加漆膜与钢材表面的附着力（磷化有困难的构件，喷涂磷化底漆也能达到同样效果）。

有时底材采用镀锌层进行处理。底材采用镀锌层的防腐效果好于喷砂除锈，因此同样的条件下,前者的漆膜厚度小于后者。

钢结构防腐涂料规范的做法是 3 道漆:底漆、中间漆、面漆(也称底涂、中涂、面涂)。

底漆一般空隙较大,主要作用是与钢材表面紧密连接,即提供与钢材的附着。通常可以做 2 道底漆,每道$(30\pm5)\mu m$。底漆厚度只要大于钢材表面处理时最大的粗糙度即可,若底漆太厚,则底漆干燥时产生的收缩应力会使附着力有所损失。为了能透过锈痕、焊缝等不易覆盖处,一般要求底漆要有足够的湿度。

中间漆主要起连接底漆和面漆的作用。中间漆的溶胀成分可以将底漆溶胀,使得底漆与面漆之间胶结得更为紧密。另外,由于底漆与面漆都不适合太厚,因而中间漆也增加了漆膜的厚度,使得涂层的屏蔽性更好。其中,环氧云铁中间漆表面较为粗糙,便于面漆的附着,因而在工程中应用较为普遍。

面漆考虑到外观要求以及密封性,通常空隙较小、较为致密,要与中间漆黏结较好。除了美化的作用,面漆还可以减小紫外线对漆膜的破坏。

钢结构防腐涂料的配套以及涂层的厚度应根据工程所处的环境、工程重要等级、防腐年限要求、造价等因素综合考虑确定。

对于腐蚀等级,国际标准 ISO 12944 和我国标准 JGJ/T 251—2011《建筑钢结构防腐蚀技术规程》的规定不同,其对应关系如表 2-2 所示。其中,海洋大气的腐蚀性最强,工业大气次之,城市大气再次之,乡村大气最弱。《建筑钢结构防腐蚀技术规程》对腐蚀等级有着更详细的规定,综合考虑大气环境气体类型、年平均环境相对湿度、大气环境三类因素来确定腐蚀等级。

表 2-2　腐蚀等级

ISO 12944		JGJ/T 251—2011	
C1	非常难	I	无腐蚀
C2	低	II	弱腐蚀
C3	中等	III	轻腐蚀
C4	高	IV	中腐蚀
C5-I	非常高(工业)	V	较强腐蚀
C5-M	非常高(沿海)	VI	强腐蚀

一般情况下(无工业大气和海洋大气情况下),大跨度建筑钢结构所处的环境,室外取 C4 等级或者 C3 等级能满足要求。中国北方天气干燥,有时采用 C3 等级就能满足要求(特殊情况和要求除外);中国南方天气湿度较大,采用 C4 等级较多。而对于大跨度钢结构的室内部分,由于屋面材料对室外空气的保护和隔绝,加上一般情况下室内都比较干燥,一般取 C3 等级就能够满足要求。而一般室内 C3

等级只要采用醇酸底漆和面漆就可以了。根据调研，综合考虑各因素，最终采用 C3 的腐蚀等级来做涂料的配套。

2.3.2　钢结构常用涂料试件制备

1. 防腐涂料

根据调研，一般工程防腐蚀使用年限是 10 年，因此本方案采用 10 年来设计涂料。面漆根据工程中常用的颜色选择了白色、红色、黄色、绿色、灰色这 5 种颜色。试验中的变量有面漆种类、面漆颜色、底漆和中间漆种类及漆膜的厚度。

试件设计及测试结果如表 2-3 所示，根据工程中常用的钢结构表面防腐涂料选择了 3 种面漆、2 种中间漆、2 种底漆，并改变面漆、中间漆、底漆的厚度，以考虑涂料材质、厚度、颜色等因素对太阳辐射吸收系数的影响。每种配套都有 3 个平行测试样板，共测试了 177 块样板。

表 2-3　试件设计及测试结果

编号	底漆	中间漆	面漆	面漆颜色	吸收系数
		面漆变化			
1	环氧富锌底漆 500(60×1)	环氧云铁中间漆(60×1)	氟碳面漆(50×1)	白色	0.32
2	环氧富锌底漆 500(60×1)	环氧云铁中间漆(60×1)	氟碳面漆(50×1)	红色	0.66
3	环氧富锌底漆 500(60×1)	环氧云铁中间漆(60×1)	氟碳面漆(50×1)	黄色	0.45
4	环氧富锌底漆 500(60×1)	环氧云铁中间漆(60×1)	氟碳面漆(50×1)	绿色	0.68
5	环氧富锌底漆 500(60×1)	环氧云铁中间漆(60×1)	氟碳面漆(50×1)	灰色	0.75
6	环氧富锌底漆 500(60×1)	环氧云铁中间漆(60×1)	聚氨酯面漆(50×1)	白色	0.25
7	环氧富锌底漆 500(60×1)	环氧云铁中间漆(60×1)	聚氨酯面漆(50×1)	红色	0.81
8	环氧富锌底漆 500(60×1)	环氧云铁中间漆(60×1)	聚氨酯面漆(50×1)	黄色	0.50
9	环氧富锌底漆 500(60×1)	环氧云铁中间漆(60×1)	聚氨酯面漆(50×1)	绿色	0.77
10	环氧富锌底漆 500(60×1)	环氧云铁中间漆(60×1)	聚氨酯面漆(50×1)	灰色	0.63
11	环氧富锌底漆 500(60×1)	环氧云铁中间漆(60×1)	氯化橡胶面漆(50×1)	白色	0.40
12	环氧富锌底漆 500(60×1)	环氧云铁中间漆(60×1)	氯化橡胶面漆(50×1)	红色	0.65
13	环氧富锌底漆 500(60×1)	环氧云铁中间漆(60×1)	氯化橡胶面漆(50×1)	黄色	0.61
14	环氧富锌底漆 500(60×1)	环氧云铁中间漆(60×1)	氯化橡胶面漆(50×1)	绿色	0.86
15	环氧富锌底漆 500(60×1)	环氧云铁中间漆(60×1)	氯化橡胶面漆(50×1)	灰色	0.71
16	环氧富锌底漆 500(60×1)	环氧云铁中间漆(60×1)	聚氨酯面漆(80×1)	白色	0.24
17	环氧富锌底漆 500(60×1)	环氧云铁中间漆(60×1)	聚氨酯面漆(80×1)	灰色	0.63
18	环氧富锌底漆 500(60×1)	环氧云铁中间漆(60×1)	聚氨酯面漆(80×1)	红色	0.81

续表

编号	底漆	中间漆	面漆	面漆颜色	吸收系数
面漆变化					
19	环氧富锌底漆 500(60×1)	环氧云铁中间漆(60×1)	聚氨酯面漆(110×1)	白色	0.24
20	环氧富锌底漆 500(60×1)	环氧云铁中间漆(60×1)	聚氨酯面漆(110×1)	灰色	0.64
21	环氧富锌底漆 500(60×1)	环氧云铁中间漆(60×1)	聚氨酯面漆(110×1)	红色	0.81
22	环氧富锌底漆 500(60×1)	环氧云铁中间漆(60×1)	聚氨酯面漆(70×2)	白色	0.25
23	环氧富锌底漆 500(60×1)	环氧云铁中间漆(60×1)	聚氨酯面漆(70×2)	灰色	0.63
24	环氧富锌底漆 500(60×1)	环氧云铁中间漆(60×1)	聚氨酯面漆(70×2)	红色	0.81
25	环氧富锌底漆 500(60×1)	环氧云铁中间漆(60×1)	氟碳面漆(80×1)	白色	0.32
26	环氧富锌底漆 500(60×1)	环氧云铁中间漆(60×1)	氟碳面漆(80×1)	灰色	0.75
27	环氧富锌底漆 500(60×1)	环氧云铁中间漆(60×1)	氟碳面漆(80×1)	红色	0.65
28	环氧富锌底漆 500(60×1)	环氧云铁中间漆(60×1)	氟碳面漆(110×1)	白色	0.32
29	环氧富锌底漆 500(60×1)	环氧云铁中间漆(60×1)	氟碳面漆(110×1)	灰色	0.75
30	环氧富锌底漆 500(60×1)	环氧云铁中间漆(60×1)	氟碳面漆(110×1)	红色	0.65
中间漆变化					
31	环氧防锈底漆(100×1)	环氧云铁中间漆(60×1)	聚氨酯面漆(50×1)	白色	0.29
32	环氧防锈底漆(100×1)	环氧云铁中间漆(60×1)	聚氨酯面漆(50×1)	红色	0.81
33	环氧防锈底漆(100×1)	环氧云铁中间漆(60×1)	聚氨酯面漆(50×1)	灰色	0.63
34	环氧防锈底漆(130×1)	环氧云铁中间漆(60×1)	聚氨酯面漆(50×1)	白色	0.27
35	环氧防锈底漆(130×1)	环氧云铁中间漆(60×1)	聚氨酯面漆(50×1)	红色	0.81
36	环氧防锈底漆(130×1)	环氧云铁中间漆(60×1)	聚氨酯面漆(50×1)	灰色	0.63
37	环氧富锌底漆 500(100×1)	环氧云铁中间漆(60×1)	聚氨酯面漆(50×1)	白色	0.28
38	环氧富锌底漆 500(100×1)	环氧云铁中间漆(60×1)	聚氨酯面漆(50×1)	红色	0.81
39	环氧富锌底漆 500(100×1)	环氧云铁中间漆(60×1)	聚氨酯面漆(50×1)	灰色	0.64
40	环氧富锌底漆 500(130×1)	环氧云铁中间漆(60×1)	聚氨酯面漆(50×1)	白色	0.27
41	环氧富锌底漆 500(130×1)	环氧云铁中间漆(60×1)	聚氨酯面漆(50×1)	红色	0.81
42	环氧富锌底漆 500(130×1)	环氧云铁中间漆(60×1)	聚氨酯面漆(50×1)	灰色	0.63
底漆变化					
43	环氧防锈底漆(70×1)	环氧云铁中间漆(60×1)	聚氨酯面漆(50×1)	白色	0.28
44	环氧防锈底漆(70×1)	环氧云铁中间漆(60×1)	聚氨酯面漆(50×1)	红色	0.81
45	环氧防锈底漆(70×1)	环氧云铁中间漆(60×1)	聚氨酯面漆(50×1)	黄色	0.51
46	环氧防锈底漆(70×1)	环氧云铁中间漆(60×1)	聚氨酯面漆(50×1)	绿色	0.77
47	环氧防锈底漆(70×1)	环氧云铁中间漆(60×1)	聚氨酯面漆(50×1)	灰色	0.64
48	环氧防锈底漆(70×1)	环氧云铁中间漆(90×1)	聚氨酯面漆(50×1)	白色	0.26
49	环氧防锈底漆(70×1)	环氧云铁中间漆(90×1)	聚氨酯面漆(50×1)	红色	0.81
50	环氧防锈底漆(70×1)	环氧云铁中间漆(90×1)	聚氨酯面漆(50×1)	灰色	0.64
51	环氧防锈底漆(70×1)	环氧云铁中间漆(120×1)	聚氨酯面漆(50×1)	白色	0.26
52	环氧防锈底漆(70×1)	环氧云铁中间漆(120×1)	聚氨酯面漆(50×1)	红色	0.81
53	环氧防锈底漆(70×1)	环氧云铁中间漆(120×1)	聚氨酯面漆(50×1)	灰色	0.63

续表

编号	底漆	中间漆	面漆	面漆颜色	吸收系数
		底漆变化			
54	环氧防锈底漆(70×1)	环氧 EX500 中间漆(60×1)	聚氨酯面漆(50×1)	白色	0.27
55	环氧防锈底漆(70×1)	环氧 EX500 中间漆(60×1)	聚氨酯面漆(50×1)	红色	0.81
56	环氧防锈底漆(70×1)	环氧 EX500 中间漆(60×1)	聚氨酯面漆(50×1)	灰色	0.64
57	环氧防锈底漆(70×1)	环氧 EX500 中间漆(90×1)	聚氨酯面漆(50×1)	白色	0.25
58	环氧防锈底漆(70×1)	环氧 EX500 中间漆(90×1)	聚氨酯面漆(50×1)	红色	0.81
59	环氧防锈底漆(70×1)	环氧 EX500 中间漆(90×1)	聚氨酯面漆(50×1)	灰色	0.64

注:括号内数据为漆膜的厚度,单位 μm。

试验样品为涂有防腐涂料的钢板(50mm×35mm×1mm),由专业厂家采用喷涂方法制备,涂层表面平整、均匀。

漆膜施工基本要求:施工温度 5~50℃;施工湿度≤85%;钢板温度高于露点温度 3℃。涂层干燥要求:底漆≥5℃;中间漆≥5℃;面漆常温。

实际施工条件:施工温度 10~20℃符合施工要求;施工湿度 40%~60%符合施工要求;钢板温度 10~20℃符合施工要求。实际干燥条件:底漆 10~20℃符合要求;中间漆 10~20℃符合要求;面漆 10~20℃符合要求。底漆与中间漆涂覆间隔 7 天,中间漆与面漆涂覆间隔 7 天。膜厚测量:底漆干燥时间 4 天,中间漆干燥时间 4 天,面漆干燥时间 4 天。

考虑到面漆的颜色对太阳辐射吸收系数影响较大,因此有必要对面漆的颜色进行准确的分类。采用国际上广泛通用的德国 RAL 颜色系统,将各试件面漆颜色与 RAL-K7 色卡进行比对得到各试件的色号值及名称,如表 2-4 所示。各面漆的白色都最接近色号 9003,但用肉眼可看出三种白色由浅到深顺序为:聚氨酯、氟碳、氯化橡胶。三种灰色由浅到深顺序为:聚氨酯、氯化橡胶、氟碳。三种红色由浅到深顺序为:聚氨酯、氟碳、氯化橡胶,其中氟碳与氯化橡胶的颜色几乎相同。三种绿色由浅到深顺序为:氯化橡胶、聚氨酯、氟碳。三种黄色由浅到深顺序为:氯化橡胶、聚氨酯、氟碳。

表 2-4　面漆色号

试件编号	面漆材质	面漆颜色	RAL 色号值
		面漆变化	
1	氟碳面漆(50×1)	白色	9003
2	氟碳面漆(50×1)	红色	3020
3	氟碳面漆(50×1)	黄色	1033
4	氟碳面漆(50×1)	绿色	6017
5	氟碳面漆(50×1)	灰色	7045

试件编号	面漆材质	面漆颜色	RAL 色号值
面漆变化			
6	聚氨酯面漆(50×1)	白色	9003
7	聚氨酯面漆(50×1)	红色	3003
8	聚氨酯面漆(50×1)	黄色	1003
9	聚氨酯面漆(50×1)	绿色	6029
10	聚氨酯面漆(50×1)	灰色	7038
11	氯化橡胶面漆(50×1)	白色	9003
12	氯化橡胶面漆(50×1)	红色	3031
13	氯化橡胶面漆(50×1)	黄色	1004
14	氯化橡胶面漆(50×1)	绿色	6005
15	氯化橡胶面漆(50×1)	灰色	7004
16	聚氨酯面漆(80×1)	白色	9003
17	聚氨酯面漆(80×1)	灰色	7038
18	聚氨酯面漆(80×1)	红色	3003
19	聚氨酯面漆(110×1)	白色	9003
20	聚氨酯面漆(110×1)	灰色	7038
21	聚氨酯面漆(110×1)	红色	3003
22	聚氨酯面漆(70×2)	白色	9003
23	聚氨酯面漆(70×2)	灰色	7038
24	聚氨酯面漆(70×2)	红色	3003
25	氟碳面漆(80×1)	白色	9003
26	氟碳面漆(80×1)	灰色	7045
27	氟碳面漆(80×1)	红色	3020
28	氟碳面漆(110×1)	白色	9003
29	氟碳面漆(110×1)	灰色	7045
30	氟碳面漆(110×1)	红色	3020
中间漆变化			
31	聚氨酯面漆(50×1)	白色	9003
32	聚氨酯面漆(50×1)	红色	3003
33	聚氨酯面漆(50×1)	灰色	7038
34	聚氨酯面漆(50×1)	白色	9003
35	聚氨酯面漆(50×1)	红色	3003
36	聚氨酯面漆(50×1)	灰色	7038

试件编号	面漆材质	面漆颜色	RAL 色号值
中间漆变化			
37	聚氨酯面漆(50×1)	白色	9003
38	聚氨酯面漆(50×1)	红色	3003
39	聚氨酯面漆(50×1)	灰色	7038
40	聚氨酯面漆(50×1)	白色	9003
41	聚氨酯面漆(50×1)	红色	3003
42	聚氨酯面漆(50×1)	灰色	7038
底漆变化			
43	聚氨酯面漆(50×1)	白色	9003
44	聚氨酯面漆(50×1)	红色	3003
45	聚氨酯面漆(50×1)	黄色	1003
46	聚氨酯面漆(50×1)	绿色	6029
47	聚氨酯面漆(50×1)	灰色	7038
48	聚氨酯面漆(50×1)	白色	9003
49	聚氨酯面漆(50×1)	红色	3003
50	聚氨酯面漆(50×1)	灰色	7038
51	聚氨酯面漆(50×1)	白色	9003
52	聚氨酯面漆(50×1)	红色	3003
53	聚氨酯面漆(50×1)	灰色	7038
54	聚氨酯面漆(50×1)	白色	9003
55	聚氨酯面漆(50×1)	红色	3003
56	聚氨酯面漆(50×1)	灰色	7038
57	聚氨酯面漆(50×1)	白色	9003
58	聚氨酯面漆(50×1)	红色	3003
59	聚氨酯面漆(50×1)	灰色	7038

注:括号内数据为漆膜的厚度,单位 μm。

2. 防火涂料

钢结构防火涂料按使用厚度可分为:超薄型钢结构防火涂料,涂层厚度小于或等于 3mm;薄型钢结构防火涂料,涂层厚度大于 3mm 且小于或等于 7mm;厚型钢结构防火涂料,涂层厚度大于 7mm 且小于或等于 45mm。

构件在工厂焊接完成之后,就要上底漆和中间漆,然后运往施工现场,安装完毕之后根据设计要求喷涂防火涂料。防火涂料本身就具备面漆的功能,但如果业主有要求(为了美观),则可再涂面漆。

为了减小测试误差,试验时超薄型、薄型、厚型的防火涂料各取 5 个试件,数据处理时取平均值。

2.3.3　铝合金材料试件制备

铝结构有以下优点：①自重轻，有利于基础设计和地基处理；②防腐蚀性能好，适用于煤炭及化工行业的仓库及厂房；③施工方便，外观好，可回收利用等。因此，越来越多的大跨度结构采用铝合金材料，故有必要对铝的太阳辐射吸收系数进行研究。试验设计了3组不同厚度的铝片试件，分别为1mm、1.5mm、2mm，每组有3个平行试件，共有9个试件。

2.3.4　膜材料试件制备

本试验分别选取不同类型的ETFE膜材、PTFE膜材、PVC膜材附加PVDF涂层(以下简称PVDF膜材)、TPO膜材以及常用于塑料大棚的热塑PVC膜材(以下简称大棚膜)共五大类膜材，按不同颜色、不同厚度、不同印点率、不同型号等共分为29种膜材，每种膜材选取3个测试样品，3个样品的测试结果取平均值作为该种膜材的最后结果。

ETFE膜材为高透光性膜材，通常工程中通过在其表面印刷银色圆点来控制其透光率。本试验考虑颜色、印点率和层数，选取了12种ETFE膜材样品，包括无色透明的ETFE膜材、浅蓝色透明的ETFE膜材、印点率为63%的ETFE膜材、印点率为80%的ETFE膜材、双层无色透明的ETFE膜材、三层无色透明的ETFE膜材、ETFE气枕06363(含三层ETFE膜材，印点率分别为0、63%、63%)、ETFE气枕466363(含三层ETFE膜材，印点率分别为46%、63%、63%)、ETFE热合缝处膜材。ETFE单层膜材厚度根据工程中常用厚度均选取为0.25mm，如图2-3所示。

PTFE膜材透光率较低，具有较强的反射比，出厂时颜色为偏褐色，在阳光照射一段时间(大约3个月)后会变白。本试验考虑厂家、漂白与否、厚度等因素，选取了13种PTFE膜材样品，包括日本Skytop公司漂白前的FGT-600(厚度0.6mm)、FGT-800(厚度0.8mm)、FGT-1000(厚度1mm)、FGT-250(厚度0.35mm)、FGT-250D-2(厚度0.28mm)，日本Skytop公司漂白后的FGT-600(厚度0.6mm)、FGT-800(厚度0.8mm)、FGT-1000(厚度1mm)、FGT-250(厚度0.35mm)、FGT-250D-2(厚度0.28mm)，中国上海维立凯公司漂白前的H302(厚度0.6mm)，德国杜肯公司漂白前的B18039(厚度0.5mm)、B18089(厚度0.7mm)，如图2-4～图2-6所示。

PVDF膜材是最早PVC膜材的改良版，通过在PVC膜材表面附加PVDF涂层增强其抗老化能力，是第一代建筑膜材产品，表面为白色，具有很高的反射比。大棚膜常采用PVC进行热塑加工，膜材厚度很薄，价格低廉，但各项性能较差，常用于农业大棚。TPO膜材是新型的屋面卷材，具有很强的反射比，常用于屋面系统中。本试验选取了 PVDF 膜材、大棚膜、TPO 膜材及热合缝处的 TPO 膜材，如图 2-7 和图 2-8 所示。

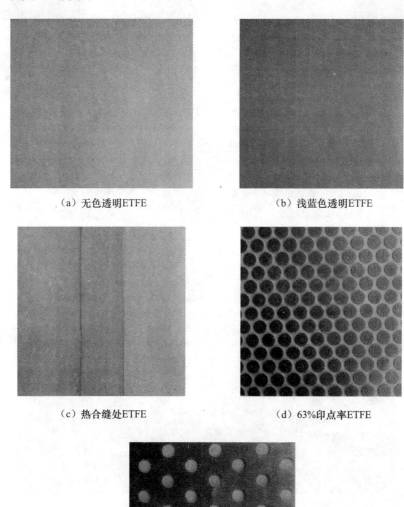

（a）无色透明ETFE　　　　　　　（b）浅蓝色透明ETFE

（c）热合缝处ETFE　　　　　　　（d）63%印点率ETFE

（e）80%印点率ETFE

图 2-3　ETFE 膜材试件

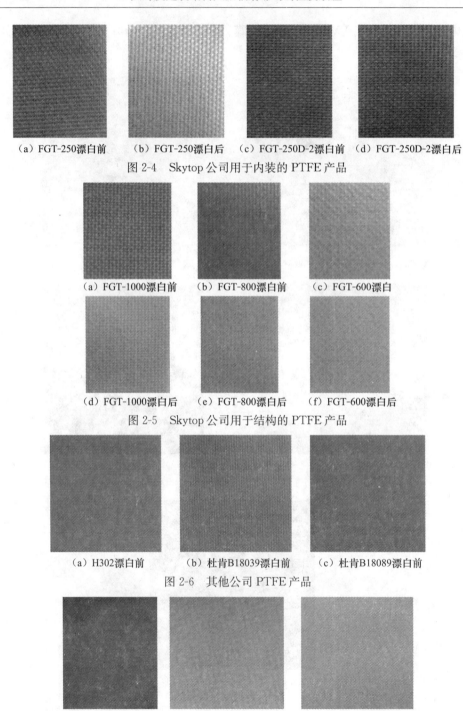

（a）FGT-250漂白前   （b）FGT-250漂白后   （c）FGT-250D-2漂白前   （d）FGT-250D-2漂白后

图 2-4   Skytop 公司用于内装的 PTFE 产品

（a）FGT-1000漂白前   （b）FGT-800漂白前   （c）FGT-600漂白

（d）FGT-1000漂白后   （e）FGT-800漂白后   （f）FGT-600漂白后

图 2-5   Skytop 公司用于结构的 PTFE 产品

（a）H302漂白前   （b）杜肯B18039漂白前   （c）杜肯B18089漂白前

图 2-6   其他公司 PTFE 产品

（a）大棚膜   （b）PVDF膜材   （c）TPO膜材

图 2-7   其他膜材

图 2-8　膜材汇总图

2.4　常用涂料与铝合金材料太阳辐射吸收系数试验

2.4.1　试验仪器

采用光谱法中的相对法进行试验,试验仪器为日本分光公司生产的 JASCO V-570 紫外-可见-近红外分光光度计,如图 2-9 所示。仪器波长范围是 190～2500nm,积分球内径 60mm。仪器在波长为 340nm 时会换灯,测得的反射比数据稍有波动。但由于 280～340nm 的太阳辐射能量占总太阳辐射能量的比例不到 1%,所以可忽略换灯的影响。标准白板采用的是聚四氟乙烯板(Halon 板)。实验室温度为 15～25℃,相对湿度为 30%～50%,满足规范要求。

2.4.2　试验过程

仪器接通电源后要预热至少 20min,以确保采样数据的稳定性。将标准白板夹放于积分球试件孔处,设定仪器工作参数后,对标准白板进行基线扫描以测得标准白板的光谱反射比曲线;再将被测试件放于积分球试件孔处,扫描得到试件相对于标准白板的光谱反射比曲线。

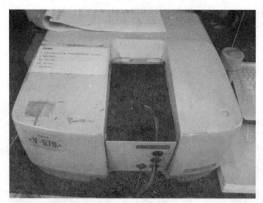

（a）仪器全貌

（b）积分球模块

（c）透射模块

（d）标准白板

（e）测试过程图

图 2-9　紫外-可见-近红外分光光度计

2.4.3　试验结果

1. 太阳辐射吸收系数

数据处理时太阳辐射照度的光谱密集度和波长间隔都根据标准 ASTM G173-

03(2012)来取值,并由式(2-3)、式(2-4)计算试件的太阳辐射反射比;由于钢板试件不透明,采用式(2-2)计算试件的太阳辐射吸收系数。对 3 个平行测试样板的吸收系数取平均值,最终得到不同涂料配套下试件的太阳辐射吸收系数如表 2-3 所示。

　　根据面漆颜色及材质对图 2-10(a)～(e)中的数据进行归类,由于面漆材质与颜色都相同的试件其吸收系数几乎相同,只是因测量误差而有细微的差别,但在

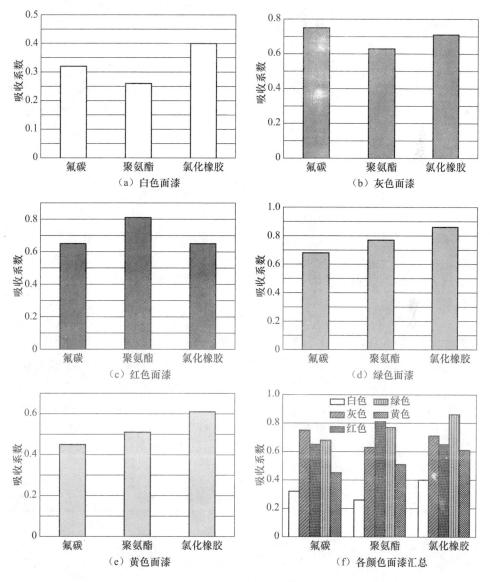

图 2-10　不同面漆的太阳辐射吸收系数

±0.02 以内,所以可将面漆材质与颜色都相同的试件归并,且对其吸收系数取平均值,结果见图 2-10(f)。

由表 2-3、表 2-4 及图 2-10 可以看出,面漆颜色是影响太阳辐射吸收系数最重要的因素,不同颜色的吸收系数差异很大。同种颜色由于其深浅不同,吸收系数也差异较大。各色面漆的吸收系数随着颜色的加深而变大。

面漆材质对吸收系数有影响但影响较小。对比红色的氟碳和氯化橡胶面漆吸收系数可发现,二者的色号不同,而吸收系数却相同。由此可见,吸收系数不仅与面漆的颜色相关,与面漆的材质也相关。

通过对比同种颜色、同种材质、不同厚度的试件太阳辐射吸收系数可知,同种材质、同种颜色下,虽然涂料厚度不同,但是吸收系数相同,这说明面漆厚度对吸收系数无影响。同样,变化底漆与中间漆厚度之后,吸收系数并无变化,说明底漆和中间漆的材质及厚度对太阳辐射吸收系数无影响。另外,各个试件加工时,表面粗糙度不同,但是只要颜色相同、材质相同的涂料,粗糙度的不同并未导致吸收系数的不同,因此吸收系数与涂料表面的粗糙度也无关。

三种白色面漆色号相同,但是吸收系数最大相差 53.8%。三种灰色的色号不同,吸收系数最大相差 19.0%,之所以相差较小是因为三种灰色面漆的颜色较为接近。三种红色的色号不同,吸收系数最大相差 24.6%。三种绿色的色号不同,吸收系数最大相差 26.5%。三种黄色的色号不同,吸收系数最大相差 35.6%。由此可见,白色对吸收系数的影响较大,细微的差别就可能导致吸收系数有较大变化;即使色号相同,若亮、表面清洁程度不同,也能显著影响吸收系数的大小。

表 2-5 是防火涂料的太阳辐射吸收系数的测试结果。从表中可以看出,同一种防火涂料的太阳辐射吸收系数相差无几,故可以对其取平均值,结果如图 2-11所示。进一步观察 3 种防火涂料的颜色可发现,3 种防火涂料的太阳辐射吸收系数与涂料颜色的深浅直接相关,颜色越深,太阳辐射吸收系数越大。

表 2-6 为铝的太阳辐射吸收系数,对其取平均值,结果如图 2-12 所示。观察数据可发现,虽然铝片的厚度相差较大,但是 3 种铝片的太阳辐射吸收系数较为接近,最大值与最小值相差 0.11。3 种铝片的表面氧化程度不同,导致吸收系数有所不同,铝片厚度对其影响较小。

表 2-5　防火涂料的太阳辐射吸收系数

编号	A	B	C	D	E
61(超薄型)	0.35	0.34	0.36	0.34	0.34
62(薄型)	0.45	0.44	0.45	0.43	0.44
63(厚型)	0.83	0.83	0.83	0.83	0.84

表 2-6　铝的太阳辐射吸收系数

编号	A	B	C
71(1mm)	0.42	0.44	0.47
72(1.5mm)	0.57	0.51	0.51
73(2mm)	0.56	0.58	0.54

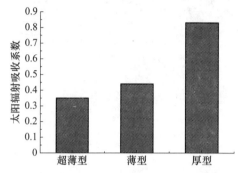

图 2-11　防火涂料的太阳辐射吸收系数

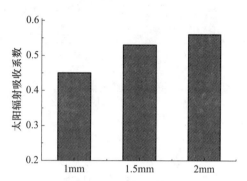

图 2-12　铝的太阳辐射吸收系数

2. 面漆辐射反射率曲线

图 2-13～图 2-15 为不同颜色的氟碳面漆、聚氨酯面漆、氯化橡胶面漆实测的反射率-波长曲线;图 2-16～图 2-20 为同种颜色、不同材质面漆实测的反射率-波长曲线。从图中可看出,材质相同、颜色不同的面漆反射率曲线相差较大,而材质不同、颜色相同的面漆反射率曲线则有类似的规律。同种颜色的面漆反射规律类似,只是数值不同,而不同颜色的面漆反射规律则差异显著,这说明颜色是影响面漆太阳辐射吸收系数的最大因素,面漆材质次之。

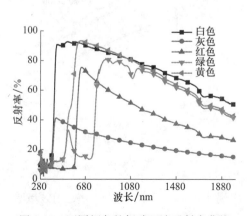

图 2-13　不同颜色的氟碳面漆反射率曲线

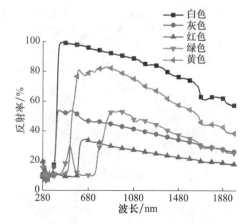

图 2-14　不同颜色的聚氨酯面漆反射率曲线

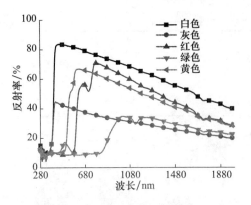

图 2-15 不同颜色的氯化橡胶面漆反射率曲线

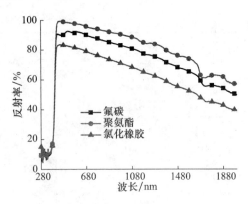

图 2-16 白色面漆反射率曲线

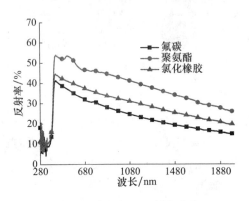

图 2-17 灰色面漆反射率曲线

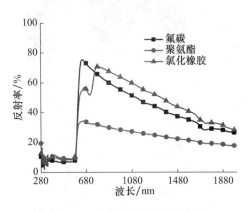

图 2-18 红色面漆反射率曲线

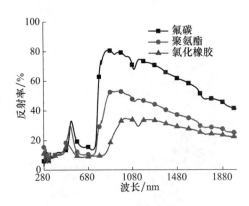

图 2-19 绿色面漆反射率曲线

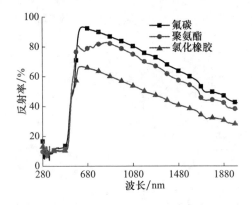

图 2-20 黄色面漆反射率曲线

白色、灰色、黄色三种颜色的反射率曲线规律类似。三种面漆在可见光区域吸收明显，而对近红外区域吸收较少。各种面漆在近红外区域，反射率随波长的增加而降低。在某一波长处,反射率达到峰值,而后反射率明显下降,随着波长的减小而减小。

红色面漆有着与白色、灰色、黄色三种颜色的面漆相类似的规律,区别在于反射率达到最大值之后下降更为急剧,而后保持水平,反射率变化不大。绿色面漆反射率曲线的总体规律与白色、灰色、黄色三种颜色的面漆也类似,区别是绿色面漆在可见光区域处还有一个小波峰。

白色与灰色是工程中最常用的两种面漆颜色,因此专门对这两种颜色进行对比。白色与灰色面漆实测的反射率-波长曲线如图 2-21 所示,各曲线的规律大致相同,在可见光区域反射率有最大值,在红外区域反射率下降较为平缓而在紫外区域反射率急剧减小。白色面漆的光谱反射率在波长为 450nm 时急剧下降,灰色面漆的光谱反射率则在波长为 420nm 时急剧下降,说明不同的颜色发生能量最大吸收的波长不同。

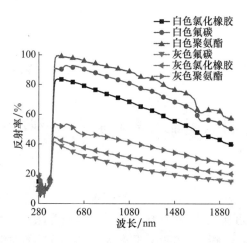

图 2-21　白色与灰色面漆实测反射率-波长曲线

同种颜色的面漆反射率曲线规律相同。三种不同材质的白色面漆反射率峰值所对应的波长值相同,灰色、黄色的面漆也具有类似规律。而红色面漆则不同,红色聚氨酯与红色氟碳峰值波长相同,但小于红色氯化橡胶的峰值波长。对于绿色面漆,有 2 个反射率的峰值点,在红外区为第一峰值点,在可见光区为第二峰值点,第一峰值对应的波长氟碳<聚氨酯<氯化橡胶,第二峰值对应的波长氟碳>聚氨酯>氯化橡胶。同时可以看出,试件的反射率曲线与太阳辐射吸收系数的数值是对应的,太阳辐射吸收系数较大的试件反射率曲线在太阳辐射吸收系数较小的试件的下方。

图 2-22 为铝实测反射率-波长曲线,三条曲线的规律一致。在 760nm 处有突然的跳跃,即在可见光与近红外的交接处有较大的吸收。同时三条曲线较为接近,

与吸收系数的结果规律相符。

图 2-23 为防火涂料实测反射率-波长曲线,三条曲线的规律有明显的区别。厚型防火涂料的颜色最深,反射率大部分处于 10%～20%。而白色的超薄型防火涂料的反射率最高达 90% 左右。薄型与厚型的反射曲线在波长 650nm 之后保持水平,波动较小。超薄型的曲线在波长 650nm 之后呈下降趋势。

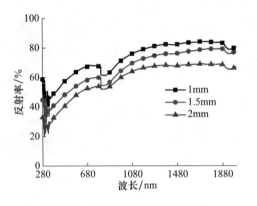
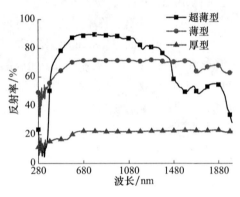

图 2-22　铝实测反射率-波长曲线　　　　图 2-23　防火涂料实测反射率-波长曲线

2.5　膜材太阳辐射透射系数和吸收系数试验

2.5.1　试验仪器

本试验采用日本分光公司生产的 JASCO V-570 紫外-可见-近红外分光光度计配合积分球附件,可测试波段为 200～2000nm,积分球内径 60mm。标准白板采用聚四氟乙烯板(Halon 板)。实验室温度为 15～25℃,相对湿度为 30%～50%,满足规范要求。

2.5.2　试验过程

仪器接通电源后要预热至少 20min,以确保采样数据的稳定性。

首先,设定仪器工作参数,用标准白板进行基线扫描,测得标准白板的光谱透射比曲线。采用透射模块对 29 种膜材在 400～2000nm 波长范围分别进行透射比测定,得到其光谱透射比曲线。

然后,将模块更换为积分球模块,用标准白板基线扫描后,对 29 种膜材在 400～2000nm 波长范围分别进行反射比测定,得到其光谱反射比曲线。

通过式(2-3)和式(2-4),分别得到 29 种膜材的太阳辐射反射系数和透射系数,再通过式(2-2)得到太阳辐射吸收系数。

2.5.3　试验结果

不同膜材的太阳辐射反射系数、透射系数和吸收系数如表 2-7 所示。

表 2-7　不同膜材太阳辐射反射系数、透射系数、吸收系数汇总表

编号	样品种类		厚度/mm	颜色	反射系数	透射系数	吸收系数
1	大棚膜	大棚膜	0.08	无色	0.08	0.74	0.18
2		无色透明 ETFE	0.25	无色	0.08	0.80	0.12
3		浅蓝色透明 ETFE	0.25	浅蓝	0.09	0.70	0.21
4		ETFE 印点	0.25	银色	0.61	0.05	0.34
5		ETFE 印点率 63%	0.25	—	0.37	0.32	0.30
6		ETFE 印点率 80%	0.25	—	0.52	0.16	0.32
7	ETFE	2 层透明 ETFE	0.5	—	0.15	0.69	0.16
8		3 层透明 ETFE	0.75	—	0.20	0.57	0.23
9		2 层印点	0.5	—	0.61	0.02	0.37
10		3 层印点	0.75	—	0.62	0.01	0.37
11		气枕 0%,63%,63%	0.75	—	0.50	0.10	0.40
12		气枕 46%,63%,63%	0.75	—	0.52	0.07	0.41
13		ETFE 热合缝	0.45	无色	0.38	0.41	0.22
14		FGT-250 漂白前	0.35	白	0.72	0.14	0.14
15		FGT-250 漂白后	0.35	白	0.73	0.15	0.12
16		FGT-250D-2 漂白前	0.28	白	0.62	0.24	0.14
17		FGT-250D-2 漂白后	0.28	白	0.63	0.24	0.13
18		FGT-600 漂白前	0.6	浅褐	0.65	0.10	0.25
19		FGT-600 漂白后	0.6	白	0.73	0.10	0.17
20	PTFE	FGT-800 漂白前	0.8	浅褐	0.65	0.04	0.32
21		FGT-800 漂白后	0.8	白	0.77	0.05	0.18
22		FGT-1000 漂白前	1.0	浅褐	0.73	0.02	0.25
23		FGT-1000 漂白后	1.0	白	0.79	0.03	0.18
24		H302 漂白前	0.6	褐	0.64	0.02	0.34
25		杜肯 B18039 漂白前	0.5	褐	0.56	0.04	0.40
26		杜肯 B18089 漂白前	0.7	褐	0.60	0.02	0.38
27	TPO	TPO	1.2	白	0.81	0.00	0.19
28		TPO 热合缝	2.4	白	0.81	0.00	0.19
29	PVDF	PVDF 膜材	1.0	白	0.87	0.03	0.10

数据处理时太阳辐射照度的光谱密集度和波长间隔都根据标准 ASTM G173-03(2012)来取值。

1. 高透光、低反射膜材

试验中此类膜材有 ETFE 膜材和大棚膜。通过结果可以看出,无色透明 ETFE 膜材具有很高的太阳辐射透射系数,值为 0.8,其反射系数和吸收系数很低。而浅蓝色透明 ETFE 膜材相比于无色透明 ETFE 膜材,太阳辐射透射系数有所下降,但仍处于较高值 0.7，反射系数和吸收系数稍有升高，这是由其对浅蓝色波段能量阻挡能力不同造成的。

从表 2-7 中可以看出，通过控制印点率可以有效控制太阳辐射系数。ETFE银色印点部分的太阳辐射透射系数很低，仅为 0.05，而反射系数较高，为 0.61。通过对不同印点率的 ETFE 膜材太阳辐射系数进行分析，可以看出，随着印点率的增加，透射系数呈规律性降低，反射系数呈规律性增加，而吸收系数与印点部分接近。进一步分析可以发现以下规律。

对透明 ETFE 膜材表面按比例印刷银色印点，由于印点部分的透射系数和透明 ETFE 膜材的反射系数极低，带印点的膜材主要通过透明膜材部分对太阳辐射进行透射，通过印点部分对太阳辐射进行反射。因此，可得到

$$\tau_a = (1-a)\tau_0 + a\tau_y \tag{2-9}$$

式中，τ_a 为印点率为 a 的 ETFE 膜材的太阳辐射透射系数；τ_0 为无色透明 ETFE 膜材的太阳辐射透射系数；τ_y 为银色印点的太阳辐射透射系数。

$$\rho_a = (1-a)\rho_0 + a\rho_y \tag{2-10}$$

式中，ρ_a 为印点率为 a 的 ETFE 膜材的太阳辐射反射系数；ρ_0 为无色透明 ETFE 膜材的太阳辐射反射系数；ρ_y 为银色印点的太阳辐射反射系数。

通过表 2-7 中 ETFE 印点率为 63％和 80％的数据对式(2-9)和式(2-10)进行验证，结果表明，式(2-9)和式(2-10)具有较好的精度。

随着印点层数的增加，其太阳辐射透射系数略有降低，太阳辐射吸收系数基本没有变化。这是因为 ETFE 印点的透射系数很低，大部分太阳辐射在第一层印点已被反射和吸收，透射很少。

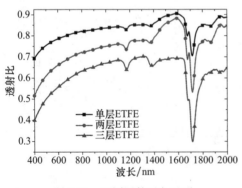

图 2-24　不同层数无色透明
ETFE 光谱透射比曲线

通过无色透明 ETFE 层数的增加，其透射系数有规律地减小，如图 2-24所示，反射系数和吸收系数有所增加。通过表 2-7 中数据可以发现，不同层数无色透明 ETFE 膜材透射系数可大概按照式(2-11)得到：

$$\tau_n = \tau_0^n \tag{2-11}$$

式中，τ_0 为无色透明的 ETFE 膜材的太阳辐射透射系数；n 为无色透明 ETFE 膜材层数。

ETFE 热合缝由两层无色透明ETFE 热合而成，表面粗糙，其透射系数不满足式(2-11)，相较于两层无色透明 ETFE 膜材较低，反射系数相对较高。可见透明膜材表面的粗糙程度对其太阳辐射系数有所影响。

通过图 2-25 可以看出, 无色透明 ETFE 比大棚膜和浅蓝色透明 ETFE 具有更强的透射能力, 浅蓝色透明 ETFE 在波长 500～650nm 附近透射比突然下降, 曲线出现凹陷, 可见浅蓝色膜材对此波段太阳辐射透射能力较差。

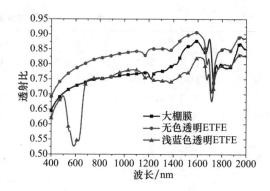

图 2-25　透明膜材光谱透射比曲线

大棚膜的厚度相比于 ETFE 膜材厚度很薄, 仅为 0.08mm, 且同样为无色透明膜材, 但其太阳辐射透射系数相比于无色透明 ETFE 膜材较低, 仅为 0.74, 其太阳辐射吸收系数相对较高, 为 0.18, 而太阳辐射反射系数与无色透明 ETFE 接近, 都较低。可见, 大棚膜对太阳辐射相对于无色透明的 ETFE 膜材具有较强的吸收能力。

2. 低透光、高反射膜材

试验中此类膜材有 PTFE 膜材、TPO 膜材、PVDF 膜材。通过结果可以看出, 影响 PTFE 膜材太阳辐射系数的因素主要是颜色和厚度, 不同品牌的膜材其加工工艺有所不同, 对太阳辐射系数也有一定影响。

膜材出厂状态为褐色, 随着时间逐渐变白, 将变白前不同厂家的 PTFE 膜材数据进行整理, 得到表 2-8。

表 2-8　PTFE 漂白前太阳辐射系数表

膜材种类	厚度/mm	颜色	反射系数	透射系数	吸收系数
FGT-600 漂白前	0.6	浅褐	0.65	0.10	0.25
FGT-800 漂白前	0.8	浅褐	0.65	0.04	0.32
FGT-1000 漂白前	1	浅褐	0.73	0.02	0.25
H302 漂白前	0.6	褐	0.64	0.02	0.34
杜肯 B18039 漂白前	0.5	褐	0.56	0.04	0.40
杜肯 B18089 漂白前	0.7	褐	0.60	0.02	0.38

从表 2-8 中可以看出, PTFE 膜材不同变白程度对太阳辐射系数影响较大, 特别是太阳辐射透射系数和吸收系数。变白程度越大, 太阳辐射透射系数相对越高, 吸收系数相对越低。

从表 2-8 中还可以看出, 膜材变白后太阳辐射反射系数相较于偏褐色状态时有一定程度的提高, 透射系数略有增加但基本不变, 吸收系数有一定程度的下降。

对白色膜材数据进行整理, 得到表 2-9。

表 2-9　白色膜材太阳辐射系数表

膜材种类		厚度/mm	颜色	反射系数	透射系数	吸收系数
PTFE	FGT-250 漂白前	0.35	白	0.72	0.14	0.14
	FGT-250 漂白后	0.35	白	0.73	0.15	0.12
	FGT-250D-2 漂白前	0.28	白	0.62	0.24	0.14
	FGT-250D-2 漂白后	0.28	白	0.63	0.24	0.13
	FGT-600 漂白后	0.6	白	0.73	0.10	0.17
	FGT-800 漂白后	0.8	白	0.77	0.05	0.18
	FGT-1000 漂白后	1	白	0.79	0.03	0.18
TPO	TPO	1.2	白	0.81	0.00	0.19
	TPO 热合缝	2.4	白	0.81	0.00	0.19
PVDF	PVDF 膜材	1	白	0.87	0.03	0.10

　　从表 2-9 中可以看出，白色 PTFE 膜材随厚度的增加，透射系数下降，反射系数和吸收系数增加，但如果厚度变化不大，其太阳辐射系数变化并不显著。用于内装的 FGT-250D-2 膜材由于编织较松，太阳光可从空隙中直接透过，反射系数相对较低，仅为 0.63 左右，透射系数相对较高，为 0.24 左右。其余白色 PTFE 膜材，太阳辐射反射系数随厚度的增加在 0.72~0.79 范围内逐渐增大，吸收系数从 0.14逐渐增大至 0.18，变化幅度很小，透射系数从 0.15 逐渐降低至 0.03。TPO 膜材的太阳辐射透射系数几乎为 0，反射系数很高（0.81），吸收系数也相对较大（0.19），其热合缝为双层 TPO 热合而成，由于单层 TPO 已具有很强的反射能力，极低的太阳辐射透过能力，使得多层后太阳辐射系数几乎没有影响。PVDF 具有很高的反射能力，太阳辐射反射系数达到 0.87，透射系数同样极低（0.03），吸收系数相比于 TPO 膜材和 PTFE 膜材较低。

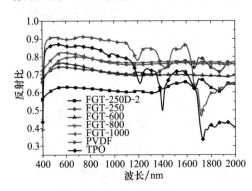

图 2-26　白色膜材光谱反射比曲线

　　从图 2-26 中可以看出，用于内装的 FGT-250 和 FGT-250D-2 反射比规律相同，曲线较为平滑，在 1400~1800nm 波段反射比稍大，但整体变化幅度不大。用于结构的 FGT-600、FGT-800、FGT-1000 反射比规律接近，在 500~800nm 波段反射比曲线有凸起，但曲线整体平滑。PVDF 膜材和 TPO 膜材在 450~1600nm 波段具有很高的太阳反射比，但在 400~450nm 和 1600~2000nm 波段内反射比明显下降，表明该材料对此波段内的光线反射能力较弱。

2.6　太阳辐射系数试验结果总结

（1）通过对现有文献和规范的对比分析，提出了基于光谱法、采用紫外-可见-近红外分光光度计进行钢结构常用涂料、不同膜材的太阳辐射系数的测定方案，并通过试验验证了方案的可行性。

（2）通过分析涂料样品的测试数据可知，面漆对太阳辐射吸收系数的影响最大，且颜色越深，吸收系数越大；涂料的化学成分对太阳辐射吸收系数有一定的影响，但是影响不大；涂料的厚度对吸收系数无影响。

（3）建议对于白色的氟碳、聚氨酯、氯化橡胶面漆，太阳辐射吸收系数分别取0.32、0.26、0.40。对于灰色的氟碳、聚氨酯、氯化橡胶面漆，太阳辐射吸收系数分别取0.75、0.63、0.71。对于红色的氟碳、聚氨酯、氯化橡胶面漆，太阳辐射吸收系数分别取0.65、0.81、0.65。对于绿色的氟碳、聚氨酯、氯化橡胶面漆，太阳辐射吸收系数分别取0.68、0.77、0.86。对于黄色的氟碳、聚氨酯、氯化橡胶面漆，太阳辐射吸收系数分别取0.45、0.51、0.61。对于超薄型、薄型、厚型的防火涂料，太阳辐射吸收系数分别取0.35、0.44、0.83。对于铝片的太阳辐射吸收系数可取0.45～0.56。

（4）不同材质、同种颜色的面漆反射率曲线规律相同，同种材质、不同颜色的面漆反射率曲线则差异较大。

（5）用分光光度计对29种膜材进行400～2000nm波段内光谱透射比、反射比测定，得到了29种不同类型的ETFE、PTFE、PVDF膜材、TPO膜材和大棚膜的太阳辐射反射系数、太阳辐射透射系数和太阳辐射吸收系数。

（6）对ETFE膜材表面印刷银色圆点可有效增加膜材太阳辐射反射系数。

（7）PTFE、PVDF、TPO膜材具有较大的太阳辐射反射系数，其太阳辐射透射系数很低，可不作考虑。

（8）膜材表面颜色是影响膜材太阳辐射系数的重要因素，白色膜材太阳辐射反射系数最强。

（9）得到了通过已知ETFE膜材印点率计算该膜材太阳辐射系数的公式。

第3章　太阳辐射作用下金属构件温度试验

3.1　温度测量方法

3.1.1　温度测量方法概述

常用的工业用温度计分为两类,包括接触式及非接触式温度测量仪器。接触式要直接接触固体表面或液体内部,而非接触式无需直接接触物体。非接触式测温仪器的温度测量精度一般低于接触式仪器。

接触式温度计有热膨胀温度计(如水银温度计)、热电阻(如铂热电阻)、热电偶(如铜-康铜热电偶)。非接触式温度计有辐射温度计(辐射法)、光学温度计(亮度法)、比色温度计(比色法)。

以下重点介绍热电阻法、热电偶法、辐射温度计等三种常用温度测量方法。

3.1.2　热电阻法

热电阻温度测量方法主要是利用热电阻这种感温元件来进行温度的测量,热电阻一般由金属导体或半导体材料制成,这种材料的电阻值与温度之间有着特定的函数关系。热电阻实物见图3-1。

当感温元件的温度变化时,感温元件的电阻值也变化,二者呈一定的函数关系。将变化的电阻值作为信号输入具有平衡或者不平衡电桥回路的显示仪表以及调节器和其他仪表等,即能测出温度值。

对热电阻丝的要求包括:①较大的电阻率,以降低电阻体积;②较高的电阻温度系数;③物理、化学

图3-1　热电阻

性能稳定;④电阻与温度关系特性良好,需是单值函数,最好呈线性关系,且要具有可复制、重现性。

感温元件包括金属热电阻(铂、铜、镍等)和半导体热敏电阻(锗、碳等)。铂在常温下的物理、化学性质十分稳定,有着较大的电阻率,且电阻温度曲线的线性关系良好,如图3-2所示。因此,铂电阻经常被用做热电阻的感温元件。

热电阻一般要做成三线制,其中第三线是从正极分出来的线,目的是抵消导线

电阻带来的影响。两根导线（正极）是一根导线分出来的，二者之间的阻值很小（10Ω左右），红导线与蓝导线之间（正负极）测量的则是铂电阻的阻值（121Ω左右），因此三线制可以通过此原理来消除导线阻值带来的误差，即仪器数据处理后显示的读数会扣除导线电阻的影响。

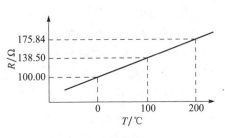

图 3-2　铂的温度特性曲线

3.1.3　热电偶法

热电偶可直接测量－200～1800℃范围内的蒸汽、气体介质、液体以及固体表面的温度。不同的使用条件对热电偶有不同的要求，尤其是对热电偶的感温元件要有不同的保护。因此，工业上使用时，常常加上接线盒、不锈钢保护管及各种特定用途的固定装置，称为铠装式热电偶，如图 3-3 所示。

（a）普通热电偶

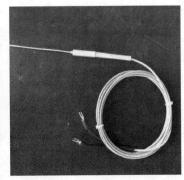

（b）铠装式热电偶

图 3-3　热电偶

热电偶的工作原理如图 3-4 所示，2 根不同材质的导线作为 A、B 电极，在 2 端再焊成 2 个节点（T_0，T_1）。T_0 节点在仪器内部，为参考端（也称冷端）；T_1 节点紧贴待测物体表面，为测量端（也称热端）。两种不同金属接触节点处会产生接触电势差，冷端与热端有着不同的接触电势差（也称结电压），导致 T_0 节点及 T_1 节点之间有环路电势差（即环路电压），从而在电路中形成环路电流。由于环路电压本质上就是热结点结电压与冷结点结电压之差，

图 3-4　热电偶工作原理

所以环路电压是温差的函数。可以通过仪表测量得到环路电压，从而换算得到温差；温差加上冷端的温度值最终可得到热端的温度值。

能够自动加上冷端温度从而得到试件真实温度的功能称为仪器的温度补偿功能。仪器是否有温度补偿功能可采用如下方法判别：将仪器短路，若仪器显示的读数是0℃，则这台仪器没有温度补偿功能。而如果短路之后显示的是环境温度值，说明仪器自带温度补偿功能。目前的测量仪器一般都有温度补偿功能。

冷热端电动势（即环路电压）的大小仅与冷端、热端间的温度差值及热电偶的材质相关，温差越大，电动势越大；而与导线的长度、直径无关。

热电偶的种类是根据热电偶芯的材质来划分的，具体的种类如表3-1所示。热电偶等级分为1级、2级、3级，1级的要求最严格，精度也最高。每种等级中分为2种不同的温度范围，而不同的温度范围精度是不同的，温度值越高，误差就会越大，而且误差会与温度值相关。本试验采用的是较低温度值，因此测量的误差较小且与温度值无关。

表3-1　不同热电偶的主要技术指标

型号	热电偶材质	分度号	等级：2级	
			温度范围/℃	允许误差/℃
WRR	铂铑30-铂铑6	B	600～1700	±1.5
WRQ	铂铑13-铂	R	0～600	±1.5
WRP	铂铑10-铂	S	0～600	±1.5
WRM	镍铬硅-镍硅镁	N	−40～333	±2.5
WRN	镍铬-镍硅	K	−40～333	±2.5
WRE	镍铬-康铜	E	−40～333	±2.5
WRF	铁-康铜	J	−40～333	±2.5
WRC	铜-康铜	T	−40～133	±1.0

3.1.4　辐射温度计

辐射温度计是通过检测被测对象某一波段的辐射能量来确定温度的仪表。这类仪器受材料表面发射率变化、辐射通道上介质吸收及外来光干扰的影响，因而温度测量精度不如直接测量式温度计。常用的辐射温度计是红外线测温枪。

3.1.5　测试方法选择

热电阻与热电偶的区别如下：

（1）热电阻测量温度利用的是阻值变化的原理，热电偶应用的是电势差的原理。热电阻测量的是试件实际的温度值。热电偶则测量得到的是相对值，仪器读数显示的是两端之间电势差所对应的温度值。但是这个温度值其实是冷端与热端之间的温度差值,要加上环境温度才是试件的实际温度值。

(2) 热电阻的精度要高于热电偶。2 级热电偶的精度见表 3-1。Pt100 在 100℃时的误差允许值是±0.35℃(A 级精度)或±0.80℃(B 级精度)。

(3) 将温度传感器粘贴于钢板时,热电偶端部区域都可以作为热端,因而即使部分区域未黏接也没关系。而铂电阻则不能让 2 根电阻丝形成回路,否则就会导致短路,同时粘贴时铂电阻的电阻丝易断。

(4) 热电偶可以测量一个点的温度值,而热电阻测量的则是其所占有空间内的平均温度。

本试验选择铜-康铜热电偶(常称为 T 型热电偶,康铜是 CuNi 合金),理由如下:

(1) 本试验的温度值在 100℃以内,T 型热电偶−40～133℃的温度适用范围满足本试验要求;

(2) 100℃以内,各种热电偶中,T 型热电偶的允许误差最小;

(3) T 型热电偶比热电阻价格低。

通过调研及综合比较,本试验用水银温度计测量环境温度(即气温),用热电偶测量钢片表面温度,用红外线测温枪(辐射温度计)验证性地测量钢片表面温度。

3.2　不同涂层钢构件与铝合金构件太阳辐射温度试验

3.2.1　试件设计

温度值测量时选择了 59 组防腐涂料组合,3 组防火涂料,3 组铝板。这与第 2 章中太阳辐射吸收系数测试试验是一致的。

为了保证测量点处的温度与钢板的温度值最为接近,应尽量减少其他外界因素的影响。在试件制作过程中,要采取相关措施,包括涂抹硅胶、塞入棉花、粘贴锡纸。

保温隔热材料根据材质可分为两类:无机保温隔热材料和有机保温隔热材料。无机材料包括玻璃棉、岩棉等,有机材料包括棉花、聚氨酯泡沫塑料、聚苯乙烯泡沫塑料等。材料的保温性能主要根据导热系数决定。材料的导热系数越小,意味着材料的保温性能越好。一般情况下,疏松多孔的物质可利用其内部不流动的空气来阻挡热的传导,因而常被用作保温材料。本试验是为防止测温点的温度与钢板温度受外界影响而设置的保温材料,对保温材料要求轻质、柔软、体积小,因而最后选择常见的棉花作为保温隔热材料。

热电偶端部节点与钢板的接触面是一个切平面,面积较小。为了保证二者之间的温度值相同,将导热硅胶涂抹在热电偶端部节点处,涂抹均匀并且覆盖住。最外层包裹的锡纸可以降低外界辐射对测点温度的干扰。

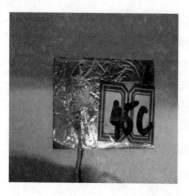

图 3-5　测温试件设计

测温试件如图 3-5 所示。试件制作过程如下：将铜-康铜的端部焊在一起，形成测温点。对非涂料面进行清洁，将热电偶端部按压在试件表面，涂上一层硅胶，以盖满热电偶端部为准，然后覆盖一层棉花，最后贴上一层锡纸。

3.2.2　试验装置设计

本试验采用的仪器是 JTRG-Ⅱ型建筑热工温度与热流自动测试系统，如图 3-6 所示。此仪器可同时进行温度以及热流量的测量，本试验只测量温度。

热电偶的正端线是红色的，负端线是白色的。其中温度测量有 90 个通道，热流测量有 30 个通道。热电偶红线要接通道 1～90（正端）。而热电偶的白线则可以接到同一个端头，如 1、31、51 都可以接到 G1 端（负端）。热电偶线必须型号一致才能够保证温度测量的准确性。

本仪器可以匹配的温度传感元件为 T 型热电偶，仪器测量范围是－50～150℃，测试精度是±0.5℃，分辨率是 0.1℃。

仪器首先要先设置温度的巡检路数，测量过程中可以通过实时监测显示各测点的实时温度。测量间隔设置为 5min，即每 5min 采集一次数据。仪器出厂时已经校准完毕，一般不需要进行校准。热工仪器本身就可以记录和存储数据，进行数据通信即可将仪器的数据传输至计算机。

试验装置如图 3-7 所示，试件放置于泡沫塑料上以减小外界环境对测点温度的影响。在泡沫上有相应试件的编号，并且将导线接入相应的测点编号处。试件纵向沿着东西向。将计算机与热工测量仪器相连，以实时观测测点温度值。

图 3-6　温度测试仪器

图 3-7　温度测量试验装置

3.2.3　试验过程

本次试验分别进行了 2 天，分别是 2013 年 6 月 27 日和 7 月 2 日。

6 月 27 日为多云天气，测试过程中时有乌云遮挡阳光的现象，测量时间是从上午 7 点至晚上 20 点。

7 月 2 日为万里无云的晴朗天气，测量时间从上午 8 点半至晚上 20 点，最低气温 28.0℃，最高气温 36.1℃，气温曲线如图 3-8 所示，这与晴朗天气下的标准气温曲线类似。

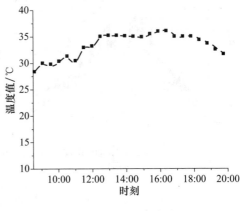

图 3-8　7 月 2 日气温曲线

3.2.4　热电偶法试验结果

定义 2013 年 6 月 27 日测试的曲线为第一天曲线，2013 年 7 月 2 日测试的曲线为第二天曲线。

图 3-9 是 3 个白色氟碳面漆温度曲线，图 3-10 是 13 个白色聚氨酯面漆温度曲线。从图可以看出，面漆颜色和化学成分接近时，其太阳辐射下钢材表面温度的变化趋势和数值也较为接近。图 3-11 为白色氯化橡胶面漆温度曲线。由图 3-9～图 3-11 可以看出，白色氟碳面漆、白色聚氨酯面漆以及白色氯化橡胶面漆三者的温度曲线变化规律相同，只是温度值不同。

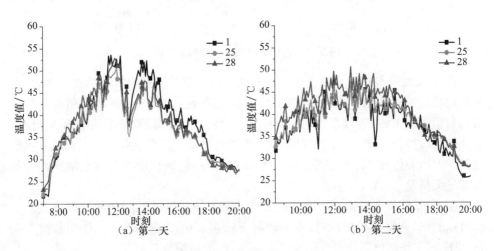

图 3-9　白色氟碳面漆温度曲线

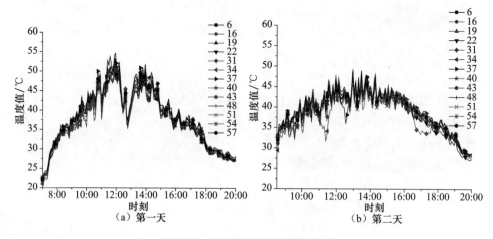

图 3-10　白色聚氨酯面漆温度曲线

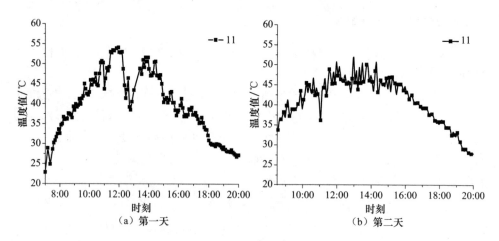

图 3-11　白色氯化橡胶面漆温度曲线

　　图 3-12 是 3 种白色面漆温度曲线对比。白色氯化橡胶的吸收系数 0.40、白色氟碳面漆的吸收系数 0.32、白色聚氨酯的吸收系数 0.26，三者的温度值与吸收系数的数值规律一致，吸收系数越大，温度值越高。这也间接验证了热电偶测量温度方法的可行性以及涂料太阳辐射吸收系数的可靠性。白色氯化橡胶与白色聚氨酯之间的温度差值在 12:00 达到最大，为 5.7℃。白色氯化橡胶与白色氟碳面漆的温差最大值是 4.6℃，发生在 12:15。

　　图 3-13 是灰色氟碳面漆温度曲线，图 3-14 是灰色聚氨酯面漆温度曲线。从图可以看出，钢材面漆相同时，太阳辐射下钢板表面温度的变化趋势和数值也接近。图 3-15 是灰色氯化橡胶面漆温度曲线，此涂料配套只有一组。温度曲线与气温曲线规律一致。

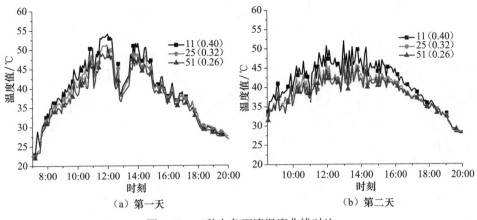

图 3-12　三种白色面漆温度曲线对比

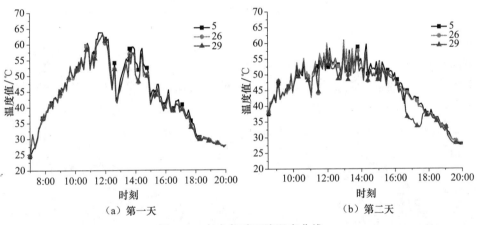

图 3-13　灰色氟碳面漆温度曲线

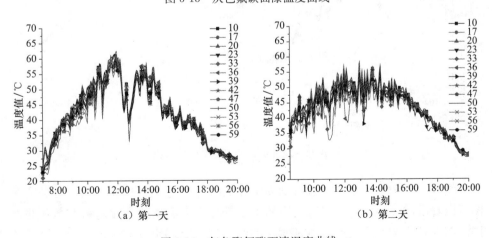

图 3-14　灰色聚氨酯面漆温度曲线

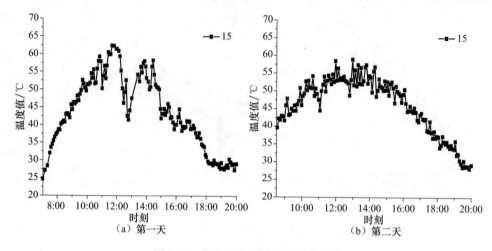

图 3-15　灰色氯化橡胶面漆温度曲线

　　图 3-16 是三种灰色面漆温度曲线对比。灰色氟碳面漆吸收系数 0.75,灰色聚氨酯 0.63,灰色氯化橡胶 0.71。温度值试件 5>试件 15>试件 10,三者之间的相对关系与吸收系数一致。第一天灰色氟碳的温度值与灰色氯化橡胶的温度值最大相差 5.5℃,发生在 11:00;第二天是 6.1℃,发生在 12:00。

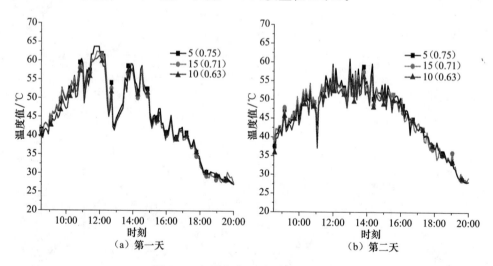

图 3-16　三种灰色面漆温度曲线对比

　　图 3-17 是红色氟碳面漆温度曲线,图 3-18 是红色聚氨酯面漆温度曲线。从图可以看出,钢材面漆相同时,太阳辐射下钢板表面温度的变化趋势和数值也相同。图 3-19 是红色氯化橡胶面漆温度曲线,与气温的变化规律相同。

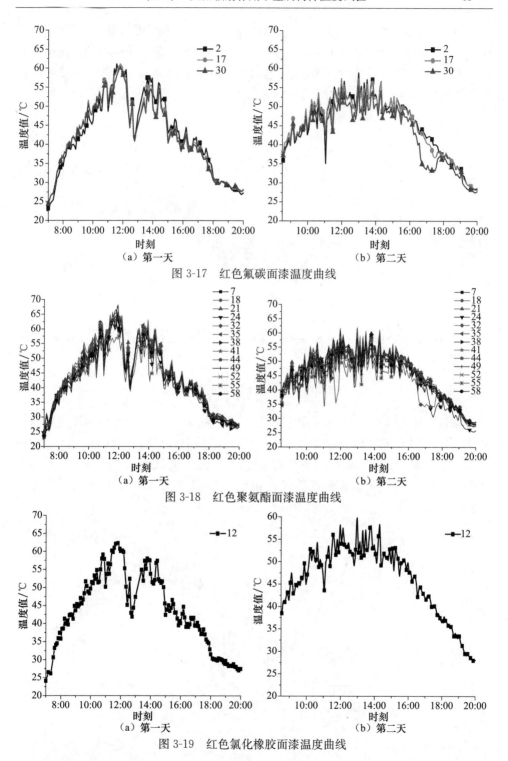

（a）第一天　　　　　　　　　　（b）第二天

图 3-17　红色氟碳面漆温度曲线

（a）第一天　　　　　　　　　　（b）第二天

图 3-18　红色聚氨酯面漆温度曲线

（a）第一天　　　　　　　　　　（b）第二天

图 3-19　红色氯化橡胶面漆温度曲线

　　图 3-20 是三种红色面漆温度曲线对比。红色聚氨酯面漆的吸收系数是 0.81，因此温度值最高，这种趋势在第一天更为明显，红色聚氨酯在 10:00 的温度值比红色氟碳高出 7.9℃。而红色氟碳和红色氯化橡胶的吸收系数都是 0.65，二者的温度曲线也近乎重合。第二天红色聚氨酯与红色氟碳的最大差值是 7.2℃，发生在11:00。

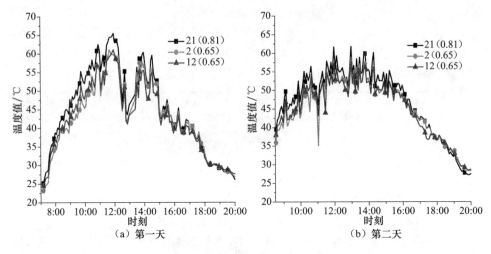

图 3-20　三种红色面漆温度曲线对比

　　绿色面漆的试件比较少，每种材质各一组。图 3-21 是三种绿色面漆温度曲线对比。14 号试件的吸收系数是本次试验 67 组试件中最高的，为 0.86。14 号试件第二天最高温度达到 68.9℃，发生在 11:50，而此时的气温为 38.6℃，温差达到30.3℃。14 号试件第一天最高温度达到 64.6℃，发生在 13:00，而此时的气温为

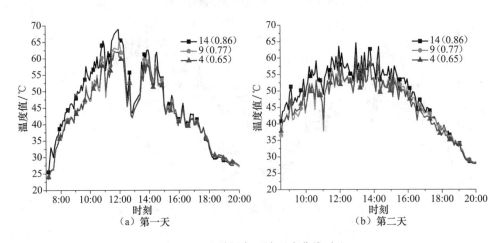

图 3-21　三种绿色面漆温度曲线对比

35.2℃,温差达到 29.4℃。14 号试件(氯化橡胶)与 4 号试件(氟碳)第一天的最大温差为 7.7℃,发生在 10:00,从曲线也可以看出二者的温差显著。氯化橡胶与氟碳面漆第二天的最大温差是 7.8℃,发生在 11:00。

从第一天的曲线可看出,12:00 之前的各个试件曲线差别显著,13:00～15:00 差别也较大,其余时刻各曲线差别较小。而这与太阳辐射强度是相关的,太阳辐射越强烈,各曲线间的差别就越大;而当太阳辐射弱时,各试件的温度值趋于一致,都接近环境温度(即气温)。这也说明太阳辐射是导致非均匀温度场的原因。

第二天天气晴朗,没有乌云遮挡阳光,因此全天各个试件的温差都比较明显;且符合吸收系数越大,温度值越高的规律。

图 3-22 是三种黄色面漆温度曲线对比。相关的变化规律与三种绿色面漆温度曲线的规律相同,只是温度值不同。第一天氯化橡胶(吸收系数 0.61)与氟碳面漆(吸收系数 0.45)的最大温差达到 6.4℃,发生在 10:00。第二天最大温差是 7.5℃,发生在 11:00。

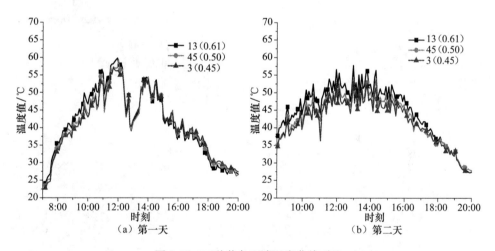

图 3-22　三种黄色面漆温度曲线对比

图 3-23 是三种防火涂料温度曲线对比。超薄型防火涂料吸收系数只有 0.35,而厚型防火涂料的吸收系数高达 0.83,因而二者的温度差值非常明显。第一天二者的最大差值发生在 12:00,温差为 16.8℃;第二天二者的最大差值发生在 13:00,温差为 15.4℃。

图 3-24 是不同厚度铝片温度曲线对比。73 号试件与 72 号试件的吸收系数只差 0.03,二者的温度曲线接近重合。但 71 号试件的吸收系数最小,其温度值也最低,这符合吸收系数与温度值成正相关的规律。

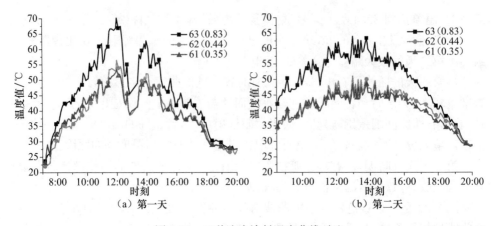

图 3-23　三种防火涂料温度曲线对比

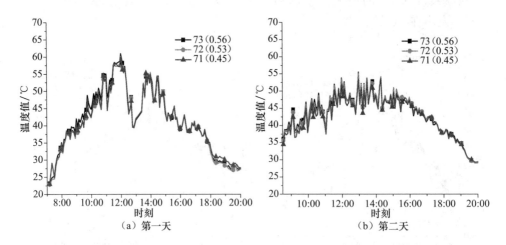

图 3-24　不同厚度铝片温度曲线对比

为了进行同一时刻不同面漆的温度值比较,选取了前 15 个试件在温度值最高的时刻绘制温度曲线,前 15 个试件包括本次试验所有的面漆配套:白色氟碳 1、白色聚氨酯 6、白色氯化橡胶 11、灰色氟碳 5、灰色聚氨酯 10、灰色氯化橡胶 15、红色氟碳 2、红色聚氨酯 7、红色氯化橡胶 12、绿色氟碳 4、绿色聚氨酯 9、绿色氯化橡胶 14、黄色氟碳 3、黄色聚氨酯 8、黄色氯化橡胶 13。

第一天温度值最高的时刻是 13:00,图 3-25 是 6 月 27 日不同颜色面漆在13:00 的温度值,温度最高的是 14 号试件(吸收系数 0.86),温度值为 64.6℃,温度最低的是 6 号试件(吸收系数 0.25),温度值为 46.8℃,二者的温差高达 17.8℃。第二天温度值最高的时刻是 12:00,图 3-26 是 7 月 2 日不同颜色面漆在 12:00 的温度值,温度最高的是 14 号试件(吸收系数 0.86),温度值为 68.9℃,温度最低的是 6

号试件(吸收系数 0.25),温度值为 49.8℃,二者的温差高达 19.1℃。

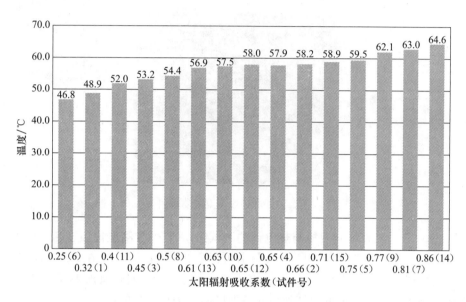

图 3-25　6 月 27 日不同颜色面漆在 13:00 的温度值

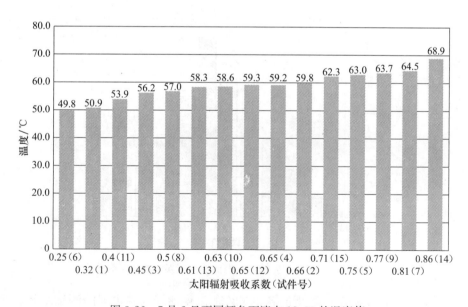

图 3-26　7 月 2 日不同颜色面漆在 12:00 的温度值

3.2.5　红外线测温枪试验结果

为了验证红外线测温枪的测试精度,本试验还使用图 3-27 所示的红外线测温枪对试件每隔半小时进行一次温度测量。红外线测温枪的理论测试误差为±1℃。

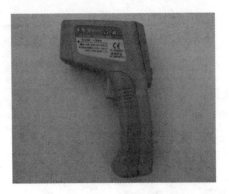

图 3-27　红外线测温枪实物图

　　图 3-28 是红外线测温枪与热电偶的测试偏差(红外线测温枪温度与热电偶测试温度的差值)的概率分布图。从图中可以看出,二者的偏差在±3℃以内,且94%的数据误差都在±1.5℃以内。由于红外线测温枪本身也有误差,所以这个误差在可接受范围内。可见用红外线测量温度的方法是可行的。

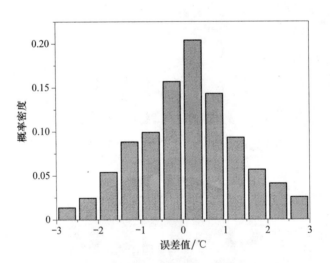

图 3-28　红外线测温枪与热电偶的测试误差的概率分布

　　由于用红外线测温枪测得的各个试件的温度曲线与热电偶的测试结果较为一致,本书不再用大篇幅对各个试件的温度曲线进行绘制,而只选择了图 3-29 所示的 4 个有代表性的试件进行横向对比。由图 3-29 可看出,各个试件的温度曲线规律与热电偶测试结果类似,在太阳辐射较弱的时刻,各个试件的温度值趋于一致。

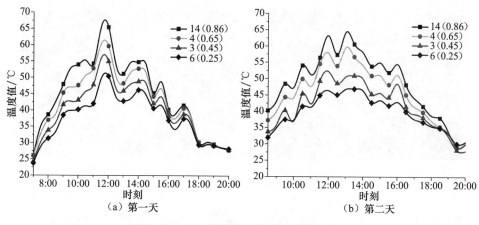

图 3-29　红外线测温枪测试结果横向对比

3.3　不同截面形式与空间方位的钢构件太阳辐射温度试验

3.3.1　试验目的

目前,在大跨度钢结构中使用的构件形式主要包括钢板、钢管、箱型钢管和 H 型钢,本书针对这四类钢构件,研究了其在夏季太阳辐射下温度场日变化规律,试验的主要目的如下。

(1) 测试夏季不同气象条件下钢构件在太阳辐射作用下的温度日变化过程,主要包括晴天、多云、阴天三种气象条件。对于这部分内容,选择了一个钢管、一个箱型钢管和一个 H 型钢等三个典型的试件进行长期测试。

(2) 测试不同空间摆放位置下钢板、钢管、箱型钢管和 H 型钢在太阳辐射作用下的温度日变化过程,主要包括南北水平放置、东西水平放置、朝东放置、朝南放置、朝上放置、东南方向水平放置等 6 种空间摆放位置。对于这部分内容,主要是短期测试。

(3) 测试不同规格下钢板、钢管、箱型钢管和 H 型钢在太阳辐射作用下的温度日变化过程。对于这部分内容,主要是短期测试。

3.3.2　试验方案

为使被测试件能在测试时间内始终暴露于太阳辐射之下,将本次试验的场地选在了天津大学小白楼的屋顶和四层阳台。考虑到试验分长期测试和短期测试两种,并且长期测试的周期长、试件少,因此将长期测试的三个典型的钢管、箱型钢管和 H 型钢试件布置在四层阳台,如图 3-30 所示;其余试件均在屋顶测试,如图 3-31～图 3-33 所示。

图 3-30　阳台的试验试件　　　　　　　图 3-31　屋顶的钢板试件

图 3-32　屋顶的钢管试件　　　　　图 3-33　屋顶的箱型钢管和 H 型钢试件

　　考虑到屋顶场地较小,将除 3 个典型试件以外的所有 43 个试件分为两组:一组为钢板和钢管,包括 21 个试件;另一组为箱型钢管和 H 型钢,包括 22 个试件。

　　根据天津市的天气条件,对于三个典型试件,分别于 2010 年 7 月 14 日、16日、17 日、21 日、22 日、23 日、24 日对其进行了温度测试;对于屋顶部分的钢板和钢管,于 2010 年 7 月 22 日、23 日对其进行了测试;对于屋顶部分的箱型钢管和 H型钢,于 2010 年的 7 月 24 日对其进行了测试。对于三个典型试件,每日的温度测试时刻为 6:00、8:00、10:00、12:00、13:00、14:00、15:00、16:00、17:00、18:00、19:00;对于屋顶上其余试件,每日的测试时刻为 6:00、8:00、10:00、12:00、14:00、15:00、16:00、18:00、19:00。

　　试验过程中,使用红外线测温枪对试件进行温度测试,精度±1.0℃。

3.3.3　测点布置

　　本次试验中 46 个试件的编号、规格及其空间摆放位置如表 3-2～表 3-5 所示。其中 TT7、RT7、HT7 为三个典型试件。对于钢板,在每个试件上布置了 4 个测点,PT1 和 PT6 试件增加一个测点,测点的位置布置如图 3-34 所示。

表 3-2　太阳辐射作用下钢板温度场试验试件设计

编号	PT1	PT2	PT3	PT4	PT5
规格/mm			500×200×8		
水平面内北向夹角/(°)	90	90	270	180	0
与水平面的夹角/(°)	0	45	45	45	45
编号	PT6	PT7	PT8	PT9	PT10
规格/mm			500×200×14		
水平面内北向夹角/(°)	90	90	270	180	0
与水平面的夹角/(°)	0	45	45	45	45

表 3-3　太阳辐射作用下钢管温度场试验试件设计

编号	TT1	TT2	TT3	TT4	TT5	TT6
规格/mm				ϕ102×3		
水平面内北向夹角/(°)	0	90	0	90	0	45
与水平面的夹角/(°)	90	90	0	45	45	90
编号	TT7	TT8	TT9	TT10	TT11	TT12
规格/mm				ϕ245×8		
水平面内北向夹角/(°)	0	90	0	90	0	45
与水平面的夹角/(°)	90	90	0	45	45	90

表 3-4　太阳辐射作用下箱型钢管温度场试验试件设计

编号	RT1	RT2	RT3	RT4	RT5	RT6
规格/mm				ϕ250×6		
水平面内北向夹角/(°)	0	90	0	90	0	45
与水平面的夹角/(°)	90	90	0	45	45	90
编号	RT7	RT8	RT9	RT10	RT11	RT12
规格/mm				ϕ100×4		
水平面内北向夹角/(°)	0	90	0	90	0	45
与水平面的夹角/(°)	90	90	0	45	45	90

表 3-5　太阳辐射作用下 H 型钢温度场试验试件设计

编号	HT1	HT2	HT3	HT4	HT5	HT6
规格/mm				H150×100×6×8		
水平面内北向夹角/(°)	0	90	0	90	0	45
与水平面的夹角/(°)	90	90	0	45	45	90
编号	HT7	HT8	HT9	HT10	HT11	HT12
规格/mm				H200×200×6×8		
水平面内北向夹角/(°)	0	90	0	90	0	45
与水平面的夹角/(°)	90	90	0	45	45	90

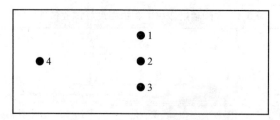

图 3-34　钢板试件的温度测点布置图

● 代表测点,对于试件 PT1 和 PT6,在测点 4 的另一表面增加测点 5

对于钢管,在 ϕ102mm×3mm 规格的试件的中间位置上均匀布置 4 个测点,在 ϕ245mm×8mm 规格的试件的中间位置上均匀布置 8 个测点,在钢管的一端与测点 1 平行的位置再布置第 9 个测点,测点的位置布置图如图 3-35 所示;对于箱型钢管,在 ϕ100mm×4mm 规格的试件的中间位置上均匀布置 4 个测点,在 ϕ250mm×6mm 规格的试件的中间位置上布置 10 个测点,在试件的一端与测点 1 平行的位置再布置第 11 个测点,对于试件 RT7,在与测点 11 对应的钢管内侧布置第 12 个测点,测点的位置布置图如图 3-36 所示;对于 H 型钢试件,在 H150mm×100mm×6mm×8mm 规格的试件的中间位置上布置 5 个测点,在 H200mm×200mm×6mm×8mm 规格的试件的中间位置上布置 8 个测点,在试件的一端与测点 1 平行的位置再布置第 9 个测点,对于试件 RT8、RT9、RT10、RT11、RT12,取消测点 2、7、11、12,测点的位置布置图如图 3-37 所示。

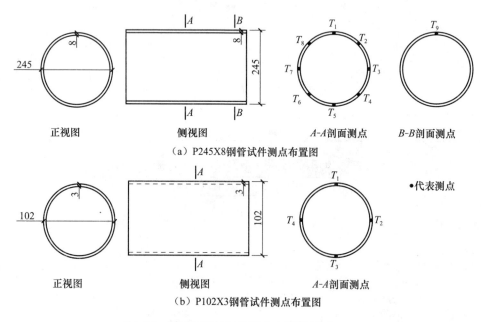

（a）P245X8钢管试件测点布置图

（b）P102X3钢管试件测点布置图

图 3-35　钢管试件的温度测点布置图(单位:mm)

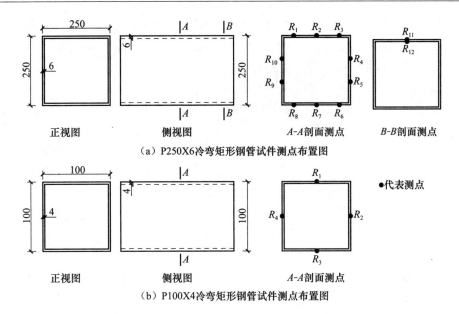

（a）P250X6冷弯矩形钢管试件测点布置图

（b）P100X4冷弯矩形钢管试件测点布置图

图 3-36 箱型钢管试件的温度测点布置图（单位：mm）

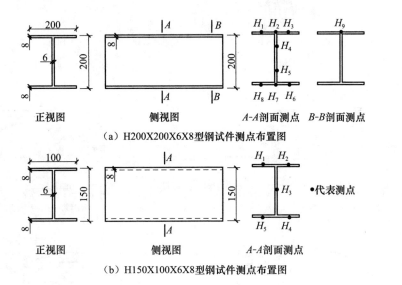

（a）H200X200X6X8型钢试件测点布置图

（b）H150X100X6X8型钢试件测点布置图

图 3-37 H 型钢试件的温度测点布置图（单位：mm）

3.3.4 夏季太阳辐射作用下钢板试件试验数据分析

对于钢板构件而言有两组数据，分别于 2010 年 7 月 22 日和 23 日对试件温度进行了两天的观测。7 月 22 日和 23 日 10 个钢板试件中测点 1~4 的最大温度测点和最小温度测点的日变化曲线如图3-38和图3-39所示。从图中可以看出：

（1）钢板最高温度测点和最低温度测点的温度日变化曲线基本重合，因此太阳辐射下钢板的温度场为均匀温度场；

（2）太阳辐射作用下，钢板温度的日变化曲线近似于正弦函数曲线；

（3）太阳辐射作用下，钢板的最大温度一般出现在12：00～15：00，最高温度出现的时刻与钢板的空间摆放位置相关；

（4）太阳辐射作用下，测得的钢板最高温度为54.2℃，由图3-34和图3-35可知，2010年7月22日和23日的最高气温为35.1℃，钢板的温度高出气温19.1℃，由此可见，太阳辐射对钢结构温度场的影响很大；

（5）10个钢板试件的最高温度值与温度-时间曲线各不相同，这说明钢板的最高温度值、温度-时间曲线与钢板的空间摆放位置相关。

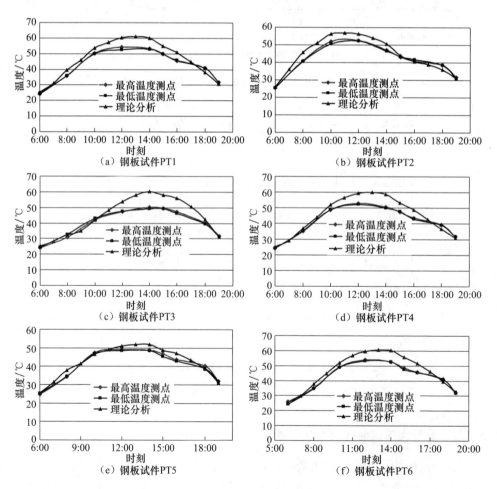

（a）钢板试件PT1

（b）钢板试件PT2

（c）钢板试件PT3

（d）钢板试件PT4

（e）钢板试件PT5

（f）钢板试件PT6

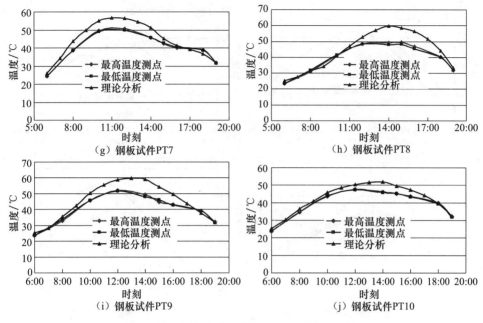

（g）钢板试件PT7　　　　　　（h）钢板试件PT8

（i）钢板试件PT9　　　　　　（j）钢板试件PT10

图 3-38　7 月 22 日钢板试件温度日变化曲线

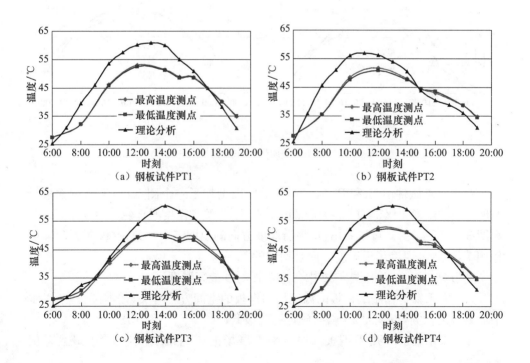

（a）钢板试件PT1　　　　　　（b）钢板试件PT2

（c）钢板试件PT3　　　　　　（d）钢板试件PT4

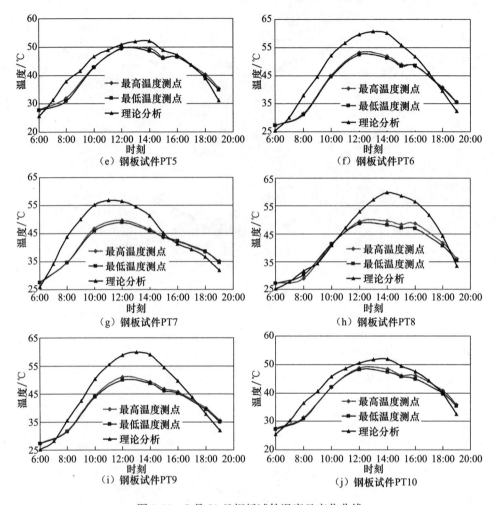

图 3-39　7 月 23 日钢板试件温度日变化曲线

对于钢板试件 PT1 和 PT6,在钢板的底面增加了一个测点,用于分析钢板沿厚度方向的温度变化。PT1 和 PT6 两个试件上、下测点温度的日变化曲线如图 3-40 和图 3-41 所示,由此可以看出,钢板沿厚度方向的温度基本一致,这说明太阳辐射作用下,钢板的温度场沿厚度方向是均匀的。

通过分析图 3-38 和图 3-39 中各个钢板的日最高温度可知:

(1) 太阳辐射作用下钢板的温度场与钢板的空间方位有关,在本试验中,以水平放置温度最高,以朝北 45°斜向放置温度最低;

(2) 太阳辐射作用下钢板的厚度对温度场的影响很小,本试验中最大差值为 2.8%。

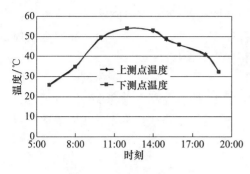

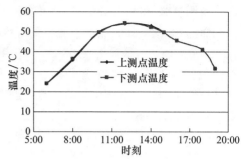

图 3-40　PT1 上下测点温度日变化曲线　　　　图 3-41　PT6 上下测点温度日变化曲线

3.3.5　夏季太阳辐射作用下钢管试件试验数据分析

对于钢管试件而言,分别于 2010 年 7 月 22 日和 23 日对全部试件温度进行了观测,并且对于典型试件 TT7,也在 7 月 24 日进行了观测。典型试件 TT7 中测点 1(最高温度测点)和测点 5(最低温度测点)的温度日变化曲线如图 3-42 和图 3-43 所示;中午 12:00 试件 TT7 各测点的温度值如图 3-44 所示。

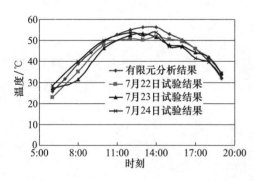

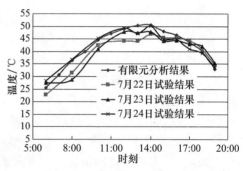

图 3-42　TT7 测点 1 的温度日变化曲线　　　图 3-43　TT7 测点 5 的温度日变化曲线

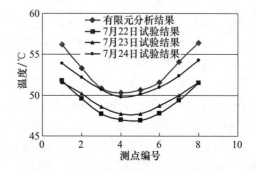

图 3-44　试件 TT7 在 12:00 各测点温度

由图 3-42 和图 3-43 的结果可知：①钢管各测点的温度-时间变化曲线近似为正弦曲线；②钢管外表面上下测点的温度梯度为 5℃ 左右；③钢管的最高温度出现在 12:00～15:00，最高温度 53.9℃，超出相应空气温度 19℃ 左右。

图 3-45 和图 3-46 给出了 7 月 22 日和 23 日钢管试件 TT7 中测点 1、9、10 的温度日变化曲线。从图中可以看出，测点 1、9、10 的温度基本重合，由此可以看出，太阳辐射作用下钢结构温度场沿厚度方向是均匀的。并且在不考虑太阳辐射阴影影响的情况下，钢管的温度场沿轴线方向是均匀的。

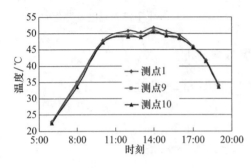

图 3-45　7 月 22 日测点 1、9、10 的温度值

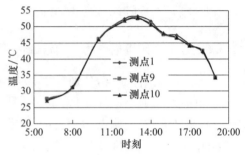

图 3-46　7 月 23 日测点 1、9、10 的温度值

通过分析 2010 年 7 月 22 日和 23 日 12 个钢管试件的 8 个测点中最高温度、最低温度可知：①钢管的直径对钢管温度场有一定影响，对于南北水平放置、东西水平放置、上下竖向放置、45°朝东放置、45°朝南放置的钢管而言，钢管的最高温度随直径的增加而增加，最小温度随钢管直径的增加而减小；对于南偏西 45°水平放置钢管而言，钢管的最高温度和最小温度随直径的增加而减小；②钢管的空间摆放位置对钢管的温度有一定的影响，其中以南北水平放置的钢管的温度最高，以竖向和南偏西 45°水平放置的钢管的温度最低。

3.3.6　夏季太阳辐射作用下箱型钢管试件试验数据分析

2010 年 7 月 24 日对太阳辐射下全部箱型钢管试件的温度进行了观测，并且对于典型试件 RT7，也在 7 月 22 日和 23 日进行了观测。典型试件 TT7 中测点 2（最高温度测点）和测点 7（最低温度测点）的温度日变化曲线如图 3-47 和图 3-48 所示；中午 12:00 试件 RT7 各测点的温度值如图 3-49 所示。图 3-50 给出了 7 月 24 日 RT7 试件中测点 2、11、12 的温度变化曲线。由此可知：①箱型钢管各测点的温度-时间变化曲线近似为正弦曲线；②箱型钢管上下翼缘外表面测点的温度梯度可达 6℃；③箱型钢管的最高温度为 52.3℃，高出气温 18℃ 左右；④对于箱型试件而言，温度沿轴向和厚度方向的是均匀的。

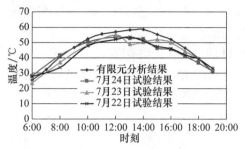

图 3-47　RT7 测点 2 的温度日变化曲线

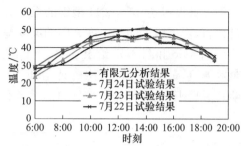

图 3-48　RT7 测点 7 的温度日变化曲线

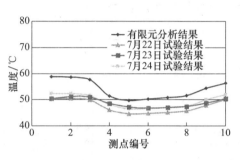

图 3-49　RT7 在 12：00 各测点温度

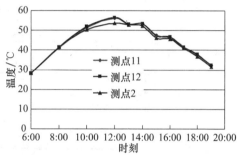

图 3-50　RT7 试件测点 2、11、12 温度曲线

图 3-51 和图 3-52 给出了 12 个箱型钢管试件的 10 个测点中在 12：00 左右的最高温度、最低温度的对比情况，由此可知：①箱型钢管的高和宽对温度场有一定影响；②箱型钢管的空间摆放位置对温度场有一定的影响。

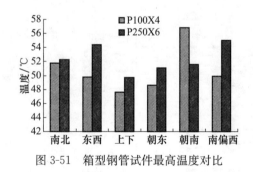

图 3-51　箱型钢管试件最高温度对比

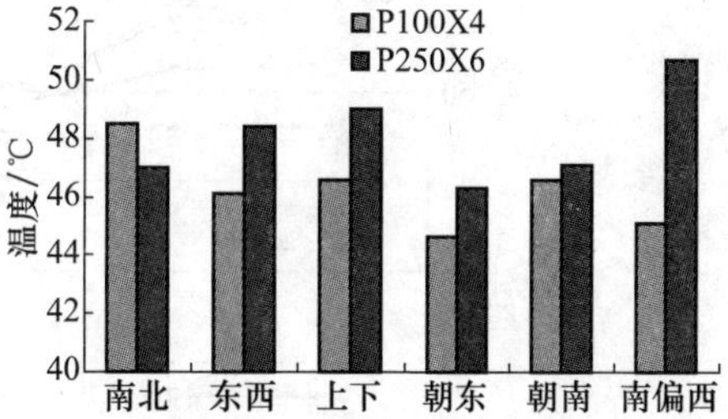

图 3-52　箱型钢管试件最低温度对比

3.3.7　夏季太阳辐射作用下 H 型钢试件试验数据分析

2010 年 7 月 24 日对太阳辐射作用下 H 型钢试件的温度进行了观测，并且对于典型试件 HT7，也在 7 月 22 日和 23 日进行了观测。典型试件 HT7 各个测点的温度日变化曲线如图 3-53～图 3-55 所示。由此可知：①H 型钢外表面上下测点

的温度梯度可达 4℃；②H 型钢的最高温度高出气温 18℃左右；③对于 H 型钢试件而言，温度沿轴向和厚度方向的温度是均匀的。

图 3-56 和图 3-57 给出了 12 个 H 型钢试件中的 8 个测点在 12:00～15:00 的最高温度、最低温度的对比情况，由此可知：①H 型钢的高和宽对温度场有一定影响；②H 型钢的空间摆放位置对温度场有一定的影响。

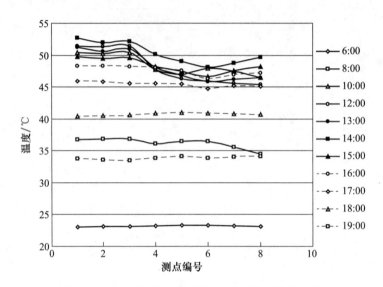

图 3-53　7 月 22 日 HT7 试件各测点温度变化曲线

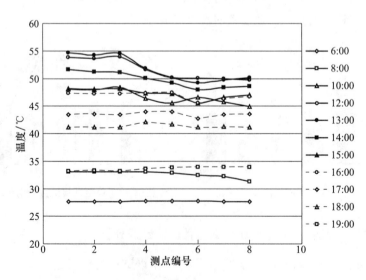

图 3-54　7 月 23 日 HT7 试件各测点温度变化曲线

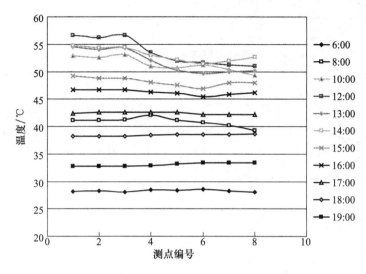

图 3-55　7 月 24 日 HT7 试件各测点温度变化曲线

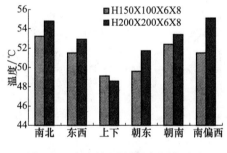

图 3-56　H 型钢试件最高温度对比

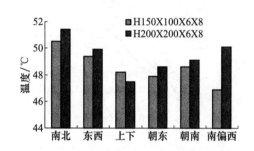

图 3-57　H 型钢试件最低温度对比

3.3.8　不同气象条件下钢构件试验数据分析

对于钢管、箱型钢管和 H 型钢试件分别选出了一个试件作为典型试件,连续测试了 7 天,得出了不同气象条件下试件温度场的变化情况。在测试的 7 天中,4 天为晴天,2 天多云,1 天为阴天。图 3-58～图 3-60 给出了 7 天中三个典型试件典型测点的温度日变化曲线,其中钢管的典型测点为测点 1,箱型钢管的典型测点为测点 2,H 型钢的典型测点为测点 2。由图可知,在晴天、多云、阴天三种天气情况下,钢构件温度日变化最大的为晴天,最小的为阴天。

表 3-6 给出了 7 天内最高气温和三个构件的最高温度值。从此表中可以看出,阴天情况下,试件一般高出气温 2～5℃,多云天气下一般高出气温 6～12℃,晴天情况下一般高出气温 17～21℃。由此可见,晴天时太阳辐射对钢结构温度场的影响最大,而阴天基本没有影响。

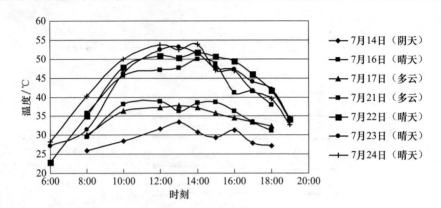

图 3-58　典型钢管试件 TT7 不同气象条件下测点 1 的温度日变化曲线

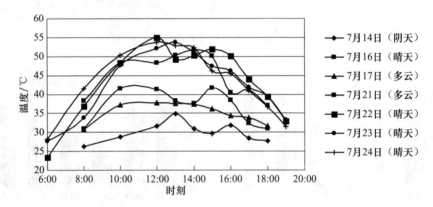

图 3-59　典型箱型钢管试件 RT7 不同气象条件下测点 2 的温度日变化曲线

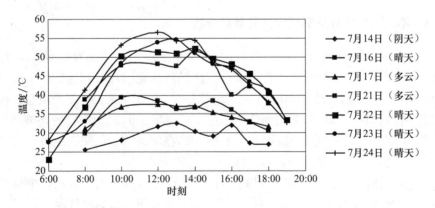

图 3-60　典型 H 型钢试件 HT7 不同气象条件下测点 2 的温度日变化曲线

表 3-6　不同气象条件下典型构件最高温度值

7月	14 日	16 日	17 日	21 日	22 日	23 日	24 日
最高气温/℃	30.1	33.7	30.9	30	34.2	35.1	35.6
钢管/℃	33.5	50	37.7	38.7	51.8	53.2	53.8
箱型钢管/℃	34.9	51.8	37.5	41.7	52	53.8	53.7
H 型钢/℃	32.6	51.5	37.5	38.4	52.2	54.6	56.6
差值 1/℃	3.4	16.3	6.8	8.7	17.6	18.1	18.2
差值 2/℃	4.8	18.1	6.6	11.7	17.6	18.7	18.1
差值 3/℃	2.5	17.8	6.6	8.4	18	19.5	21
最大差值/℃	4.8	18.1	6.8	11.7	18	19.5	21

3.4　不同防护措施下矩形钢管构件太阳辐射温度实测

3.4.1　试验目的

在大跨度空间结构的实际工程中,闭口截面构件(如矩形钢管、圆形钢管等)端部都是封闭的,即钢管内部空气与外界空气不相通、不直接对流换热,但由于太阳辐射作用下钢管表面温度场的非均匀性,导致钢管内部空气温度的非均匀性,从而引起钢管内部狭小空间空气的对流换热,在一定程度上影响了太阳辐射作用下钢管表面温度场的分布和变化,因此有必要考虑钢管内部空气的对流换热,进行太阳辐射作用下钢管非均匀温度场分布和变化研究。此外,由于在夏季强烈太阳辐射作用下,暴露于太阳辐射下的钢管表面温度可达 60℃,比周围环境温度高出近20℃,引起了较大的温度变形和温度应力,所以有必要采取一定的措施,降低暴露于太阳辐射下钢管的温度。

为了测试封闭方钢管在夏季不同气象条件下的温度变化,研究钢管内部空气自然对流换热对太阳辐射下钢管温度场的影响,以及寻找有效降低太阳辐射作用下大跨度空间结构中构件表面温度的处理方法,本试验设计了 5 种矩形钢管构件,对其进行了长期的温度测试,包括未处理封闭钢管、腹板开洞钢管、钢板围护钢管、多孔板围护钢管以及含保温层围护板围护钢管等。

3.4.2　试验方案

为了能够保证在长期测试中钢管试件尽可能处于太阳辐射照射之下,不受周围建筑的遮挡,本次试验将钢管试件放置于天津大学科学楼的屋顶,周围无高层建筑遮挡。钢管试件分为五组,每组有一个构件,分别为封闭方钢管(编号 T1,未作处理,作为对照组)、两侧开洞的封闭方钢管(编号 T2)、置于多孔钢箱的封闭方钢管(编号 T3)、置于密闭钢箱的封闭方钢管(编号 T4)和置于有绝热材料钢箱的封闭方钢管(编号 T5)。五组构件均为南北向放置,如图 3-61 和图 3-62 所示。方钢管的尺寸均为 200mm×200mm×1000mm,钢板厚度为 10mm;外部钢箱的尺寸为 260mm×260mm×1060mm,铁皮厚度为 1mm。

图 3-61 方钢管试件 T1、T2 和 T3   图 3-62 方钢管试件 T4 和 T5

试验对这五组试件从 2013 年 7 月 24 日至 8 月 21 日进行了连续的温度实测。试验采用的仪器是 JTRG-Ⅱ型建筑热工温度与热流自动测试系统。该仪器的温度测量原理为热电偶法,可以配备的温度传感元件为 T 型热电偶,温度测量范围为 −50~150℃,精度为 ±0.5℃,分辨率为 0.1℃。通过设置,该仪器可实现每 5min 对测点的温度进行实时采集和存储,并可通过数据通信将数据传输至计算机。

为了测量方钢管在一天不同时刻四个壁面的温度值,在方钢管的四个壁面的中间位置分别布置一个测点,如图 3-63 所示。

图 3-63 测点布置图

3.4.3 试验数据分析

对五组试件从 7 月 24 日至 8 月 21 日进行了连续的温度实测,记录了每隔 5min 各个测点的温度值。以 7 月 25 日晴朗天气和 7 月 27 日阴雨天气为例,说明辐射-热-流耦合作用对封闭方钢管温度场的影响。

图 3-64~图 3-68 为五组试件各测点在 7 月 24 日的温度变化曲线。

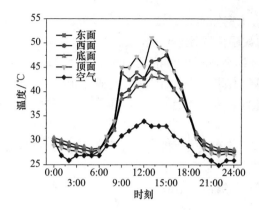

图 3-64 试件 T1(未作处理)方钢管
温度变化曲线

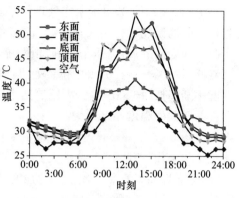

图 3-65 试件 T2(两侧开洞)方钢管
温度变化曲线

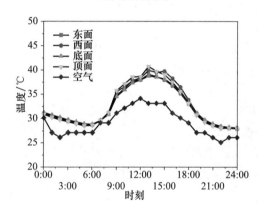

图 3-66 试件 T3(置于多孔钢箱)方钢管
温度变化曲线

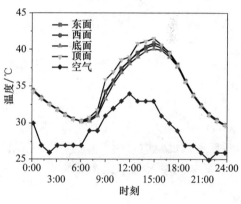

图 3-67 试件 T4(置于密闭钢箱)方钢管
温度变化曲线

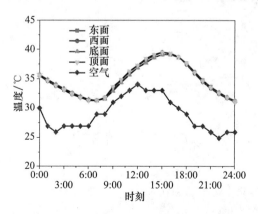

图 3-68 试件 T5(加保温材料)方钢管
温度变化曲线

由图 3-64 可知,对于未作处理的暴露于室外的方钢管 T1,在 8:00 之前,方钢管各壁面的温度相差不大;8:00～12:00,太阳位置处于东侧,方钢管顶面和东面高于西面和底面的温度;正午时刻,顶面温度最高,东西两侧的温度相差不大,底面温度略低;12:00～16:00,太阳位置处于西侧,因此方钢管西侧温度迅速上升,而东侧温度逐渐降低;16:00 之后,方钢管四个壁面的温度都逐渐降低,在 18:00 之后,方钢管各壁面的温度相差不大。

由图 3-65 可知,对于两侧开洞的暴露于室外的方钢管 T2,各测点在一天的变化规律与未作处理的 T1 试件大致相同。由于两侧开洞,方钢管内部空气流动性增强,进而提高了自然对流换热的强度,所以顶面的温度较未作处理的方钢管有所降低;除顶面外,其他三个壁面的温度并没有明显变化。

由图 3-66～图 3-68 的温度实测结果可知,三种处理方式都能够有效地降低方钢管的最高温度,且在任意时刻方钢管各壁面的温差都很小。T3 试件和 T4 试件分别置于多孔钢箱和密闭钢箱中,温度实测结果表明,两种处理方式对方钢管各壁面的温度影响的效果相差不大。T5 试件置于有绝热材料的钢箱中,方钢管受到外界环境的影响很小,因此方钢管四个壁面的温度数值在一天时间内几乎相同。

图 3-69～图 3-73 为五组试件各测点在 7 月 27 日的温度变化曲线。由于 7 月 27 日为阴雨天气,空气温度和太阳辐射强度相比 7 月 25 日均下降,所以各壁面的各时刻温度也均有所下降,其中 T1 试件的最高表面温度下降 14℃。另外,由于 7 月 27 日阴雨天气下太阳辐射强度较小,各时刻试件四个壁面的表面温度差别较小。

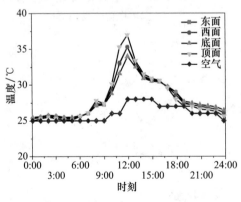

图 3-69　试件 T1(未作处理)方钢管
温度变化曲线

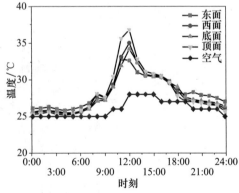

图 3-70　试件 T2(两侧开洞)方钢管
温度变化曲线

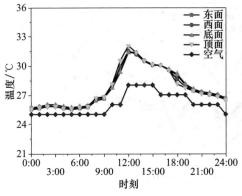

图 3-71　试件 T3(置于多孔钢箱)方钢管
温度变化曲线

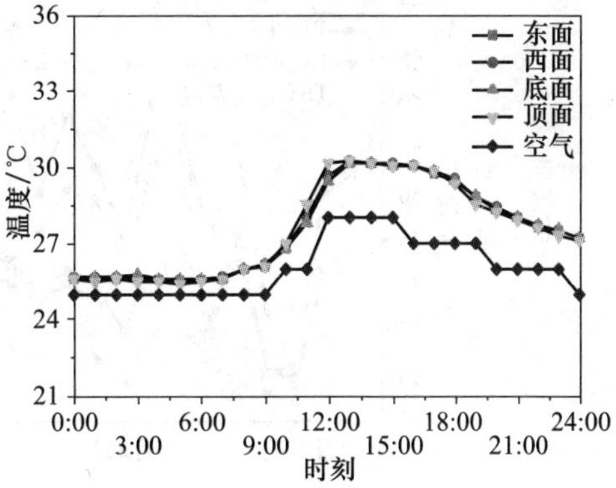

图 3-72　试件 T4(置于密闭钢箱)方钢管
温度变化曲线

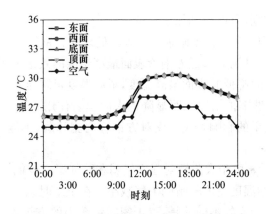

图 3-73　试件 T5(加保温材料)方钢管
温度变化曲线

　　图 3-74 为 7 月 24 日至 8 月 21 日 5 个试件每日最高温度变化曲线对比。由图中对比可知,不同处理方式下方钢管表面的最高温度变化规律与当日最高气温的变化规律基本一致。此外,在这 5 个试件中,未作处理的方钢管表面最高温度明显高于其他 4 个试件的最高温度,最高温度可达 65.1℃,比气温高出 30℃左右;方钢管两侧开洞能降低表面最高温度,最高温度为 54.5℃,效果不及方钢管外设有围护结构的情况,即 T3、T4 和 T5 试件,这三种处理方式的钢管最高温度均在 45℃左右。综上所述,对于方钢管外有围护结构的情况,均能有效降低方钢管的表面最高温度,且三个试件的温度相差不大,置于密闭钢箱中的方钢管温度稍高于其他两种围护结构。7 月 26 日、27 日、29 日,8 月 1 日、6 日、12 日为阴雨天气,钢管最高温度有突降。

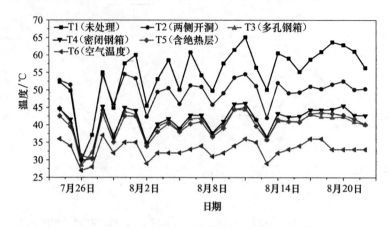

图 3-74　5 个试件日最高温度变化曲线对比图

通过本试验数据,可以得到如下结论:

(1) 晴天条件下,暴露在太阳辐射下未经处理的方钢管,其表面最高温度可达 65.1℃;方钢管两侧开洞对降低方钢管表面最高温度的效果不明显,而将方钢管置于围护结构中能有效降低其表面最高温度,最高温度可降至 45℃左右。

(2) 方钢管的外围护结构能明显降低太阳辐射作用下钢管表面温度,但围护结构类型对降低效果的影响不大。仅对方钢管两侧开洞,不能有效降低太阳辐射下钢管表面温度。

(3) 在阴雨天气,由于太阳辐射强度较弱和空气温度较低,方钢管表面温度明显降低,且各壁面的温度差值较晴朗天气减小。在正午时刻前后,各壁面的温度差值相对较大。与晴朗天气不同的是,置于密闭钢箱中的方钢管在正午前后的最高温度低于置于多孔钢箱中的方钢管最高温度。

(4) 无论方钢管外部是否有围护结构,方钢管的最高温度的变化规律与空气最高温度的变化规律基本相同。

3.5　不同膜材屋面下钢构件太阳辐射温度实测

3.5.1　试验目的

近年来,随着大跨度空间结构的蓬勃发展,膜结构作为轻质高强的柔性材料,凭借其优异的建筑结构性能越来越被广泛应用于体育场馆、会展中心、交通枢纽等大型公共设施中。由于空间钢结构的研究和发展非常成熟,所以骨架式膜结构易于被大众接受,应用较为广泛。

多数膜材均具有一定的透光性,尤其是 ETFE 膜材,其透光率与玻璃接近。

太阳辐射可以穿过膜材照射在钢结构表面,进而增加钢结构表面的温度;同时由于膜结构的覆盖,下部钢结构周围空气流动性较差,在很大程度上降低了钢结构表面与空气间的对流换热。因此,在太阳辐射作用下,膜屋面下部钢结构的温度显著高于周围空气温度,常常成为结构的控制荷载之一。

目前尚无针对膜屋面钢结构温度作用取值的标准或研究,实际工程中对下部钢结构的温度作用取值较为模糊。为了直观掌握膜屋面下钢结构太阳辐射非均匀温度场的变化和分布规律,给膜屋面下钢结构工程设计提供科学依据,作者在2014 年 7~8 月进行了膜屋面下钢结构太阳辐射温度的测试。

3.5.2　试验模型设计

本次试验考虑 ETFE 单层薄膜、PTFE 单层薄膜、ETFE 三层气枕、大棚膜等膜材类型,设计了 9 个试验模型。考虑了不同银色圆点印刷覆盖率(简称印点率)的影响,ETFE 单层薄膜选取了 0%、46%、63%、80%四种不同印点率,设计了 4个试验模型;考虑了气枕中 ETFE 膜材印点率不同的影响,设计了两个三层ETFE气枕试验模型,气枕印点率分别为 0%、63%、63%和 46%、63%、63%;设计 PTFE单层薄膜试验模型 1 个;设计热塑 PVC 大棚膜试验模型 1 个,另外还有一个露天钢板,作为对照组。试验模型如表 3-7 所示。

表 3-7　膜屋面下钢板温度试验模型

模型编号	尺寸/m	膜材类型	层数	印点率/%	测点编号
模型 1	2.0×2.0	ETFE	1	0	T1,T2
模型 2	1.5×1.5	ETFE	1	46	T3,T4
模型 3	1.5×1.5	ETFE	1	63	T5,T6
模型 4	1.5×1.5	ETFE	1	80	T7,T8
模型 5	2.0×2.0	PTFE	1	0	T9,T10
模型 6	1.0×1.0	ETFE	3	0,63,63	T11,T12
模型 7	1.0×1.0	ETFE	3	46,63,63	T13,T14
模型 8	1.0×1.0	PVC	1	0	T15,T16
模型 9					T17,T18

每个试验模型由 12 根钢管组成的长方体钢框架、四周的挡风岩棉、顶部膜屋面以及模型内部的钢板组成。由于气枕和单层膜尺寸的不同,试验模型平面投影有三种尺寸,分别为 2m×2m 的正方形、1.5m×1.5m 的正方形和 1m×1m 的菱形(锐角夹角 60°)。膜材采用结构胶和胶带固定于长方体钢框架的顶面,并张紧膜材。模型内部钢板为 200mm×200mm 的方钢板,厚 6mm,用塑料凳垫高 0.5m,目

的是增大光照时间,且使膜材和地面保持一定距离,减弱地面温度影响,试验模型如图 3-75 所示。

（a）整体模型　　　　　　　　（b）内部钢板

图 3-75　试验模型图（第一阶段）

3.5.3　测点布置

在每个试验模型内钢板的下表面布置两个温度测点,9 个试验模型共 18 个温度测点。钢板上测点粘贴过程如图 3-76 所示。温度传感器的上表面用胶带覆盖（回收方便）,下表面紧贴钢板,用 704 硅橡胶涂在温度传感器上,并在上面覆盖棉花保温隔热,然后用铝箔胶带（避免辐射影响）粘牢。

（a）涂704硅橡胶　　　　（b）覆盖棉花　　　　（c）贴铝箔胶带

图 3-76　钢板上测点粘贴过程

为了研究试验模型内部空气温度变化规律,在试验模型 1、2、3、4、5、6、7、9 的 8 个模型内部各布置一个测点用以测量模型内部气温,温度测点编号分别为 T21、

T22、T23、T24、T25、T26、T27、T28。每个测点用棉花包裹温度传感器的迎光面，并将铝箔胶贴在棉花上以反射温度传感器迎光面可能接收到的光线，用透明胶带将其固定，并使温度传感器背光面直接接触空气，最后用塑料泡沫板垫高，用胶带将其固定在南侧岩棉上，由于天津位于北半球，太阳方位略微偏南，从而避免了阳光直射在温度传感器上。气温测点粘贴过程如图 3-77 所示。

　（a）迎光面　　　　　　（b）背光面　　　　　　（c）布置图

图 3-77　气温测点布置图

3.5.4　试验方案

为了研究膜屋面下钢板试件周围风环境对温度场的影响，本次共进行了如下几个阶段试验。第一阶段试验中，模型四周采用岩棉密封，并用胶带密封边界，防止漏风；第二阶段试验中，在模型的北侧开半面口，使岩棉打开，内部空气对流；第三阶段试验中，将模型北侧岩棉全部拆下，保留南侧、东侧、西侧的岩棉；第四阶段试验中，将模型北侧和西侧的岩棉全部拆下，保留南侧和东侧的岩棉。四个阶段的试验模型如图 3-78 所示。

　（a）全封闭　　　　　　　　　　　　　　（b）一侧半开口

(c) 一侧全开口　　　　　　　　　　　　(d) 两侧全开口

图 3-78　四个试验阶段的试验模型

本试验采用 JTNT-C 建筑围护结构传热系数检测仪,对 9 块钢板进行全天候温度监测,可以实时测量温度并根据设定的储存时间间隔自动储存温度数据。

仪器包括主机、传感器两大部分。主机共有 48 个通道可独立采集,本试验使用 26 个通道同时采集温度数据。温度传感器采用封装数字温度传感器,无线路损耗,温度测量准确稳定,使用方便,即插即用。此外,为了进一步验证钢板温度测量数据的可靠性,也采用红外线测温枪对钢板进行温度测量。

3.5.5　试验测试过程

1. 第一阶段全密封试验

全密封试验为整个试验过程的第一阶段,四周岩棉密封,内部空气几乎无法对流。全密封试验从 2014 年 7 月 29 日开始,直至 2014 年 8 月 9 日 20:00 结束,期间数据全部储存。试验选取天气晴朗的 2014 年 8 月 7 日进行重点分析和数据处理,并选取气温接近 8 月 7 日,但天气多云的 8 月 6 日试验数据进行对比分析。

2014 年 8 月 7 日天气晴朗,最高温度 32℃,气温较高,太阳辐射条件较好。2014 年 8 月 6 日多云,最高温度 32℃,温度接近 8 月 7 日,但太阳辐射条件相比于 8 月 7 日较差。

2. 第二阶段开半面口试验

由于全密封条件下试验模型形成"温箱效应",为了研究"温箱效应"的影响,对试验模型北侧岩棉开半面口,使其内部空气与外部空气有一定程度的对流换热,此为试验的第二个阶段。从 2014 年 8 月 10 日开始,直至 2014 年 8 月 11 日 20:00 结束,期间数据全部储存。试验选取天气晴朗的 2014 年 8 月 11 日进行重点分析和数据处理。

2014 年 8 月 11 日天气晴朗,最高温度 34℃,气温较高,太阳辐射条件较好。

3. 第三阶段开一面口试验

为了进一步研究空气对流对膜结构下部钢结构温度场的影响,拆掉北侧岩棉,研究空气对流更加充分时膜屋面下钢板的温度变化,此为试验的第三阶段,从 2014 年 8 月 12 日开始,直至 2014 年 8 月 17 日 20:00 结束,期间数据全部储存。选取天气晴朗的 2014 年 8 月 15 日进行重点分析和数据处理。

2014 年 8 月 15 日天气晴朗,最高温度 34℃,气温较高,太阳辐射条件较好。

4. 第四阶段开两面口试验

开两面口是整个试验过程的第四阶段,此时空气对流更加充分,钢板温度受风的流动影响更大。为了减弱风力的影响,开口选择相邻面,由于开两面后会导致部分时段钢板的光线直射,所以选择开北侧和西侧,保留南侧和东侧岩棉,从而确保上午钢板不会被光线直射,保证最高温度的准确性。从 2014 年 8 月 19 日开始,直至 2014 年 8 月 30 日 20:00 结束,期间数据全部储存。选取天气晴朗的 2014 年 8 月 26 日进行重点分析和数据处理。

2014 年 8 月 26 日天气晴朗,最高温度 34℃,气温较高,太阳辐射条件较好。

3.5.6　试验结果分析

1. 钢板最高温度分析

对 8 月 6 日、7 日、11 日、15 日、26 日温度数据进行处理,将钢板最高温度汇总于表 3-8。

1) 总体分析

通过表 3-8 可以看出,随着膜材透光性的降低,膜屋面下钢板温度也是降低的,从侧面验证了本试验的可靠性。以 8 月 7 日为例,单层印点率 0% 的 ETFE 透光性最强,其膜下钢板温度最高为 99.9℃,PTFE 膜材的透光性最弱,其膜下钢板温度最高为 45.5℃,两者相差 54.4℃。随着试验模型开口程度的增加,导致试验模型内空气与外部空气对流换热,同时加速了试验模型内空气的流动性,提高了空气与钢板之间的对流换热速率,最终导致膜屋面下钢板温度降低。以单层印点率 0% 的 ETFE 为例,全封闭时最高温度 99.9℃,两面通风时最高温度 67.9℃,两者相差 32℃,可见钢板周围空气流动性对其表面温度影响非常显著。

表 3-8　钢板最高温度(单位:℃)

开口程度	全密封		开半面口	开一面口	开两面口
时间	8 月 7 日	8 月 6 日	8 月 11 日	8 月 15 日	8 月 26 日
天气情况	晴朗	多云	晴朗	晴朗	晴朗
ETFE 0%	99.9	91.6	86.8	74.0	67.9
ETFE 46%	82.8	76.6	79.1	58.4	57.5
ETFE 63%	75.7	69.1	68.4	55.9	54.8
ETFE 80%	68.1	62.6	58.8	52.6	50.3
PTFE	45.5	40.7	46	41.1	42.1
气枕 0%,63%,63%	69.2	61.7	52.9	44.0	48.4
气枕 46%,63%,63%	65.2	58.9	50.5	41.4	45.2
露天钢板	63.5	60.8	64.4	69.2	62.8
大棚膜	87.7	77.0	76.6	62.9	66.0

2) 温箱效应分析

从表 3-8 可以看出,在全密封条件下,模型内部形成"温箱效应",内部钢板温度除几乎不透光的 PTFE 模型外均高于露天钢板的温度,且 8 月 7 日单层 ETFE 印点率 0% 的模型钢板温度比露天钢板要高 36.4℃,"温箱效应"非常显著。

表 3-8 所示不同阶段试验中对照组露天钢板的最高温度分别为 63.5℃、64.4℃、69.2℃、62.8℃,变化不大,故不同阶段的其他模型钢板温度可近似互相比较。通过对密闭温箱逐渐开口的数据可以看出,内部钢板温度随开口的增大而降低,且温度降低时非常显著。对比全密封的 8 月 7 日和开半面口的 8 月 11 日数据可以发现,在露天钢板温度基本一致的情况下,除了 PTFE 模型外,所有模型内钢板温度均有不同程度的下降,且下降较为显著。例如,ETFE 印点率 0% 的模型钢板温度下降了 13.1℃。随着开口的进一步扩大,模型内部钢板温度进一步下降,下降幅度逐渐减小,直至开两面口的情况下,模型内部空气对流已较为充分,相比开一面口的情况,温度下降幅度很小。例如,单层 ETFE 印点率 0% 的模型,全封闭时最高温度 99.9℃,开半面口下降至 86.8℃,开一面口下降至 74.0℃,开两面口下降至 67.9℃。

开口大小对于 PTFE 模型内钢板温度影响较小,全密封、开半面口、开一面口、开两面口的条件下,PTFE 模型内部钢板最高温度分别为 45.5℃、46℃、41.1℃、42.1℃,变化很小。这是由于 PTFE 透光率很低,太阳辐射影响较小,内部钢板和空气温度较低,内部空气和外部流动的空气温度相差不大,所以开口后对流影响不大。

3) 全密封条件下晴朗天气与多云天气钢板温度对比

8 月 6 日与 8 月 7 日室外气温接近,最高气温均为 32℃,但 8 月 7 日天气晴朗,太阳辐射条件较好,8 月 6 日时有多云,太阳辐射条件稍差。

从钢板温度数据对比可以看出,8 月 7 日不同模型的钢板温度均明显高于 8 月 6 日的钢板温度,可见钢板温度受太阳辐射程度影响较大,受环境温度影响相对较小。通过进一步温差对比,绘制温差对比表 3-9。

表 3-9　8 月 7 日和 8 月 6 日钢板最高温度对比(单位:℃)

时间 天气情况	8 月 7 日 晴朗	8 月 6 日 多云	温差
ETFE 0%	99.9	91.6	8.3
ETFE 46%	82.8	76.6	6.2
ETFE 63%	75.7	69.1	6.6
ETFE 80%	68.1	62.6	5.5
PTFE	45.5	40.7	4.8
气枕 0%,63%,63%	69.2	61.7	7.5
气枕 46%,63%,63%	65.2	58.9	6.3
露天钢板	63.5	60.8	2.7
大棚膜	87.7	77.0	10.7

通过温差对比可以看出,在全密封的条件下,透光率越高的模型,这种温度差别越明显,几乎不透光的 PTFE 模型钢板的温差仅为 4.8℃,而全透明的大棚膜和 ETFE 薄膜模型钢板的温差分别达到 10.7℃ 和 8.3℃。由此分析,全密封条件下,透光率高的模型,太阳辐射对钢板作用较强,更能影响钢板温度。在全透明的 ETFE 和大棚膜模型钢板温差分别为 10.7℃ 和 8.3℃ 的同时,直接暴露在阳光下的钢板温差却仅为 2.7℃,这是由于全透明的 ETFE 和大棚膜模型内部形成了"温箱效应","温箱效应"放大了太阳辐射对钢板温度的影响。

4) ETFE 薄膜印点率对钢板温度的影响

工程中由于 ETFE 薄膜的高透光性,常采用膜材表面印制银色圆点来阻挡部分太阳光,以达到调节室内温度的作用。通过提取表 3-8 中 ETFE 不同印点率的数据,得到表 3-10。

表 3-10　ETFE 不同印点率模型最高温度对比(单位:℃)

开口程度 时间 天气情况	全密封		开半面口	开一面口	开两面口
	8 月 7 日 晴朗	8 月 6 日 多云	8 月 11 日 晴朗	8 月 15 日 晴朗	8 月 26 日 晴朗
ETFE 0%	99.9	91.6	86.8	74.0	67.9
ETFE 46%	82.8	76.6	79.1	58.4	57.5
ETFE 63%	75.7	69.1	68.4	55.9	54.8
ETFE 80%	68.1	62.6	58.8	52.6	50.3
气枕 0%,63%,63%	69.2	61.7	52.9	44.0	48.4
气枕 46%,63%,63%	65.2	58.9	50.5	41.4	45.2

通过表 3-10 可以看出,单层 ETFE 试验数据满足印点率越高,模型内部钢板温度越低的特点,且印点率对膜材下部钢板的温度影响较大,8 月 7 日全密封下印点率 46% 的单层 ETFE 模型内部钢板最高温度比印点率 0% 的单层 ETFE 模型内部钢板最高温度低 17.1℃,印点率 80% 的单层 ETFE 模型内部钢板最高温度比印点率 0% 的单层 ETFE 模型内部钢板最高温度低 31.8℃。由此可见,采用在 ETFE 薄膜表面印制银色圆点可有效阻挡太阳光的透射,通过提高印点率可有效降低膜结构下部钢结构的温度。

5) ETFE 气枕对钢板温度的影响

在实际工程中,ETFE 膜材的应用常常采用气枕的形式,如国家游泳中心"水立方"、大连体育中心体育场、天津于家堡站等。气枕采用多层 ETFE 薄膜热合而成,内部充气以达到足够的刚度。由于气枕中 ETFE 有多层,所以可以通过控制其印点率来有效调节膜结构对太阳光的透射率。

由表 3-10 可以看出,气枕由于使用了三层 ETFE 膜材,每层的银色印点均对太阳光有反射作用,每层印点率均影响着下部钢结构的温度。和单层膜相比,三层气枕对太阳光的透射有更强的阻碍作用,下部钢结构的温度也相对较低。

通过气枕 0%,63%,63% 模型和单层 ETFE 印点率 80% 模型对比可以发现,两者钢板最高温度在全密封条件下相差较小,和单层 ETFE 印点率 63% 模型对比钢板最高温度下降程度同样不大。通过数据分析,单层 ETFE 印点率 63% 模型对于 ETFE 印点率 0% 模型钢板最高温度平均降低 20% 以上,而气枕 0%,63%,63%,有两层印点率 63% 的 ETFE 薄膜,钢板最高温度仅降低 30% 左右,与采用两张单层印点率 63% 的 ETFE 薄膜相比,每层印点率 63% 的 ETFE 薄膜阻碍太阳光透射的效果有所下降,这是由于气枕的三层膜材之间充气,使膜材之间存在一定的间隔,太阳光逐层穿过气枕,在气枕内部产生漫反射,从而有部分已反射的太阳光又因漫反射而透过气枕,作用于钢板上。

通过两种气枕对比可以看出,气枕 0%,63%,63% 和气枕 46%,63%,63% 仅有一层膜的印点率不同,而其他两层膜的印点率已相对较高,有较强的遮光性,故下部钢板最高温度相差较小,仅相差 2~4℃,但依然满足印点率高的模型内部钢板最高温度相对较低的特点。

2. 钢板温度-时间曲线分析

针对 2014 年 8 月 7 日、11 日、15 日、26 日的温度数据分别进行处理,绘制钢板温度-时间曲线。

1) 全密封试验

在岩棉全密封的阶段下,选取天气晴朗的 8 月 7 日,绘制钢板温度-时间曲线,如图 3-79 所示。

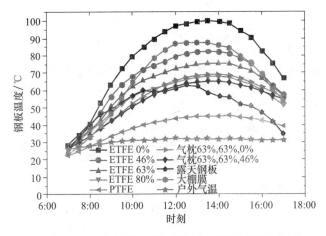

图 3-79　2014 年 8 月 7 日钢板温度-时间曲线（全密封）

通过图 3-79 可以发现,钢板的温度曲线大小关系基本满足钢板最高温度的大小关系,全封闭条件下,模型内部钢板的温度曲线非常光滑,而由于露天条件下的钢板温度受到风的影响较大,所以露天钢板的温度曲线较为曲折。

2) 岩棉开口试验

由于全封闭试验显著的"温箱效应",实际工程中膜结构下部钢结构不一定完全密闭。为了进一步模拟膜结构下部钢结构的情况,开始第二阶段(开半面口)、第三阶段(开一面口)、第四阶段(开两面口)的试验。

(1) 开半面口。

根据 8 月 11 日开半面口的试验数据绘制钢板温度-时间曲线,如图 3-80 所示。

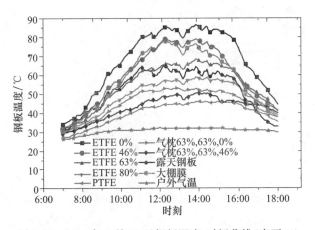

图 3-80　2014 年 8 月 11 日钢板温度-时间曲线（半开口）

(2) 开一面口。

根据 8 月 15 日开一面口的试验数据绘制钢板温度-时间曲线,如图 3-81 所示。

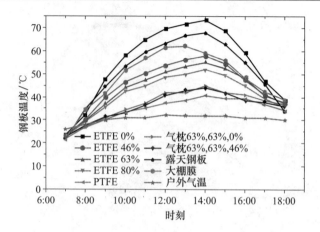

图 3-81　2014 年 8 月 15 日钢板温度-时间曲线(一面开口)

(3) 开两面口。

根据 8 月 26 日开两面口的试验数据绘制钢板温度-时间曲线图,如图 3-82 所示。

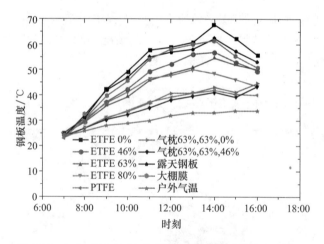

图 3-82　2014 年 8 月 26 日钢板温度-时间曲线(开两面口)

通过以上钢板气温-时间曲线图可以看出,不同模型钢板温度大小关系和钢板最高温度的大小关系基本相同。由于模型开口后空气对流换热作用,钢板的温度曲线相比于全密封变得有些曲折,说明空气流动对钢板的温度影响较大。

通过本次试验数据分析,可以得到如下结论:

① 通过温度实测试验,得到了不同印点率的单层 ETFE、单层 PTFE、不同印点率的 ETFE 气枕、普通大棚膜对太阳辐射的阻挡程度;

② ETFE 薄膜印点率的增加可有效降低下部钢结构的温度,增强阻挡太阳辐射的能力;

③ 实际工程中,由于膜结构覆盖在钢结构表面,对钢结构周围的空气对流有所阻碍,钢结构表面温度高于直接暴露在外的钢结构温度;

④ 当钢结构处在全密封的密闭空间时会形成"温箱效应","温箱效应"对内部钢结构的温度效应影响非常显著,将使钢结构产生更大的温度应力,通过对"温箱"不同程度的开口,得到了不同封闭程度下"温箱效应"的衰减程度;

⑤ 钢结构温度主要受太阳辐射影响,而受环境温度影响相对较小,且"温箱效应"使太阳辐射对钢结构温度的影响有所放大;

⑥ 工程中常采用的多层气枕对太阳辐射的阻挡作用较好,但太阳光在气枕内部会发生漫反射,气枕中每层薄膜的阻挡作用效率有所下降。

3.6　天津东亚运动会自行车馆屋盖钢结构温度作用与温度应力实测

3.6.1　工程概况

天津东亚运动会自行车馆总建筑面积约 2.8 万 m^2,地下 1 层、地上 3 层,建筑外观为自行车比赛选手的头盔形状。下部结构为钢筋混凝土框架结构,屋盖平面为椭圆形,采用双层弦支穹顶结构。屋盖内圈网壳周圈支承在 24 个混凝土柱上,采用双向弹簧支座。双层网壳下弦层为标准椭球,长轴 126m、短轴 100m,矢高 18m,矢跨比约为 1/7(长轴)和 1/5.5(短轴)。上弦层为非规则椭球形,三面悬挑,头盔尾部方向一侧网壳落地。设置一圈索撑体系,其中因建筑需求,四个位置只设置环向索。本工程于 2013 年竣工,并作为第六届东亚运动会自行车和壁球的比赛场馆,自行车馆外景如图 3-83 所示。

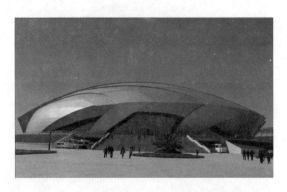

图 3-83　天津东亚运动会自行车馆效果图

为了深入理解服役期内温度作用及其杆件应力的变化和分布规律,对典型上弦杆件、腹杆、撑杆等弦支穹顶主要受力构件进行了温度和应力监测。

3.6.2 应力与温度监测方案

综合考虑各方面的因素,选用振弦式传感器进行应力监测。由于本工程绝大部分杆件均为圆形截面且多为轴向受力构件,所以对于细长杆件布置单个振弦式传感器,对于短粗杆件对称布置两个振弦式传感器,如图 3-84 和图 3-85 所示。采用 WKD-3850 振弦计频率采集仪进行振弦计数据采集,该仪器可实现对振弦计数据的定时连续采集,实现了连续监测。应力监测测点布置如图 3-86 所示。测点的振弦计和杆件编号如表 3-11 所示。

图 3-84　撑杆上传感器　　　　　　图 3-85　腹杆上传感器

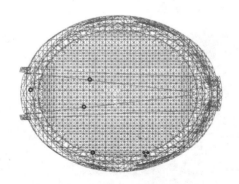

图 3-86　应力监测测点布置

表 3-11　应力监测测点位置及编号

振弦计编号	杆件编号	杆件位置
1001	10657	腹杆
1008	10652	腹杆
1016	10650	腹杆
675	8341	撑杆
1216	7693	腹杆
1218	3930	上弦杆
557	2813	尾部桁架
1431	2874	上弦杆

　　本次监测中采用热电偶进行杆件温度监测。为了确定粘贴铜片的方式,对比了 502 胶水粘贴、导热硅胶粘贴和高强磁铁吸附等三种粘贴方式,三种粘贴方式下构件表面温度的实测结果如图 3-87 所示。由图可知,高强磁铁吸附与导热硅胶粘贴方式结果相近,502 胶水测试结果略低于其他两种方法,但是最大误差仅为 3.2%。从粘贴可靠、操作简便等方面综合考虑,最终采用 502 胶水将铜片粘贴于构件表面,然后涂硅胶予以保护。

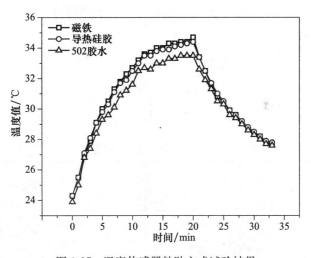

图 3-87　温度传感器粘贴方式试验结果

　　天津东亚运动会自行车馆工程已经竣工处于运营使用阶段,且温度观测需要连续进行,故在选取测点位置时应尽量避免影响其正常使用运营。根据温度监测测点布置的原则:温度测点应在各个高度沿环向均匀布置、对于弦支穹顶上部刚性结构为双层网壳的应在上弦杆、下弦杆和腹杆均布置测点,同时考虑到布置测点时的可操作性和方便性,选取网壳底端杆件和马道附近杆件布置测点。又因结构双轴对称布置,西北 1/4 区域测点布置于网壳的上弦杆、腹杆和下弦杆,其余区域布置于腹杆和下弦杆。上弦杆、腹杆和下弦杆测点布置示意图如图 3-88~图 3-90 所示,测点编号如表 3-12 所示。

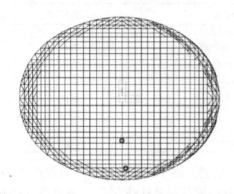
图 3-88　上弦杆测点布置示意图

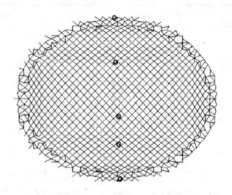
图 3-89　腹杆测点布置示意图

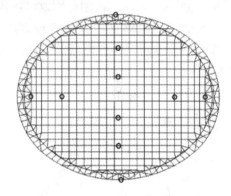
图 3-90　下弦杆测点布置示意图

表 3-12　测点编号与位置

测点	位置	测点	位置
1	西侧下弦杆	8	南侧腹杆
2	东侧腹杆	9	南侧下弦杆
3	东侧腹杆	10	西侧内圈马道腹杆
4	东侧上弦杆	11	西侧外圈马道下弦杆
5	东侧外圈马道上弦杆	12	西侧内圈马道下弦杆
6	东侧外圈马道下弦杆	13	西侧上弦杆
7	东侧外圈马道腹杆	14	东侧内圈马道下弦杆

3.6.3　应力与温度监测结果

　　监测时间为 2014 年 1 月 17 日至 5 月 30 日,共分为四个监测批次,分别为 1 月 17 日至 2 月 1 日、2 月 12 日至 3 月 5 日、3 月 27 日至 5 月 8 日、5 月 8 日至 5 月 30 日。图 3-91～图 3-94 为四批应力监测数据。温度监测时间、批次与应力监测相同,图 3-95～图 3-98 为四批温度监测数据。

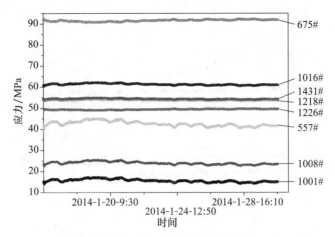

图 3-91　第一批应力监测数据

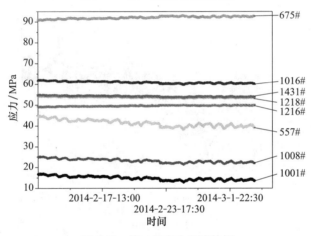

图 3-92　第二批应力监测数据

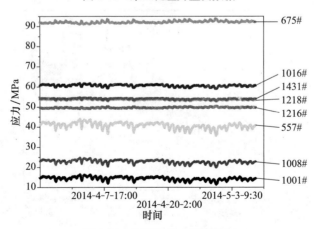

图 3-93　第三批应力监测数据

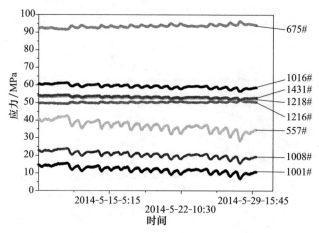

图 3-94　第四批应力监测数据

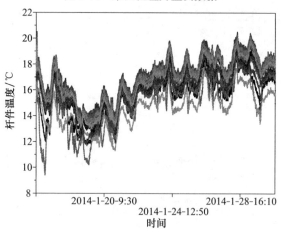

图 3-95　第一批温度监测数据

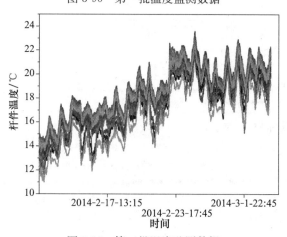

图 3-96　第二批温度监测数据

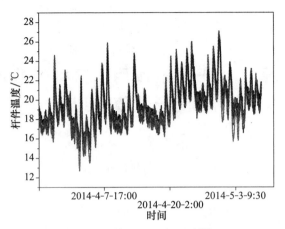

图 3-97　第三批温度监测数据

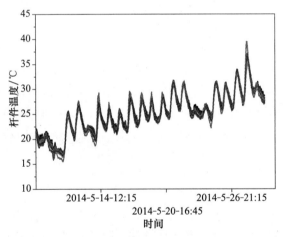

图 3-98　第四批温度监测数据

从以上数据可见,在监测时间段内,杆件应力变化主要受温度作用控制,其变化规律与温度变化规律基本一致。屋盖在冬季供暖期各测点日温差均较小,结构最低温度为 9.4℃,出现在网壳底端的上弦杆,时间是 2014 年 1 月 17 日。供暖期结束后,日温差增大,最高温度出现在东侧内圈马道下弦杆,时间是 2014 年 5 月 29 日,达到了 39.4℃。

对自行车馆的此次监测,经历了 2014 年中最寒冷的一段时间(1 月底至 2 月初),而监测得到的场馆杆件的温度几乎都在 10℃以上,因此建议温度作用取值可以偏于安全的参考历史最低温度取值。2014 年 5 月 27~29 日,天津地区遭遇了 5 月同期历史最高温度,气温达到了 40℃,此时监测部位的网壳杆件温度达到了 35.4~39.5℃,与当日最高气温比较接近,因此钢结构非太阳辐射部位杆件最高温度取值也可参考历史最高温度取值。

第4章　太阳辐射作用下钢构件非均匀温度场数值模拟

4.1　太　阳　辐　射

任何一个温度高于 0K 的物体,均能向外发出辐射。太阳表面的温度高达5770K,因此太阳向外发出巨大的辐射能。太阳光穿过大气层时,一部分太阳光要被大气中的气体分子、水蒸气分子、云和灰尘粒子所散射,天空的蓝色就是太阳光谱中一部分短波可见光散射的结果,日落时的红色是长波光波被地球附近的云和灰尘粒子散射的结果。一些辐射光(尤其紫外光)被大气层上部的臭氧层吸收,还有一些辐射能被地球附近的水蒸气吸收,那些既没有被散射也没有被吸收而且直接到达地球表面的辐射称为直射辐射,那些散射或再反射的辐射称为散射辐射,辐射也可以从一个表面反射到近处的另一个表面,这部分辐射称为反射辐射。因此,物体表面的太阳辐射总量 G_t 由三部分组成:垂直直射辐射 G_{ND}、散射辐射 $G_{d\theta}$ 和反射辐射 G_R,可表示为

$$G_t = G_{ND} + G_{d\theta} + G_R \tag{4-1}$$

太阳光通过大气层的衰减取决于大气环境(云、灰尘、污染物、大气压力和湿度)。晴天太阳辐射的衰减主要取决于太阳光通过大气层的路径长度,在早上或傍晚太阳光穿过大气层的路径比正午时长得多,同样,正午时刻照射到极区的太阳光比照射到热带区的太阳光经过大气层的路径长,如图 4-1 所示。可用大气质量 m 来表征该距离,大气质量就是太阳光线穿过地球大气的路径中的大气质量与太阳光线在天顶方向时达到海平面的路径中存在的大气质量之比。

4.1.1　太阳常数

单位时间内投射到地球大气层上界垂直于太阳光线的单位面积上的太阳辐射能是一个定值,这个定值称为太阳常数。由于太阳和地球之间的距离不是恒定的,所以太阳辐射常数也是变化的,变化的范围为±3.5%。由于大气层大量地吸收太阳辐射能而且吸收量是变化并难于预测的,所以对于土木工程计算而言,可采用平均太阳常数,即平均日地距离处,在地球大气层上界垂直于太阳光线的表面上测得的太阳辐射的强度,约为 1367W/m²。

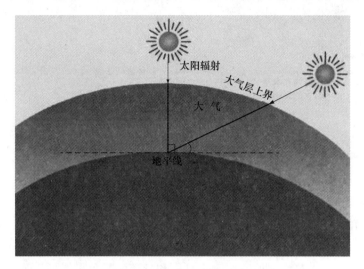

图 4-1　太阳角度与穿越大气层路径示意图

4.1.2　太阳光线方向角度参数

　　地球任意地点的太阳光线方向可由以下三个基本几何量来表示,即地理纬度 l(表征地球表面的位置)、太阳时角 h(表征当日时间)和太阳赤纬 δ(表征日期)。在太阳辐射强度计算理论中,涉及太阳高度角 β、太阳方位角 ϕ、表面太阳方位角 γ、表面方位角 ψ、太阳光线入射角 θ。下面利用图 4-2～图 4-4 来说明上述参数的几何意义。

　　地理纬度 l:假如 P 为地球表面的一点,地理纬度 l 是线 OP 和 OP 在赤道上的投影之间的夹角。

　　太阳时角 h:假如 P 为地球表面的一点,太阳时角 h 是 P 点在赤道面上的投

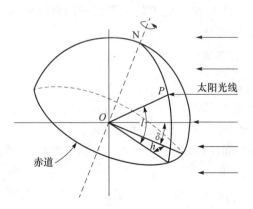

图 4-2　太阳辐射角度参数示意图(一)

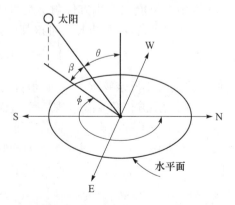

图 4-3　太阳辐射角度参数示意图(二)

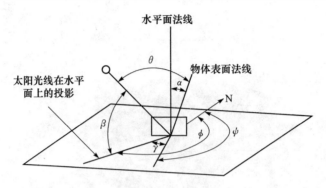

图 4-4　太阳辐射角度参数示意图(三)

影和太阳中心与地球中心连线在赤道面投影的夹角,1h 等于 15°时角。依据惯例,上午时角为负,下午时角为正,这给计算带来方便。正午时刻时角为 0,日出时时角最小,日落时时角最大,然而,一天中日出和日落的时角量值是相等的。

太阳赤纬 δ:太阳赤纬 δ 是太阳中心与地球中心的连线和其在赤道面上投影之间的夹角。本书利用 Spencer 提出的方程计算太阳赤纬角,即

$$\delta = 0.3963723 - 22.9132745\cos N + 4.0254304\sin N - 0.3872050\cos(2N)$$
$$+ 0.05196728\sin(2N) - 0.1545267\cos(3N) + 0.08479777\sin(3N) \quad (4\text{-}2)$$

式中,$N = (n-1) \times \dfrac{360}{365}$,$n$ 为一年中的某天,$1 \leqslant n \leqslant 365$,$N$ 的单位为度。

太阳高度角 β:太阳高度角 β 是太阳光线与其在水平面上的投影之间的夹角,其大小取决于地理纬度 l、太阳时角 h、太阳赤纬 δ,由解析几何可得其计算公式为

$$\sin\beta = \cos l \cos h \cos\delta + \sin l \sin\delta \quad (4\text{-}3)$$

正午时刻太阳高度角最大,可表示为

$$\beta_{正午} = 90° - |l - \delta| \quad (4\text{-}4)$$

太阳方位角 ϕ:太阳方位角 ϕ 是太阳光线在水平面上的投影以顺时针方向与北向之间的夹角,由解析几何可得其计算公式为

$$\cos\phi = \frac{\sin\delta\cos l - \cos\delta\sin l\cos h}{\cos\beta} \quad (4\text{-}5)$$

注意,当通过求反余弦求 ϕ 时,必须首先确定在哪个象区。

表面太阳方位角 γ:对于某一垂直面或倾斜面而言,表面太阳方位角 γ 是太阳光线在水平面上的投影与该面的法线在水平面上的投影之间的夹角。

表面方位角 ψ:对于某一垂直面或倾斜面而言,表面方位角 ψ 是该面法线在水平面上的投影与北向之间的夹角,太阳方位角 ϕ、表面太阳方位角 γ 和表面方位角 ψ 之间的关系如下:

$$\gamma = |\phi - \psi| \quad (4\text{-}6)$$

倾角 α:倾角 α 是入射面法线与水平面法线之间的夹角。

入射角 θ：入射角 θ 是太阳光线与入射面法线方向之间的夹角。根据解析几何可得其计算公式如下：

$$\cos\theta = \cos\beta\cos\gamma\sin\alpha + \sin\beta\cos\alpha \qquad (4\text{-}7)$$

如果入射面为垂直面，则

$$\cos\theta = \cos\beta\cos\gamma \qquad (4\text{-}8)$$

如果入射面为水平面，则

$$\cos\theta = \sin\beta \qquad (4\text{-}9)$$

4.1.3　太阳辐射强度计算

1. ASHRAE 晴空模型

目前太阳辐射计算模型中较为常用的有 ASHRAE 晴空模型、Hottel 模型、Dilger 模型，其中在结构工程领域较为常用的是 ASHRAE 晴空模型，这个模型是美国供暖、制冷和空气调节工程师协会推荐的模型。

根据 ASHRAE 晴空模型，建筑物接收的太阳辐射由直射辐射、天空散射辐射和地面与建筑物反射辐射组成。

1）晴天表面太阳直射辐射强度

影响晴天地球表面太阳辐射强度的主要因素有大气质量、大气清洁度、大气消光系数、太阳高度角以及表面入射角等。其中，太阳高度角越大，等量的太阳辐射散布的面积越小，单位面积接收到的辐射越多，太阳辐射强度也就越强，其原理可通过图 4-5 解释。

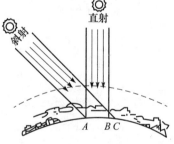

图 4-5　太阳高度角对表面辐射强度影响示意图

$$G_{\mathrm{ND}} = \frac{A}{\exp(B/\sin\beta)}C_{\mathrm{N}} \qquad (4\text{-}10)$$

$$G_{\mathrm{D}} = G_{\mathrm{ND}}\cos\theta \qquad (4\text{-}11)$$

式中，G_{ND} 为太阳直射辐射强度（W/m²）；G_{D} 为构件表面得到的太阳直射辐射强度（W/m²）；A 为大气质量为零时的太阳辐射强度（W/m²）；B 为大气消光系数；β 为太阳高度角；C_{N} 为大气清洁度；θ 为入射角，$\cos\theta < 0$ 表示表面处于太阳阴影中。

2）晴天表面太阳散射辐射强度

ASHRAE 晴空模型假设对所有的非垂直面天空均是各向同性的，垂直面作为一种特殊情况而采用各向异性天空模型。对垂直表面而言，ASHRAE 晴空模型考虑了天空中太阳周围比较明亮的区域。

无云之日非垂直面上的太阳散射辐射为

$$G_{\mathrm{d}\theta} = CG_{\mathrm{ND}}F_{\mathrm{ws}} \qquad (4\text{-}12)$$

式中，C 为平面上散射辐射与垂直入射辐射的比值；F_{ws} 为表面对天空的角系数，$F_{ws} = (1 + \cos\alpha)/2$。

对于垂直表面而言，天空中的散射辐射为

$$G_{d\theta} = \frac{G_{dV}}{G_{dH}} C G_{ND} \tag{4-13}$$

$$\frac{G_{dV}}{G_{dH}} = \begin{cases} 0.55 + 0.437\cos\theta + 0.313\cos^2\theta, & \theta > -0.2 \\ 0.45, & 其他 \end{cases} \tag{4-14}$$

式中，G_{dV} 为晴天时在垂直面上的入射散射辐射；G_{dH} 为晴天时在水平面上的入射散射辐射。

3）晴天表面太阳反射辐射强度

$$G_R = G_{tH} \rho_g F_{wg} \tag{4-15}$$

式中，G_R 为反射到表面上的辐射量（W/m²）；G_{tH} 为水平面或者地面上的总辐射量（直射加散射）（W/m²）；ρ_g 为地面或水平面的辐射反射率；F_{wg} 为表面对地面的角系数，$F_{wg} = (1 - \cos\alpha)/2$。

综上所述，对于暴露于太阳辐射下的钢构件而言，其表面吸收的太阳辐射热流密度为

$$G_t = \varepsilon(G_D + G_{d\theta} + G_R) \tag{4-16}$$

式中，ε 为构件表面的太阳辐射吸收率。

2. Hottel 模型

大气层外的太阳辐射：

$$G_{0n} = G_{sc}\left(1 + 0.033\cos\frac{360n}{365}\right) \tag{4-17}$$

式中，G_{sc} 为太阳常数（1367W/m²）；n 为从每年 1 月 1 日起的日序数。

大气层外切平面上的太阳辐射：

$$G_0 = G_{0n}\sin\beta \tag{4-18}$$

式中，β 为太阳高度角，计算方法如前面所述。

晴朗天气太阳直射透过比 τ_b 为

$$\tau_b = a_0 + a_1 e^{-k/\sin\beta} \tag{4-19}$$

式（4-19）计算太阳直射透过比适用于大气能见度大于 23km、海拔低于 2500m 的情况。式中各系数可由以下关系式确定：

$$a_0 = r_0 a_0^*, \quad a_1 = r_1 a_1^*, \quad k = r_k k^* \tag{4-20}$$

式中，$a_0^* = 0.4237 - 0.00821(6 - A)^2$；$a_1^* = 0.5055 + 0.00595(6.5 - A)^2$；$k^* = 0.2711 + 0.01858(2.5 - A)^2$；$A$ 为海拔高度（m）；修正因子 r_0、r_1 和 r_k 由气候类型确定，如表 4-1 所示。

表 4-1 修正因子的确定

气候类型	r_0	r_1	r_k
热带	0.95	0.98	1.02
中纬度夏季	0.97	0.99	1.02
寒带夏季	0.99	0.99	1.01
中纬度冬季	1.03	1.01	1.00

地球水平地面上的太阳直射辐射强度：

$$G_b = G_0 \tau_b = G_{0n} \tau_b \sin\beta \tag{4-21}$$

晴朗天气太阳散射透过比 τ_d 为

$$\tau_d = 0.271 - 0.294\tau_b \tag{4-22}$$

地球水平地面上的太阳散射强度：

$$G_d = (0.271 - 0.294\tau_b)G_0 \tag{4-23}$$

3. Dilger 模型

Dilger 模型与 Hottel 模型的区别仅在于直射辐射强度的计算上，Dilger 模型的 G_{ND} 按式(4-24)计算：

$$G_{ND} = 0.9^{mtu}G_a \tag{4-24}$$

式中，tu 为大气吸收常数；m 为大气质量比，计算公式如下：

$$m = k_a / \sin(\beta + 5^\circ) \tag{4-25}$$

式中，k_a 为相对气压因子。

4.2 基于 FEM 的钢结构太阳辐射非均匀温度场模拟方法

4.2.1 钢构件表面的热流类型

太阳辐射作用下，在钢构件的内部和外表面会产生三种热运动，即热传导、热对流、热辐射，这三类热运动决定了钢构件的温度场分布。

当物体内部存在温差，即存在温度梯度时，热量从物体的高温部分传递到低温部分；而且不同温度物体相互接触时热量会从高温物体传递到低温物体，这种热量传递的方式称为热传导。

热对流是指固体的表面跟周围与它接触的流体之间，因温差的存在而引起的热量交换。高温物体(如暖气片)表面常常发生对流现象。这是因为高温表面附近的空气因受热而膨胀，密度降低并向上流动。与此同时，密度较大的冷空气下降并代替原来的受热空气。

热辐射是指物体发射电磁能,并被其他物体吸收转变为热的热量交换过程。物体温度越高,单位时间辐射的热量越多。热传导和热对流都需要有传热介质,而热辐射无须任何介质。实质上,在真空中的热辐射传递效率最高。

对于热传导和热对流这两种热运动的原理很容易理解,下面着重介绍热辐射的热运动原理。固体分子由原子核和核外电子组成,电子围绕原子核在一定轨道上运动。辐射波具有粒子性,也就是说,辐射波由一份份带有能量的光子组成。当辐射波照射在固体上时,辐射波中的光子与固体分子的核外电子发生碰撞。此时光子的一些动能便转移给了核外电子,因为碰撞过程中能量守恒,这样核外电子就具有了更大的速度,这就是康普顿效应。

当核外电子因为与光子碰撞具有更大的能量时,就意味着外界对原子做功,使得电子和原子核的能量都增强。此时原子处于被激发状态,实现了原子从较低能级向较高能级的跃迁。原子实现能级跃迁后,其库仑力加强,原子振动频率加快。不仅使分子间平衡位置的间距延长,导致热胀冷缩,也使原子自身发射的光电子的能量增强,从而改变了固体本身的温度。

对于暴露于太阳辐射之下的钢构件而言,其表面的热流类型通常包含太阳直射辐射、太阳散射辐射、地面和周围建筑物反射辐射、与天空间的长波辐射换热、与地面和周围建筑物间的长波辐射换热,其中前三类辐射均为短波辐射,热流示意图如图 4-6 所示。

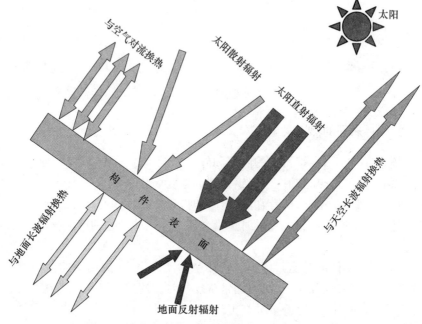

图 4-6　太阳辐射作用下钢构件外表面热流示意图

4.2.2 瞬态导热微分方程

在直角坐标系中,物体内部温度在时间和空间上的分布,即温度场,表示为空间坐标 x、y、z 和时间 t 的函数:$T=T(x,y,z,t)$。根据热传导的基本规律,当物体内部各部分之间存在温差时,就会有热量从温度较高的地方传递到温度较低的部分,形成导热现象。通常用导热系数来表征材料的导热性能,导热系数的物理意义为单位时间内通过单位面积的热量,单位为 W/(m² · K)。

对于暴露于太阳辐射下的钢构件,其不存在稳态的传热状态,因此应按照瞬态传热问题来考虑。在笛卡儿坐标下,三维瞬态导热微分方程的一般形式如下:

$$\frac{\partial}{\partial x}\left(\lambda\frac{\partial T}{\partial x}\right)+\frac{\partial}{\partial y}\left(\lambda\frac{\partial T}{\partial y}\right)+\frac{\partial}{\partial z}\left(\lambda\frac{\partial T}{\partial z}\right)+\phi=\rho c\frac{\partial T}{\partial t} \tag{4-26}$$

式中,ρ、c、ϕ、t 分别表示物体的密度、比热容、单位时间内单位体积中热源产生的热量及时间。

在研究太阳辐射作用下钢构件温度场的问题中,钢构件没有内热源,并且钢材为均匀各向同性材料,因此 λ、ρ、c 为常数,此时式(4-26)可简化为

$$a\left(\frac{\partial^2 T}{\partial x^2}+\frac{\partial^2 T}{\partial y^2}+\frac{\partial^2 T}{\partial z^2}\right)=\frac{\partial T}{\partial t} \tag{4-27}$$

式中,$a=\lambda/(\rho c)$,为热扩散率,单位为 m²/s。

4.2.3 边界条件

求解导热问题的温度分布,实质上就是在特定问题的定解条件下对导热微分方程(4-27)求解。对瞬态导热问题,定解条件包括初始条件和边界条件,初始条件给出初始时刻的已知温度分布,表示为

$$T = T(x,y,z,t)\big|_{t=t_0} = T_0(x,y,z) \tag{4-28}$$

边界条件给出导热物体在边界上的温度或热交换情况,反映影响物体热传导和温度状态的外部因素。瞬态导热问题常见边界条件可归纳为三类。

(1) 第一类边界条件。已知边界上的温度值,即

$$T\big|_\Gamma = T_\Gamma(t) \tag{4-29}$$

式中,Γ 表示物体边界。

(2) 第二类边界条件。已知边界上的热流密度,即

$$\lambda\frac{\partial T}{\partial n}\bigg|_\Gamma = q(t) \tag{4-30}$$

式中,n 表示边界 Γ 的外法线方向;$q(t)$ 表示通过边界由外界流入物体内部的热流密度。

(3) 第三类边界条件。已知物体边界与周围流体热交换的表面传热系数 h 以及流体的温度 T_a,即

$$\lambda \left.\frac{\partial T}{\partial n}\right|_{\varGamma} = h[T_a(t) - T] \tag{4-31}$$

太阳辐射作用下,钢构件表面不仅有来自于太阳辐射的热流,也有与周围环境间的对流和辐射热交换,因此钢构件的边界条件为第二类和第三类边界条件的综合,可表示为

$$\lambda \left.\frac{\partial T}{\partial n}\right|_{\varGamma} = h[T_a(t) - T] + q(t) \tag{4-32}$$

太阳辐射作用下,钢构件表面的热流一般包括太阳辐射热流和与地面和天空间的长波辐射热流,因此钢构件的边界条件为

$$\lambda \left.\frac{\partial T}{\partial n}\right|_{\varGamma} = h[T_a(t) - T] + G_t(t) + q_r(t) \tag{4-33}$$

式中,G_t 表示构件表面实际得到的太阳辐射热流密度;q_r 表示构件表面得到的净长波辐射。

4.2.4　与空气间的热对流

对流是由流体的宏观运动,各部分之间发生相对位移、冷热流体相互掺混所引起的热量传递过程。对流可以分为自然对流和强制对流两种形式。自然对流是由流体冷、热各部分密度不同引起的。强制对流是流体在外力作用下产生的宏观流动。钢构件外表面在一定风速作用下所受外界大气的对流作用属于强制对流。

钢构件表面与外界大气的对流换热遵循牛顿冷却定律,即

$$q_c = h(T_a - T) \tag{4-34}$$

式中,q_c 为由于对流换热从外界通过表面流入钢构件内部的热流密度;h 为对流热交换系数(W/(m^2 · K));T_a、T 为空气温度和钢构件表面温度。

4.2.5　长波辐射强度计算

构件表面得到的净长波辐射可采用斯蒂芬-玻尔兹曼定理计算,计算公式表示为

$$q_r = \varepsilon_f \sigma [F_{wg}(T_g^4 - T^4) + F_{ws}(T_{sky}^4 - T^4)] \tag{4-35}$$

式中,ε_f 为表面长波发射率;σ 为玻尔兹曼常量,5.67×10^{-8} W/(m^2 · K^4);T_g 为地表温度;T_{sky} 为有效天空温度,通常取 $(T_0 - 6)$K。

4.2.6　阴影计算方法

空间结构或构件总体上分为两类:第一类是闭合的,如端部有封板的圆形钢管、端部有封板的矩形钢管、顶部有屋顶封闭的筒仓结构以及整个无开洞的屋面等;第二类是开口的,如端部无封板圆形钢管、端部无封板矩形截面钢管、H 型钢、顶部无屋盖封顶的筒仓结构等。对于第一类结构或构件而言,太阳光线照射到材

料表面的路径只有一个,即结构或构件的外表面,因此太阳照射下的阴影区域可通过表面的太阳光线入射角来判断,如果入射角小于 90°,则处于太阳照射范围内,如果表面的太阳光线入射角大于 90°,则此部分表面不在太阳照射范围内,即为阴影区域。对于第二类结构或构件而言,太阳光线照射到材料表面的路径可能为两个,即可能通过结构和构件的外表面或者内表面,因此开口型结构或构件的太阳阴影区域判断要复杂很多。本章基于解析几何提出了三种太阳辐射阴影的计算方法,即基于点定位理论的平面阴影计算方法、基于点定位理论的曲面阴影计算方法、基于线-面空间关系的阴影计算方法。

1. 基于点定位理论的平面阴影计算方法

以 H 型钢构件为例,说明基于点定位理论的平面阴影计算方法。H 型钢可以简化为三块钢板组合而成的小结构。太阳辐射作用下,翼缘板和腹板之间可能存在太阳光线的遮挡。图 4-7 为 2010 年 9 月 12 日 14:30 左右 H 型钢在太阳照射作用下的阴影分布图。

其计算方法和步骤如下。

(1) 在 ANSYS 软件中,采用 SOLID70 单元建立钢构件的有限元模型。为得到较为精确的结果,单元的尺寸必须足够小,在本书中单元的尺寸小于 10mm。

(2) 每一个 H 型钢构件包括三块钢板,即上翼缘、腹板、下翼缘。在整体坐标系中,其平面方程可分别表示为 $\psi_{upper}(x,y,z)=0$、$\psi_{web}(x,y,z)=0$ 和 $\psi_{low}(x,y,z)=0$。

(3) 太阳光线在整体坐标系中的矢量方程可由太阳方位角和太阳高度角确定。

(4) 根据步骤(3)中的太阳光线矢量,确定过上翼缘钢板四角处单元中心点的太阳光线方程 $l_i(x,y,x)(i=1,2,3,4)$。

(5) 确定腹板平面 $\psi_{web}(x,y,z)=0$ 与光线 $l_i(x,y,x)(i=1,2,3,4)$ 的交点 $p_{wi}(x_i,y_i,z_i)(i=1,2,3,4)$。

(6) 根据交点 $p_{wi}(x_i,y_i,z_i)(i=1,2,3,4)$,可在腹板平面内确定一平面四边形。然后根据腹板内各个单元中心点坐标值与交点 $p_{wi}(x_i,y_i,z_i)(i=1,2,3,4)$ 的关系,确定腹板中各个单元是否处于由交点 $p_{wi}(x_i,y_i,z_i)(i=1,2,3,4)$ 确定的四边形内。如果在四边形内,则此单元处于阴影之中,否则没有处在阴影之中。

(7) 利用步骤(4)~(6),可以确定由上翼缘在腹板引起的阴影区域,利用相似的方法,可以确定由上翼缘和腹板在下翼缘处引起的阴影区域。

图 4-8 为按照上述基于点定位的阴影计算方法模拟得到的 2010 年 9 月 12 日 14:30 左右 H 型钢在太阳照射作用下的阴影分布。与实际照片对比,可得出此方法具有较好的模拟精度。基于点定位理论的阴影计算方法适合于由若干个平面组

合的构件或者结构的阴影计算。

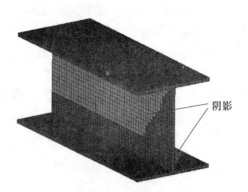

阴影

图 4-7　H 型钢阴影分布图　　　　　图 4-8　理论分析得到的太阳阴影

2. 基于点定位理论的曲面阴影计算方法

下面将以一直径为 15m、高度为 27m 的钢板筒仓为计算模型,介绍基于点定位理论的曲面阴影计算方法。具体的求解可通过有限元分析软件 ANSYS 中的 APDL 编程实现。

图 4-9 为一暴晒在太阳下的钢板筒仓模型,图中密集的射线代表着太阳入射光线,其以一定的太阳方位角 ϕ 照在钢板筒仓上,将筒仓的外表面分为两个半区,即向阳区 A(非阴影区)和背阳区 B。由于筒仓顶部开口,当太阳光线入射时,B 区的内表面也会被太阳光照到,将 B 区又分为非阴影区 B_1 和阴影区 B_2 两部分,则 B_2 部分是本算法需要确定的阴影区,如图 4-10 所示。

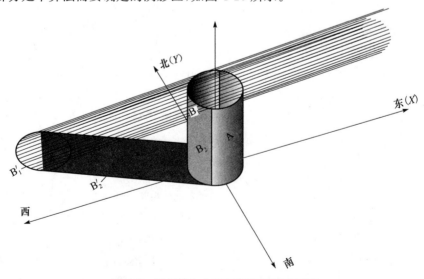

图 4-9　钢板筒仓太阳辐射平面投影模型

下面综合使用光线追踪法和点定位理论,提出一种高效准确的曲面阴影计算方法,具体步骤如下:

(1) 划分网格。网格划分越密,计算精度越高,但计算成本也会增加,为方便计算,可将筒仓沿高度和周向划分为偶数份,且底层一圈节点编号原则为正北方对应节点 1,顺时针依次编号。这里以直径 15m、高度 27m 的筒仓为例,沿筒仓周向等分 x 份,沿高度等分 y 份。

(2) 确定向阳区 A 和背阳区 B 的分界线。将过底面圆心 O 的光线垂直投影在水平面,如图 4-11 中线 OE 所示;过圆心 O 做垂直于线 OE 的直线 AB,过直线 AB 做垂直面,可将钢板筒仓划分为向阳区 A 和背阳区 B。实际在程序中计算时,点 A、B、E 与已划分网格节点可能存在偏差,因此需要将其近似到附近的节点。程序中具体的分界面计算过程如下:

节点 E 的节点号 m 可由公式 $m = x\phi/360$ 计算。若 $x/4 < m \leqslant 3x/4$,则节点 A、B 的编号分别为 $m - x/4$ 和 $m + x/4$;若 $m \leqslant x/4$,则节点 A、B 的编号分别为 $m + 3x/4$ 和 $m + x/4$;若 $m > 3x/4$,则节点 A、B 的编号分别为 $m - x/4$ 和 $m - 3x/4$。与底层节点 A、B、E 相对应的顶层节点 C、D、F 的节点编号分别为节点 A、B、E 编号加 xy。

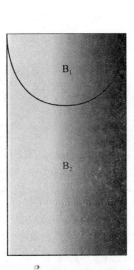

图 4-10　B 区详图

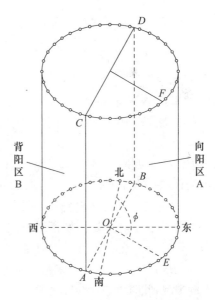

图 4-11　太阳光线入射图

(3) 确定向阳面轮廓线沿太阳光线在水平面的投影。向阳面的轮廓线由两条弧线 AEB、CFD 和两条直线 AC、BD 组成。下面以 A 点为例,说明 A 点沿太阳光线在水平面的投影点 A' 的计算方法。

假设 A 点的空间坐标为 (X_m^s, Y_m^s, Z_m^s)，太阳高度角为 β，太阳方位角为 ϕ，则 A 点沿太阳光线在水平面的投影点 A' 坐标为

$$\left(X_m^s + \frac{Z_m^s}{\tan\beta}\sin(\phi+\pi), Y_m^s + \frac{Z_m^s}{\tan\beta}\cos(\phi+\pi), 0\right)$$

参照上述方法，依次确定向阳面轮廓线节点沿太阳光线在水平面的投影点，在投影面上形成投影轮廓线 $A'E'B'$-$B'D'$-$D'F'C'$-$C'A'$，如图 4-12 所示。

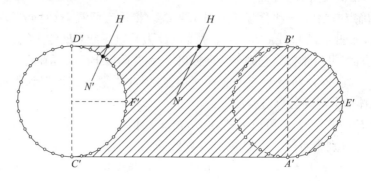

图 4-12　钢板筒仓平面投影图

（4）计算背阳面网格中心在水平面的投影点。背阳面任意网格单元 N 中心 (X, Y, Z) 沿太阳光线在水平面的投影点 N' 坐标为

$$\left(X + \frac{Z}{\tan\beta}\sin(\phi+\pi), Y + \frac{Z}{\tan\beta}\cos(\phi+\pi), 0\right)$$

（5）判断网格 N 是否处于阴影区域。若背阳面网格单元 N 沿太阳光线在水平面的投影点 N' 在轮廓线 $A'E'B'$-$B'D'$-$D'F'C'$-$C'A'$ 内，则背阳面网格单元 N 处于阴影区域，即 B_2 区域；否则，背阳面网格单元 N 处于非阴影区域，即 B_1 区域。

采用射线法来判断 N' 是否在轮廓线 $A'E'B'$-$B'D'$-$D'F'C'$-$C'A'$ 内。在水平地面无限远处任取一点 $H(X_H, Y_H)$，若点 N' 在阴影区内，则其与阴影区外任意一点 $H(X_H, Y_H)$ 的连线和阴影区轮廓线 $A'E'B'$-$B'D'$-$D'F'C'$-$C'A'$ 的交点数为奇数；若该点在阴影区外，则其与阴影区外任意一点的连线和阴影区轮廓线 $A'E'B'$-$B'D'$-$D'F'C'$-$C'A'$ 的交点数为偶数，此判断方法也称射线法。

当采用射线法通过交点个数来判断点的位置时，也存在交点不在线段上而是在延长线上的情况，此时可通过线段之和是否等于直线长度的方法来确定。如图 4-13 所示，线段 AB 和线段 MN 相交于点 D，当交点 D 在线段 MN 上时，有 $\overline{AD} + \overline{DB} = \overline{AB}$，$\overline{MD} + \overline{DN} = \overline{MN}$，但当交点 D 位于直线 MN 的延长线 NO 上时，则有 $\overline{AD} + \overline{DB} = \overline{AB}$，$\overline{ND} + \overline{DM} > \overline{NM}$。即只有相交的两条直线同时满足各自线段之和等于直线本身长度时，才可判定交点在线段上。

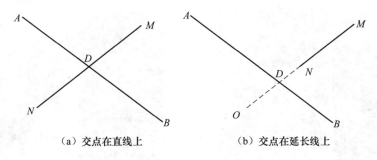

（a）交点在直线上　　　　　（b）交点在延长线上

图 4-13　射线法判断交点示意图

（6）重复步骤（4）和（5），直至完成所有网格分析。

以上算法均是以地面为参考平面，筒仓顶在地面上的投影为与仓顶同等大小的圆，也可以用与入射光线垂直的斜平面为参照，如图 4-14 所示。

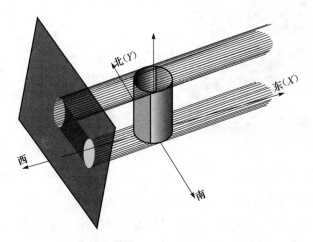

图 4-14　钢板筒仓太阳辐射斜面投影模型

为了验证本阴影算法的准确性，作者于 2015 年 12 月 17 日对一个垂直放置的钢管阴影进行了实测，采用坐标纸绘制了各个时刻的阴影轮廓曲线，并与数值模拟得到的阴影曲线进行了对比验证，发现阴影实测曲线与数值模拟曲线基本一致（图 4-15～图 4-18），从而验证了本阴影算法的准确性。在图 4-15～图 4-17中，数值模拟的取图角度为正南方向，实际照片为正东方向。

3. 基于线-面空间关系的阴影计算方法

下面以开口的圆形钢管为例，说明基于线-面空间关系的阴影计算方法。具体步骤如下。

（1）在整体坐标系中，建立圆形钢管的柱面空间曲面方程。

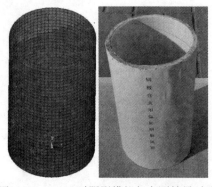

图 4-15　10:00 时阴影模拟与实测结果对比

图 4-16　12:00 时阴影模拟与实测结果对比

图 4-17　14:00 时阴影模拟与实测结果对比　　　　图 4-18　阴影轮廓线对比

（2）将圆形钢管表面划分为 N 个单元,其中数目 N 一定要使各个单元的尺寸足够小,并提取各个单元中心点在整体坐标系中的坐标。

（3）建立某时刻太阳光线在整体坐标系中的矢量方程。

（4）建立太阳光线过圆形钢管单元 $n(1{\leqslant}n{\leqslant}N)$ 中心点的直线方程,并求解此直线方程与圆形钢管柱面交点的坐标和个数。

（5）显然,单元 n 的中心点肯定是其中一个交点,即直线与钢管肯定有一个交点。若直线与钢管的交点个数为 1,则单元 n 在太阳辐射的照射范围内;若交点个数大于 1,则比较各个交点与太阳之间的距离大小,如果单元 n 的中心点与太阳之间的距离不是最小的,则单元 n 在太阳辐射的照射范围内,否则单元 n 处于阴影之中。

基于线-面空间关系的阴影计算方法适合于所有的开口型结构或构件太阳辐射阴影的计算,但是其计算复杂,工作量较大。

4.2.7　有限元数值分析的实现

目前在结构工程研究方面,应用较多的是通用有限元程序 ANSYS 和

ABAQUS。对于这两种程序,其本身均包含热分析模块。ANSYS 软件的热分析模块一般包括 Multiphysics、Mechanical、Thermal、FLOTRAN、ED 等 5 种,其中 FLOTRAN 不含相变热分析。ANSYS 热分析基于能量守恒原理的热平衡方程,用有限元法计算物体内部各节点的温度,并导出其他热物理参数。运用 ANSYS 软件可进行热传导、热对流、热辐射、相变、热应力以及接触热阻等问题的分析求解。

在 ANSYS 程序中,温度场平面问题可选择 PLANE35、PLANE55、PLANE75、PLANE77 和 PLANE78,其中 PLANE35 为 6 节点三角形单元,PLANE55 为 4 节点四边形单元,PLANE77 为 8 节点四边形单元,PLANE55 和 PLANE77 都有相应的三角形退化单元,以适应对不规则几何区域的准确模拟。PLANE75 为轴对称问题 4 节点四边形单元,PLANE78 为轴对称问题 8 节点四边形单元。三维问题可选用的 ANSYS 单元有 SOLID70、SOLID87 和 SOLID90,分别为 8 节点六面体单元、10 节点四面体单元和 20 节点六面体单元。

对于 ANSYS 而言,可依靠其自身的热分析模块和热分析单元进行温度场分析,但其并不具备太阳辐射强度计算、阴影判断和长波辐射计算等功能。为拓展 ANSYS 的热分析功能,使其满足分析太阳辐射下钢结构温度场的功能,可利用 APDL 对其分析功能进行完善。

参数化设计语言 APDL 为 ANSYS 有限元程序提供了一种类似程序设计的操作方式。APDL 是一种解释性语言,采用结构化的数据和程序控制,类似于常用的 FORTRAN 语言。APDL 包含许多特性,如参数、矩阵操作、函数、条件语句、DO 循环、IF-THEN-ELSE 分支判断、宏和用户程序等。因此,可以利用 APDL 来编写太阳辐射强度、阴影位置和长波辐射强度的计算与分析。在 ANSYS 中进行太阳辐射下钢构件温度场分析的流程如图 4-19 所示。

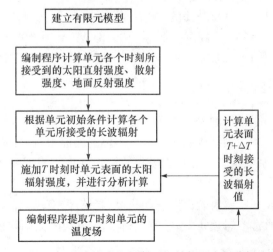

图 4-19　ANSYS 程序中太阳辐射下钢结构温度场分析流程图

4.3　基于 FEM 的不同截面形式钢构件太阳辐射非均匀温度场模拟

本节基于 4.2 节提出的基于 FEM 的钢结构太阳辐射非均匀温度场模拟方法,对 3.3 节所提到的不同截面形式与空间方位钢构件的太阳辐射温度进行数值模拟,一方面对太阳辐射作用下钢构件温度场的具体分布有更深的了解,另一方面用于验证本方法的有效性和合理性。

4.3.1　数值模型中参数的取值

1. 太阳辐射强度计算中系数 A、B、C

ASHRAE 晴空模型是基于美国地区的辐射数据建立的,模型中系数 A、B、C 的取值对我国并不适宜。首都师范大学李锦萍结合北京地区的辐射数据,按照类似的方法建立了北京地区的晴天辐射模型中系数 A、B、C 取值方法。天津与北京相邻,气象条件基本相同,因此在本书的分析理论中,系数 A、B、C 取值便采用了李锦萍的计算方法,计算公式如下:

$$A = 1370[1 + 0.034\cos(2\pi N/365)] \tag{4-36}$$

$$\begin{aligned} B = {} & 0.2051 - 4.05369 \times 10^{-4} N + 3.5186 \times 10^{-5} N^2 \\ & - 1.9832 \times 10^{-7} N^3 + 2.8939 \times 10^{-10} N^4 \end{aligned} \tag{4-37}$$

$$\begin{aligned} C = {} & 7.8763 \times 10^{-2} - 4.2177 \times 10^{-4} N + 1.9908 \times 10^{-5} N^2 \\ & - 1.0607 \times 10^{-7} N^3 + 1.5024 \times 10^{-10} N^4 \end{aligned} \tag{4-38}$$

式中,N 为从 1 月 1 日算起的年序日。

对于本次试验,7 月 22 日的 A、B、C 数值分别为 1326.54W/m² 、0.404、0.181;7 月 23 日的 A、B、C 数值分别为 1326.84W/m² 、0.403、0.180;7 月 24 日的 A、B、C 数值分别为 1327.15W/m² 、0.402、0.180。

2. 太阳辐射吸收系数

一般物体并不能将达到表面的太阳辐射全部吸收,只是部分吸收,另一部分被反射回去或穿透物体。钢结构表面吸收太阳辐射的能力以太阳辐射吸收系数来表示,太阳辐射吸收系数定义为表面所吸收的辐射强度与投射到表面的全部辐射强度的比值。

太阳辐射吸收率主要与表面颜色和状况(光洁度)有关。欧洲空中客车油漆太阳辐射吸收系数通常参考表 4-2 中取值。本书中钢板的太阳辐射吸收系数参考第 2 章试验结果取 0.6。

表 4-2　太阳辐射吸收系数

颜色和材料	白色	金属浅银灰色	铝灰色	乌黑色	无涂层的钢材
吸收系数	0.289	0.34	0.47	0.96	0.75~0.89

3. 夏季大气气温和地面温度日变化曲线

气温是影响钢结构温度的主要参数,无论钢结构表面与空气间的热对流,还是钢结构与天空间的长波辐射换热,均随外界气温的变化而变化。一般来说,最低气温决定了温度场日变化过程中可能达到的最低温度,且也在一定程度上决定了太阳辐射作用下钢结构的温度梯度。

外界气温受自然界多种因素的影响,而晴天的气温日变化过程却具有较好的规律性,如最高气温一般出现在 14:00 左右,最低气温一般在 4:00~6:00。日气温变化过程大致按正弦曲线变化,具体如下:

$$T_a(t) = T_{av} + T_{am}\sin\frac{(t - t_0)\pi}{12} \tag{4-39}$$

式中,$T_{av} = (T_{amax} + T_{amin})/2$,为日平均气温,$T_{am} = (T_{amax} - T_{amin})/2$,为气温变化幅度,其中 T_{amax}、T_{amin} 分别为日最高气温和最低气温;t_0 为用来表示最高气温出现的时刻,如 $t_0 = 8$,最高气温出现在下午 14:00,最低气温出现在凌晨 4:00。

按照上式计算的气温在某些时间点有可能出现 2~3℃偏差,但是若没有详细的气温过程资料,利用此式确定气温日变化是可行的。

对于本试验,2010 年 7 月 16 日和 17 日、21 日、22 日、23 日的气温变化曲线如图 4-20~图 4-23 所示。其中,7 月 16 日和 17 日天气为多云,7 月 22 日、23 日和 24 日天气为晴天。图 4-21~图 4-23 给出了实测气温与公式计算气温的对比结果,从图中可以看出其变化趋势基本相同。

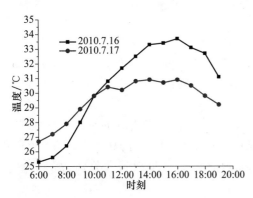

图 4-20　7 月 16 日和 17 日气温变化曲线

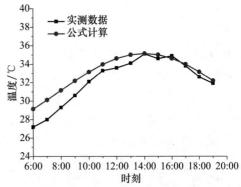

图 4-21　7 月 21 日气温变化曲线

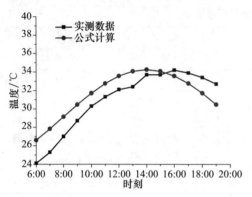

图 4-22　7 月 22 日气温变化曲线

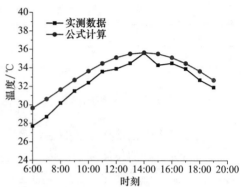

图 4-23　7 月 23 日气温变化曲线

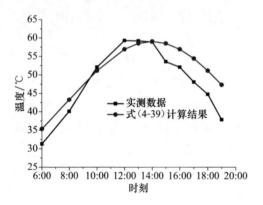

图 4-24　7 月 24 日屋顶地面的
温度日变化过程

对于地面温度,可参考气温的公式来分析计算。图 4-24 给出了 2010 年 7 月 24 日的屋顶地面温度实测数据与公式计算结果,由此可以看出,利用式(4-39)来模拟地面温度的日变化是可行的。

4. 地面辐射反射系数

落到物体表面的热辐射能一部分被吸收、一部分被反射、一部分也可穿透透明物体。吸收是辐射能转化为储存于物体分子之间的热能的过程,反射是辐射能在不改变频率的情况下在物体表面返回的过程,透射是辐射在不改变频率的情况下通过介质的过程,物体表面所接收的能量受三者中的任何一项支配,因此

$$\alpha + \rho + \tau = 1 \tag{4-40}$$

式中,α 为吸收率,吸收的热辐射占总入射辐射热的百分数;ρ 为反射率,反射的热辐射占总入射辐射热的百分数;τ 为透射率,透射的热辐射占总入射辐射热的百分数。

对于钢结构和地面而言,透射率为 0。对于地面,一般为普通混凝土和沥青混凝土,普通混凝土和沥青混凝土的太阳辐射吸收系数分别为 0.55～0.70 和 0.70～0.90,因此普通混凝土和沥青混凝土的太阳辐射反射系数分别为 0.30～0.45 和 0.10～0.30。本章取 0.15。

5. 对流热交换系数 h

对流热交换系数 h 与表面形状、风速、周围空气温度等许多因素有关。Yazdanian 和 Klems 提出的关联式有可能在底层建筑应用中的准确度和简单性上达到合理的折中，因此在本章的温度场分析中，采用了这个模型，该模型的关联式为

$$h = \sqrt{\left[C_t(\Delta T)^{1/3}\right]^2 + \left[aV_0^b\right]^2} \tag{4-41}$$

式中，C_t 为自然对流系数，见表 4-3；ΔT 为外表面和室外空气温度差（℃）；a、b 为常数，见表 4-3；V_0 为标准条件下的风速（m/s）。

表 4-3　对流关联式的系数

方向	C_t	a	b
上风向	0.84	2.38	0.89
下风向	0.84	2.86	0.617

6. 钢材的热学参数

根据 GB 50176—93《民用建筑热工设计规范》，钢材的热学参数取值如表 4-4 所示。

表 4-4　钢材的基本热学性质

项目	密度/(kg/m³)	导热系数/(J/(m·s·℃))	比热容/(J/(kg·℃))
数值	7850	56	480

7. 其他参数

天津大学所处的地理纬度为北纬 39.13°；2010 年 7 月 22 日、23 日、24 日的太阳赤纬角均为 20.06，平均风速约为 3m/s。

4.3.2　太阳辐射作用下钢板试件数值模拟

考虑到理论分析时，2010 年 7 月 22 日和 23 日两天中太阳辐射作用下钢构件温度场基本没有变化，因此本节仅分析了 2010 年 7 月 22 日钢板试验构件的温度场。根据 4.2 节建立的太阳辐射作用下钢结构温度场分析理论，采用 4.3.1 节确定的模型参数，分析了 2010 年 7 月 22 日太阳辐射作用下 10 个钢板试件的温度场，并将分析结果与 7 月 22 日和 23 日的实测结果进行了对比。

图 4-25 给出了试件 PT1 在 14：00 的温度场，太阳辐射作用下钢板的温度场为均匀温度场，与试验结果吻合较好。图 3-38 和图 3-39 给出了太阳辐射作用下钢板温度日变化曲线的有限元模拟结果与实测结果对比；表 4-5 给出了日最高温度的有限元模拟结果与实测结果对比。由此可以看出，理论分析得到的曲线与试验

得到的曲线变化趋势一致,但是在 12:00 左右,理论分析结果要高于试验结果,最大误差为 21.73%。

图 4-25　PT1 在 14:00 的温度场(单位:℃)

表 4-5　钢板试件试验与理论分析结果对比

试件编号	PT1	PT2	PT3	PT4	PT5
7 月 22 日温度数值/℃	54.2	51.9	50.3	53.1	49
7 月 23 日温度数值/℃	52.9	51.7	50.2	52.5	49.5
理论分析/℃	60.89	56.89	60.33	60.02	52.01
误差 1	0.1234	0.0961	0.1994	0.1303	0.0614
误差 2	0.1510	0.1004	0.2018	0.1432	0.0507
试件编号	PT6	PT7	PT8	PT9	PT10
7 月 22 日温度数值/℃	53.9	50.8	49.2	52	47.5
7 月 23 日温度数值/℃	53.2	49.7	49.6	51	48.8
理论分析/℃	60.14	56.72	59.89	59.89	51.97
误差 1	0.1158	0.1165	0.2173	0.1517	0.0941
误差 2	0.1305	0.1412	0.2075	0.1743	0.0650

　　理论分析与试验结果存在一定的误差,误差的可能来源有以下几个方面:①理论模型中各参数的取值误差,如理论模型采用的晴天太阳辐射模型所得到的太阳辐射强度与实际太阳辐射强度存在一定的误差,一般理论数值偏高;②红外线测温仪测量误差,本试验中测量误差为 ±1℃;③云遮挡阳光引起的太阳辐射强度变化等。

　　为了研究太阳辐射强度变化对钢板温度场的影响程度,本书通过给钢板试件 PT1 施加 $200W/m^2$、$400W/m^2$ 和 $600W/m^2$ 辐射强度,研究了恒定辐射强度下钢板试件在 30min 内的温度变化曲线,分析结果如图 4-26 所示。由图可知,仅辐射强度作用下,钢板的温度线性增加,在施加 $200W/m^2$、$400W/m^2$ 和 $600W/m^2$ 辐射强度下,每分钟钢板温度变化值分别为 0.37℃、0.74℃、1.11℃、1.49℃,由此可见,钢板试件温度实测过程中,若遇到云遮挡阳光的情况,钢板的温度会有很大的降低。

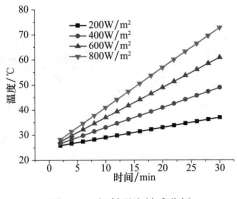

图 4-26　辐射强度敏感分析

通过以上误差分析可知,本书所提出的理论分析模型是有效、合理的,并且具有一定的安全储备。

4.3.3　太阳辐射作用下钢板试件温度场参数分析

为了鉴别影响太阳辐射作用下钢板温度场的主要参数,本节完成了一系列参数分析,研究了太阳辐射吸收系数、地面辐射反射系数、钢板在东西平面内与水平面之间的夹角以及钢板在南北平面内与水平面之间的夹角等对钢板温度场的影响。基本模型采用 PT6 试件。

参数分析的结果如图 4-27～图 4-30 和表 4-6 所示,从参数分析结果可以得出如下结论。

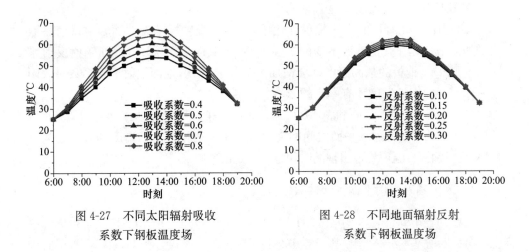

图 4-27　不同太阳辐射吸收　　　　　图 4-28　不同地面辐射反射
　　　系数下钢板温度场　　　　　　　　　系数下钢板温度场

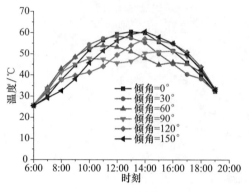

图 4-29　东西平面内不同倾角下钢板温度场

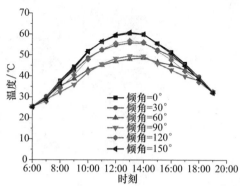

图 4-30　南北平面内不同倾角下钢板温度场

表 4-6　不同方位下钢板日温度峰值及其出现时刻

东西平面内倾角/(°)	0	30	60	90	120	150
温度峰值/℃	60.5	58.3	54.0	51.3	57.1	60.5
出现时刻	13:00	12:00	11:00	16:00	15:00	14:00
南北平面内倾角/(°)	0	30	60	90	120	150
温度峰值/℃	60.5	55.9	48.7	49.6	56.9	60.8
出现时刻	13:00	13:00	14:00	13:00	13:00	13:00

（1）由图 4-27 可知,太阳辐射作用下,钢板的温度场随着太阳辐射吸收系数的增加而增加。在其他参数不变的情况下,对于 PT6 试件而言,太阳辐射吸收系数每增加 0.1,钢板的最高温度则会增加 3.3℃。因此,太阳辐射吸收系数对太阳辐射作用下的钢板温度场有显著影响。

（2）由图 4-28 可知,太阳辐射作用下,钢板的温度场随着地面辐射反射系数的增加而增加。在其他参数不变的情况下,对于 PT6 试件而言,地面辐射反射系数每增加 0.1,钢板的最高温度则会增加 1.74℃。因此,地面辐射反射系数对太阳辐射作用下的钢板温度场有一定的影响。

（3）由图 4-29、图 4-30 和表 4-6 可知,钢板在东西平面内与水平面之间的夹角以及钢板在南北平面内与水平面之间的夹角对太阳辐射作用下的温度场有显著的影响,并且对钢板日温度峰值出现的时间也有一定的影响。

4.3.4　太阳辐射作用下钢管试件数值模拟

考虑到理论分析时,2010 年 7 月 22 日和 23 日两天中太阳辐射作用下钢构件温度场参数取值基本没有变化,因此本节分析钢管温度场时仅分析了 7 月 22 日试验构件的温度场。在理论分析过程中,考虑了太阳照射阴影的影响,考虑到篇幅和大量数据的相似性,本书仅给出了钢管试件 TT7 在太阳辐射作用下的时程分析结果和各个钢管试件最高温度和最低温度数据结果。

表 4-7 和表 4-8 分别给出了各个钢管试件最高温度、最低温度的试验与理论分析结果对比;图 3-44 给出了 7 月 22 日钢管试件典型测点温度的有限元分析与实测结果对比曲线。通过与相应的试验数据进行对比,可见理论分析结果与试验结果吻合较好,再一次验证了本书理论分析模型和参数取值的合理性和有效性。

表 4-7　钢管试件最高温度的试验与理论分析结果对比

试件编号	TT1	TT2	TT3	TT4	TT5	TT6
7 月 22 日温度/℃	44.60	45.10	44.30	45.60	45.20	47.30
7 月 23 日温度/℃	43.80	44.80	44.20	44.90	46.30	44.90
理论分析/℃	53.44	50.33	40.33	47.55	46.49	51.02
误差 1	0.1655	0.1040	−0.0985	0.0411	0.0277	0.0730
误差 2	0.1805	0.1099	−0.0961	0.0558	0.0040	0.1200
试件编号	TT7	TT8	TT9	TT10	TT11	TT12
7 月 22 日温度/℃	50.80	49.90	44.70	47.90	47.10	46.90
7 月 23 日温度/℃	52.50	48.70	43.80	46.90	45.30	46.10
理论分析/℃	55.41	52.08	40.26	49.33	47.43	52.83
误差 1	0.0832	0.0419	−0.1102	0.0289	0.0070	0.1123
误差 2	0.0525	0.0649	−0.0878	0.0492	0.0450	0.1274

表 4-8　钢管试件最低温度的试验与理论分析结果对比

试件编号	TT1	TT2	TT3	TT4	TT5	TT6
7 月 22 日温度/℃	40.10	41.00	43.10	42.10	41.60	42.20
7 月 23 日温度/℃	39.80	41.00	42.30	41.80	42.40	41.80
理论分析/℃	47.50	45.49	40.54	43.87	43.73	45.85
误差 1	0.1557	0.0986	−0.0631	0.0403	0.0487	0.0796
误差 2	0.1621	0.0986	−0.0434	0.0472	0.0304	0.0883
试件编号	TT7	TT8	TT9	TT10	TT11	TT12
7 月 22 日温度/℃	44.10	42.40	43.30	42.70	40.60	40.10
7 月 23 日温度/℃	47.80	43.50	42.70	42.80	39.60	40.90
理论分析/℃	45.15	43.59	40.86	42.73	42.65	43.84
误差 1	0.0233	0.0274	−0.0598	0.0008	0.0481	0.0854
误差 2	−0.0586	0.0021	−0.0451	−0.0016	0.0715	0.0672

图 4-31 给出了考虑太阳阴影影响的 14:00 时的温度场,可以看出,考虑太阳阴影时,钢管温度场沿截面为非均匀温度场。图 4-32 给出了不考虑太阳阴影时的温度场分析结果,可以看出,当不考虑太阳阴影时,钢管的温度场沿截面方向为均匀温度场。

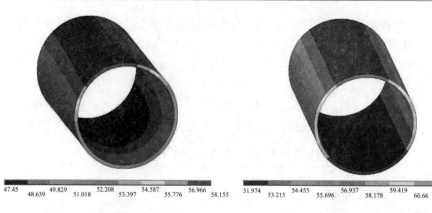

47.45
48.639
49.829
51.018
52.208
53.397
54.587
55.776
56.966
58.155

图 4-31 考虑阴影时 TT7 在 14:00 时的温度场(单位:℃)

51.974
53.215
54.455
55.696
56.937
58.178
59.419
60.66
61.901
63.142

图 4-32 不考虑阴影时 TT7 在 14:00 时的温度场(单位:℃)

4.3.5 太阳辐射作用下钢管试件温度场参数分析

通过 4.3.1 节中太阳辐射作用下钢结构温度场的理论分析可知,影响其温度场的主要因素有:①太阳辐射吸收系数;②地面辐射反射系数;③构件的尺寸规格;④钢构件的空间摆放方位;⑤地理位置。对于最后一种因素,本节将不作讨论,本节主要以钢管为例,讨论前四种因素对钢构件的影响程度。参数分析的基本模型参数取值与 4.3.4 节中的分析参数相同。

1. 太阳辐射吸收率

钢材表面的太阳辐射吸收率随着表面油漆颜色的不同而改变,面漆颜色越浅,太阳辐射吸收率越小,若钢管没有面漆涂层,其太阳辐射吸收率会很大。为了研究钢管表面温度场对太阳辐射吸收率的敏感程度,对不同太阳辐射吸收率下的钢管温度场进行了分析。分析结果如图 4-33 所示。

最高温度
最低温度
平均温度
温度/℃
太阳辐射吸收率
64
62
60
58
56
54
52
50
48
46
44
42
40
0.4
0.5
0.6
0.7
0.8

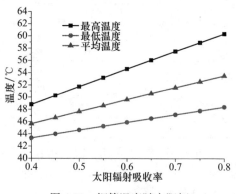

图 4-33 钢管温度随太阳辐射吸收率的变化曲线

由图 4-33 可知,钢管的太阳辐射吸收率对钢管温度场的影响非常显著,钢管太阳辐射吸收率每增加 0.1,钢管的最高温度增加 3.0℃左右,因此为精确分析钢管表面的温度场,应精确测定不同面漆涂层下的钢管太阳辐射吸收率。

2. 地面辐射反射率

钢管表面吸收的辐射中有一部分来自于地面辐射反射,而地面的反射辐

射量与地面的辐射反射率相关,因此
本节研究了地面辐射反射率的变化对
钢管表面温度的影响,结果如图 4-34
所示。由此可知,地面辐射反射率对
钢管温度场影响很小,基本可以忽略。

3. 钢管尺寸

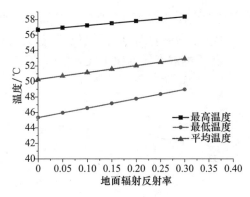

图 4-34　地面辐射反射率对钢管温度场的影响

钢管的厚度和直径在一定程度上
影响了钢管的综合太阳辐射吸收量,
因此钢管的直径或厚度不同,钢管的
温度场就不同。本节为了准确分析钢管直径和厚度对其温度场的影响程度,选择
了五种钢管厚度和五种钢管直径对其进行了参数分析,分析结果如图 4-35 和
图 4-36 所示。由图 4-35 可知,钢管的最高温度随钢管厚度的增加而减小,而钢管
的最低温度随钢管厚度的增加而增加,但变化幅度不大;由图 4-36 可知,钢管的最
高温度随钢管直径的增加而增加,而钢管的最低温度随钢管直径的增加而减小,且
变化较大。因此,进行室外钢结构设计时,要考虑钢管截面尺寸对温度场和温度应
力的影响。

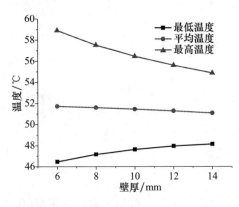

图 4-35　钢管厚度对温度场的影响

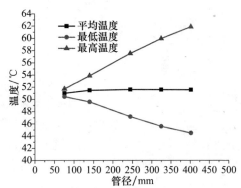

图 4-36　钢管直径对温度场的影响

4. 钢管的空间方位

对于空间钢结构而言,杆件的摆放位置是随机的,而钢管的摆放位置影响了钢
管表面的太阳辐射入射角大小,进而影响了钢管的温度场分布。为了精确分析太
阳辐射作用下钢管摆放位置对钢管温度场的影响,分别对钢管在东西竖直平面内、
南北竖直平面内和水平平面内的摆放角度作了参数分析,参数分析结果如图 4-37

所示。由图 4-37 可知,当钢管轴线在垂直平面内改变角度时,钢管的温度场会产生很大的改变,变化曲线近似于三角函数曲线,而当钢管轴线在水平面改变角度时,钢管的温度场变化不大,因此在实际工程中计算钢管的温度场时需着重考虑钢管的空间摆放方位。

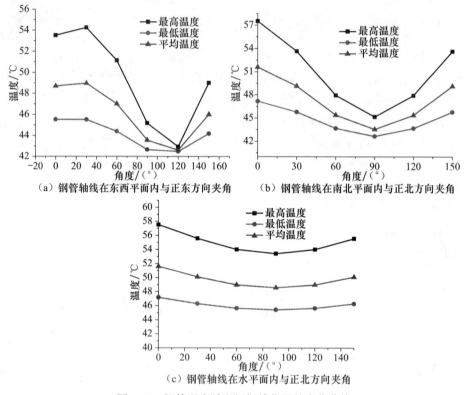

图 4-37　钢管温度随空间摆放位置的变化曲线

4.3.6　太阳辐射作用下箱型钢管试件数值模拟

在第 3 章中,图 3-47～图 3-49 给出了太阳辐射作用下箱型钢管试件温度场的有限元模拟结果与实测结果对比。对比结果显示,本章建立的理论分析模型能较好的模拟太阳辐射作用下箱型钢管的温度场分布情况。

图 4-38 给出了考虑太阳阴影影响的 14:00 时的温度场,可以看出,考虑太阳阴影时,箱型钢管的温度场沿截面为非均匀温度场。图 4-39 给出了不考虑太阳阴影时的温度场分析结果,可以看出,当不考虑太阳阴影时,箱型钢管的温度场沿截面方向为均匀温度场。

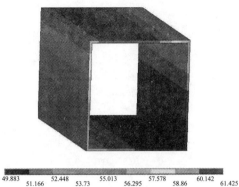

| 50.158 | 52.768 | 55.378 | 57.988 | 60.598 | | 49.883 | 52.448 | 55.013 | 57.578 | 60.142 |
| 51.463 | 54.073 | 56.683 | 59.293 | 61.904 | | 51.166 | 53.73 | 56.295 | 58.86 | 61.425 |

图 4-38　考虑太阳照射阴影影响时 7 月 23 日　　图 4-39　不考虑太阳照射阴影影响时 7 月 23 日
RT7 试件在 14:00 时的温度场(单位:℃)　　　　RT7 试件在 14:00 时的温度场(单位:℃)

4.3.7　太阳辐射作用下箱型钢管试件温度场参数分析

为了研究太阳辐射吸收系数、地面辐射反射系数、箱型钢管的空间摆放方位角 β_a(图 4-40)和 β_e(图 4-41)对箱型构件温度场的影响规律,本节采用太阳辐射作用下温度场的分析理论,完成了大量的参数分析。分析模型的基本参数与 4.3.6 节中的 RT7 相同。

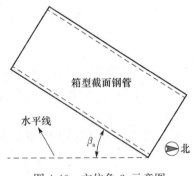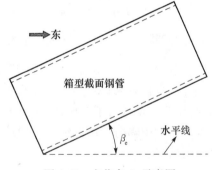

图 4-40　方位角 β_a 示意图　　　　　　图 4-41　方位角 β_e 示意图

参数分析结果如图 4-42～图 4-45 所示,由此可得出如下结论。

(1)太阳辐射作用下,箱型钢管的温度场随着太阳辐射系数的增加而增加,太阳辐射吸收系数每增加 0.1,相应的温度值会增加 3.04℃。

(2)太阳辐射作用下,箱型钢管的温度场随着地面辐射反射系数的增加而增加,地面辐射反射系数每增加 0.1,相应的温度值会增加 0.4℃。

(3)空间方位角 β_a 和 β_e 对太阳辐射作用下箱型截面钢管的温度场有很大的影响。

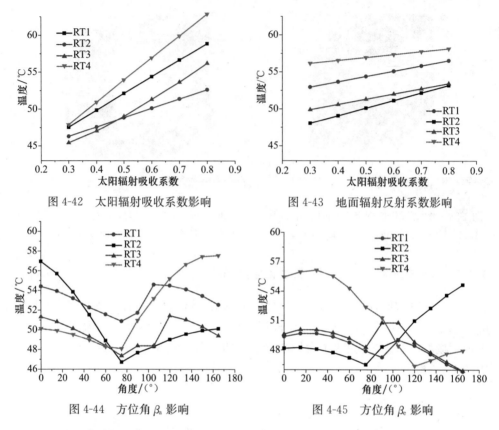

图 4-42　太阳辐射吸收系数影响　　　　图 4-43　地面辐射反射系数影响

图 4-44　方位角 β_a 影响　　　　　图 4-45　方位角 β_e 影响

4.3.8　太阳辐射作用下 H 型钢试件数值模拟

图 4-46 和图 4-47 给出了试件 HT7 的测点 1 和 6 两个测点温度日变化的试验数据和理论分析结果;图 4-48 给出了 14:00 时试件 HT7 的温度沿截面的变化曲线,并与试验数据进行了对比;图 4-49 给出了 14:00 时的温度场。通过对比得出本书提出的太阳辐射作用下钢结构温度场分析模型能够有效地模拟 H 型钢构件的温度场情况。

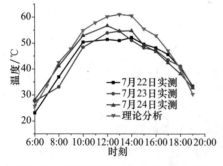

图 4-46　HT7 测点 1 的温度日变化曲线

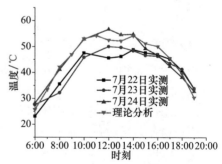

图 4-47　HT7 测点 6 的温度日变化曲线

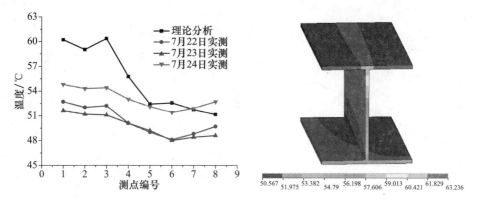

图 4-48　HT7 在 14:00 时各测点温度　　图 4-49　HT7 在 14:00 时的温度场(单位:℃)

4.3.9　太阳辐射作用下 H 型钢试件温度场参数分析

为了研究太阳辐射吸收系数、地面辐射反射系数、H 型钢的空间摆放方位角 β_a(图 4-50)和 β_e(图 4-51)对 H 型钢构件温度场的影响规律,本节采用太阳辐射作用下温度场的分析理论,完成了大量的参数分析。分析模型的基本参数与 4.3.8 节中的 HT7 相同。

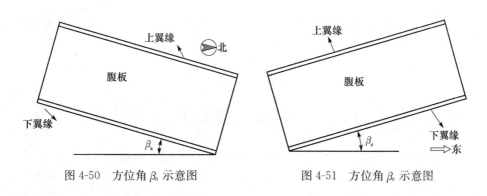

图 4-50　方位角 β_a 示意图　　　　　图 4-51　方位角 β_e 示意图

参数分析结果如图 4-52～图 4-55 所示,由此可得出如下结论。

(1) 太阳辐射作用下,H 型钢的温度场随着太阳辐射系数的增加而增加,太阳辐射吸收系数每增加 0.1,则相应的温度值会增加 3.23℃。

(2) 太阳辐射作用下,H 型钢的温度场随着地面辐射反射系数的增加而增加,地面辐射反射系数每增加 0.1,则相应的温度值会增加 1.10℃。

(3)空间方位角 β_a 和 β_e 对太阳辐射作用下 H 型钢的温度场有很大的影响。

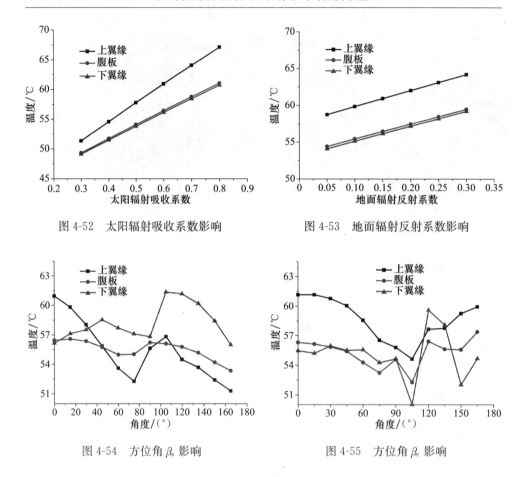

图 4-52　太阳辐射吸收系数影响　　　　　图 4-53　地面辐射反射系数影响

图 4-54　方位角 β_a 影响　　　　　图 4-55　方位角 β_e 影响

4.4　基于 FEM 的不同涂层钢板试件温度场数值模拟

为了得到每个参数的精确值,用太阳辐射记录仪来测量太阳的辐射量,如图 4-56 所示。Hottel 晴空辐射模型和 ASHRAE 晴空辐射模型的计算结果对比如图 4-57 所示。由图 4-57 可知,Hottel 晴空辐射模型的计算结果比 ASHRAE 晴空辐射模型更接近实际的测量结果,因此本节用 Hottel 晴空辐射模型来计算。表面得到的净长波辐射量可以根据斯蒂芬-玻尔兹曼公式计算。

在 ANSYS 中采用 SOLID70 单元建立了一个三维热传导模型用来模拟带有不同涂料的钢板模型,如图 4-58 所示。钢板的主要材料特性和参数如表 4-4 所示。

根据 Yazdanian 和 Klems 提出的计算理论,热量对流系数可按照以下公式计算:

　　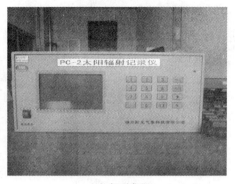

　　（a）测量仪器　　　　　　　　　　　　（b）记录仪器

图 4-56　太阳辐射测量和记录装置

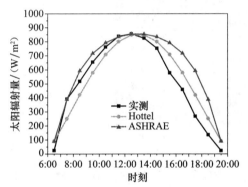　　

图 4-57　试验和模拟的太阳辐射量对比图　　图 4-58　钢板温度场分析的 FEM

$$h = \sqrt{[C_t(\Delta T)^{1/3}]^2 + (aV_0^b)^2} \tag{4-42}$$

式中，C_t 为湍流对流换热常数；ΔT 为构件外表面和周围空气的温差；a、b 为常数；V_0 是标准情况下的风速。

　　对于顺风面的 C_t、a、b 的取值，建议取 0.84、2.86、0.617。钢板表面的温度与周围空气的温差对对流换热系数有很大的影响。然而，钢板的温度在计算之前都是未知的，为了解决这个问题，用太阳辐射吸收系数来表示钢板的温度，因为钢板的温度和太阳辐射吸收系数有一定的比例关系。所以，式(4-42)被修正如下：

$$
\begin{aligned}
&h = 0.6\sqrt{[C_t(\Delta T)^{1/3}]^2 + (aV_0^b)^2}, \quad \xi \leqslant 0.3 \\
&h = \sqrt{[C_t(\Delta T)^{1/3}]^2 + (aV_0^b)^2}, \quad 0.3 < \xi \leqslant 0.5 \\
&h = 1.1\sqrt{[C_t(\Delta T)^{1/3}]^2 + (aV_0^b)^2}, \quad 0.5 < \xi \leqslant 0.6 \\
&h = 1.2\sqrt{[C_t(\Delta T)^{1/3}]^2 + (aV_0^b)^2}, \quad 0.6 < \xi \leqslant 0.7 \\
&h = 1.25\sqrt{[C_t(\Delta T)^{1/3}]^2 + (aV_0^b)^2}, \quad 0.7 < \xi \leqslant 0.8 \\
&h = 1.3\sqrt{[C_t(\Delta T)^{1/3}]^2 + (aV_0^b)^2}, \quad 0.8 < \xi \leqslant 0.9
\end{aligned}
\tag{4-43}
$$

用以上的数值方法分析了所有带有涂料的钢板在 2013 年 7 月 2 日的温度。通过瞬态热分析方法获得的 2013 年 7 月 2 日白天各试件表面的最高温度如图 4-59～图 4-61 所示,同时也绘制了特征构件在一天之中各个时刻的温度曲线,如图 4-62 和图 4-63 所示。通过以上的图表可知,有限元分析的温度值和试验的测量结果大致相同,最大误差为 8.4%,因此本书的有限元分析方法是精确可信的,可以用于未来进一步的研究分析。

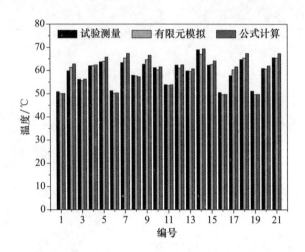

图 4-59　1～21 号试件的温度试验测量值、有限元模拟值、简化公式计算值对比

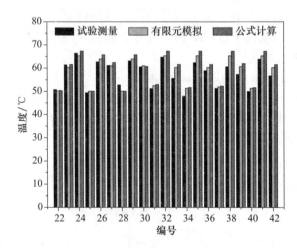

图 4-60　22～42 号试件的温度试验测量值、有限元模拟值、简化公式计算值对比

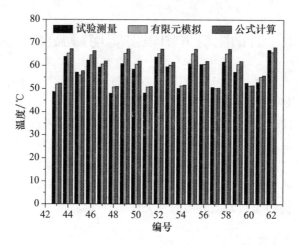

图 4-61　43～62 号试件的温度试验测量值、有限元模拟值、简化公式计算值对比

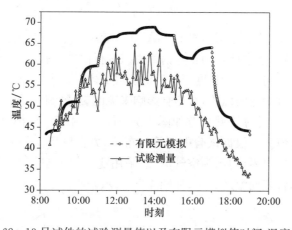

图 4-62　13 号试件的试验测量值以及有限元模拟值时间-温度曲线

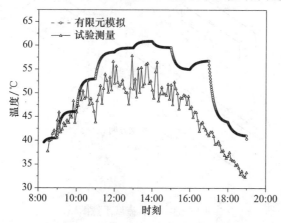

图 4-63　14 号试件的试验测量值以及有限元模拟值时间-温度曲线

4.5　基于 CFD 的钢结构太阳辐射非均匀温度场数值模拟方法

与传统的计算方法相比,基于 CFD 的钢结构太阳辐射非均匀温度场模拟方法有以下优点:①多数商业 CFD 软件含有多种辐射模型,可以精确考虑太阳短波辐射及建筑物间长波辐射影响;②具有适用于不同条件的湍流模型,可以精确考虑建筑结构周围空气流场对温度场的影响;③多数商业 CFD 软件可以自动计算结构日照阴影、太阳辐射强度及对流换热系数等。本节结合第 3 章中封闭方钢管太阳辐射非均匀温度场的数值模拟,介绍利用 FLUENT 软件分析辐射-热-流耦合场作用下大跨度建筑结构的非均匀温度场的相关方法。

4.5.1　CFD 数值分析模型

1. 网格划分

使用 FLUENT 专用前处理软件 GAMBIT,建立封闭方钢管和周围空气流场的网格模型,对第 3 章中 T1~T4 方钢管模型进行模拟。整个计算流域的长度、宽度和高度分别为封闭方钢管长度、宽度和高度的 21 倍、11 倍和 6 倍。方钢管不应放置于与速度入口太近的位置,否则会影响来流的黏滞特性,一般放置于距入口 5 倍钢管长度位置处,计算流域示意如图 4-64 所示。由于结构模型较为简单,采用结构化网格划分模型。根据试验中钢管的布置,方钢管模型的底面距地面 25cm。钢管表面采用壁面边界,内部为空气流域,采用比外部大空间更密的网格划分,以求得较精确的钢管表面温度分布,如图 4-65 所示。

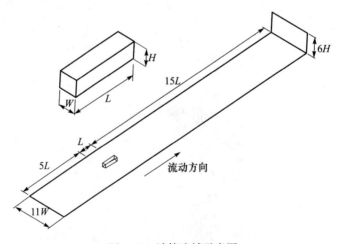

图 4-64　计算流域示意图

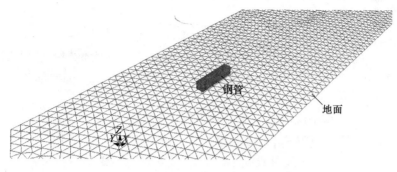

图 4-65　方钢管网格

对于完全封闭、腹板开洞和外包普通钢箱的试验模型,可根据实际建立网格模型;对于外部的多孔钢箱,由于钢箱上的孔较多且密集,如果将钢箱上所有的孔都体现在模型中,则会给建模带来很大的困难,所以需要对外部钢箱的建模进行简化和等效处理。本节将外部多孔钢箱等效为一个半透明钢箱,根据开孔率确定多孔钢箱的等效透光率为 50%。各个模型的网格划分如图 4-66 所示。

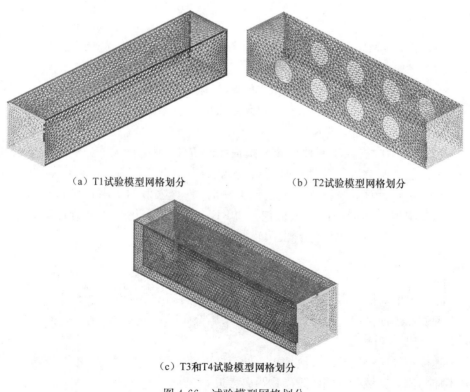

（a）T1试验模型网格划分　　　　　（b）T2试验模型网格划分

（c）T3和T4试验模型网格划分

图 4-66　试验模型网格划分

2. 一般设置

Pressure-Based 一般用于低速不可压缩流体，Density-Based 一般用于高速可压缩流体。建筑物周围空气为自然流动，按不可压缩流体考虑，因此选择 Pressure-Based 求解器。

当大部分区域内的流体没有旋转，应采用 Absolute 速度公式；当大部分区域内的流体有旋转，应采用 Relative 速度公式。进行太阳辐射作用下大跨度建筑结构温度场模拟时，计算流域没有旋转设备，因此选择 Absolute 速度公式。

太阳辐射作用下大跨度建筑结构温度场是随着时间不断变化的，是一个瞬态的过程，应采用瞬态分析。瞬态分析前，首先需要得到稳态下的结果，作为瞬态分析的初始条件，因此先选择 Steady，待稳态分析收敛后，更改为 Transient 进行瞬态分析。

考虑空气重力，重力加速度方向与 Z 正向相反，取 $-9.8\mathrm{m/s^2}$。开启 Energy Equation（能量方程）。空气流动对建筑结构表面与空气对流换热有重要影响，因此本研究选用 RNG k-ε 湍流模型，参数采用软件默认值。

3. 辐射模型

FLUENT 提供了多种辐射模型。本研究中大气边界层的光学厚度较大，需要考虑散射辐射，且考虑计算耗时的因素，因此采用 P-1 模型进行计算。

FLUENT 提供了两种太阳加载模型：太阳射线跟踪（Solar Ray Tracing）和 DO 辐照（DO Irradiation）。本研究中采用太阳射线跟踪算法，该方法可以自动考虑阴影面积以及界面间的互相遮蔽作用。

FLUENT 中提供了两种计算太阳辐照的方法：理论最大值方法和晴空天气条件法。选择晴空天气条件法时，垂直入射的太阳直射辐射强度使用 ASHRAE 晴空模型进行计算。选择理论最大值方法时，垂直入射的太阳直射辐射强度和散射太阳辐射强度的理论最大值使用 NREL 理论最大化方法进行计算。本研究中选用晴空天气条件法进行太阳辐照计算。

4. 边界条件设置

本节数值模拟中，入口采用速度入口边界条件，出口采用压力出口边界条件，左右两侧和顶面采用对称边界条件，地面采用壁面边界条件，如图 4-67 所示。

1）速度入口边界

速度边界条件用于定义流场入口处流体的速度和温度，适用于不可压缩流体，且不应与流体区域中的固体障碍物距离太近。

速度入口边界的速度可根据实际情况，设置均匀风速或沿高度呈指数变化风

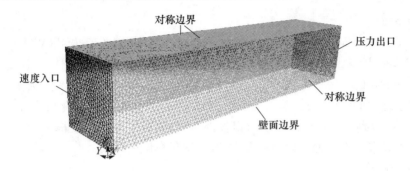

图 4-67　边界条件设置

速。当研究的流体高度较小时,风速沿高度变化不大,可简化为均匀风速,只需在对应的速度方向上输入风速值即可。当研究的流体高度较大,速度沿高度方向不均匀时,可采用 UDF 在速度入口加载指数变化的风速。本节太阳辐射作用下封闭钢管温度场和膜下钢板温度场分析模型中,流场高度较小,可假定为均匀风速,风速值根据气象实测数据输入。速度入口流体的温度也可根据气象实测数据输入。2013 年 7 月 25 日的空气温度和风速如图 4-68 和图 4-69 所示。

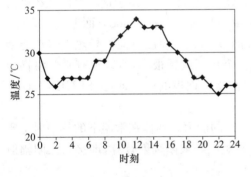

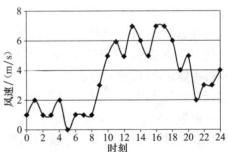

图 4-68　7 月 25 日空气温度变化曲线　　　图 4-69　7 月 25 日风速变化曲线

在湍流参数中选择"湍流强度与黏性比"(Intensity and Viscosity Ratio),输入相应数值,FLUENT 自动计算 k 和 ε。湍流强度 I 是指湍流脉动速度与平均速度的比值。一般认为,当湍流强度小于 1% 时为低湍流强度,高于 10% 为高湍流强度。由于湍流强度与很多因素有关,如需准确赋值,则要有入口上游的大气数据。本研究中赋值为 20%。湍流黏性比通常在 1~10 范围内,本研究中设为 5。

此外,将 Thermal 选项中的"Temperature"设为环境空气温度,可根据气象数据确定相应数值,在 Radiation 选项中选择参与太阳辐射。

2) 压力出口边界

采用压力出口边界条件,湍流参数的选取与速度入口相同。

3) 地面边界

为了考虑地面辐射对钢管温度的影响,将地面设为壁面边界(Wall)。由于FLUENT 在计算太阳辐射强度时,会自动计算由地面反射的太阳辐射强度,此处设置地面的目的是考虑地面与钢管之间的长波辐射,因此地面不参与太阳辐射计算。对于地面的温度,可认为其在某一时刻的分布是均匀的,因此设为 Temperature(温度)边界。由于地面温度与很多因素有关,所以地面温度根据夏季的实测地面温度设置。将地面假设为混凝土地面,发射率设为 0.8。

4) 对称边界

空气边界采用对称边界(Symmetry)条件。在对称边界上,流体所有的变量垂直于对称面的梯度均为 0,因此穿过对称边界上的所有物理量的通量为 0。

5) 钢板壁面设置

由于钢板两侧均为空气区域,可认为钢板壁面是"Two-sided Wall",在 FLUENT 中会自动生成与这个壁面相对应的 Shadow 面,这两个面可以进行耦合,也可以分别定义不同的热边界,但是不能使用 Convection(传热)和 Radiation(辐射)热边界。当选择 Coupled 选项后,不需要再输入其他热边界条件,FLUENT 求解器将根据与壁面相邻单元的计算结果自动求解壁面的热传递。由于这两个面已经进行了耦合,对其中一个面所赋的参数将自动赋到与其对应的 Shadow 面上。

考虑钢板体内的导热性(Shell Conduction),钢板厚度方向的导热性将在能量方程中自动考虑。由于钢板的厚度相比整个计算区域很小,所以没有必要将钢板进行实体建模(即建立有厚度的钢板),仅需指定钢板的厚度即可,FLUENT 计算过程中会自动在壁面处增加一层单元。

钢板的内部发射率即钢板向外辐射能量的能力。物体在常温下的热辐射主要是长波辐射,钢板辐射发射率设为 0.8。钢板参与太阳辐射计算,即接收太阳辐射强度,太阳辐射吸收系数设为 0.6。

4.5.2　太阳辐射作用下封闭方钢管温度场数值模拟

本节采用 4.5.1 节中的数值模型和 2013 年 7 月 25 日气象数据,分析太阳辐射作用下四个封闭方钢管试件在 8:00～18:00 时的温度场。图 4-70 给出了试件 T1 各时刻温度场分布云图;图 4-71 给出了试件 T2 和 T3 在 12:00 时的温度场分布云图。

由图 4-70 可知,随着太阳位置的变化,方钢管表面最高温度位置和分布随之变化,上午 8:00 时东侧面温度最高,中午顶面温度最高,下午 18:00 时西侧面温度最高。由图 4-71 可知,放置在多孔钢箱和普通钢箱中的方钢管,其温度场较为均匀,且最高温度比直接放置在太阳辐射之下的 T1 和 T2 模型温度低很多。

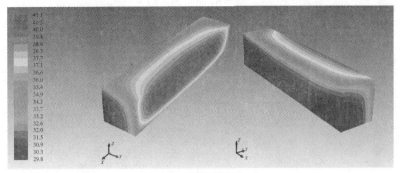

（a）8:00时温度场

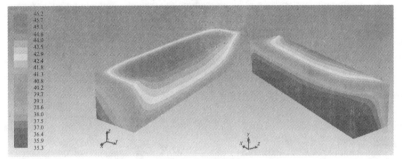

（b）10:00时温度场

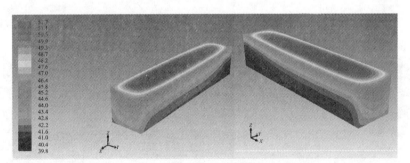

（c）12:00时温度场

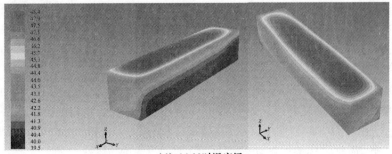

（d）14:00时温度场

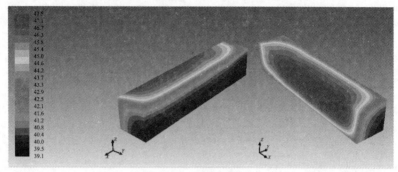

（e）16:00时温度场

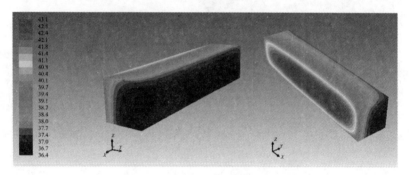

（f）18:00时温度场

图 4-70　太阳辐射作用下试件 T1 各时刻温度场分布（单位：℃）

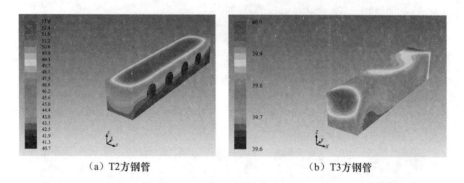

（a）T2方钢管　　　　　　　　　（b）T3方钢管

图 4-71　太阳辐射作用下试件 T2 和 T3 在 12:00 时的温度场分布（单位：℃）

　　图 4-72 和图 4-73 给出了试件 T2 和 T3 各时刻表面最高温度的模拟值、实测值以及空气温度值变化曲线。由图可知，FLUENT 计算结果与温度实测值吻合较好，但比温度实测值稍微偏大，原因可能是 FLUENT 计算中均采用了晴空模型，即无云条件，而真实环境中可能有云遮盖了部分太阳辐射。

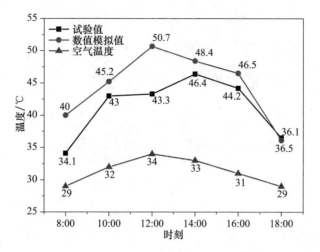

图 4-72　试件 T2 的数值模拟值与实测值对比

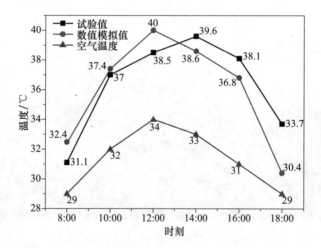

图 4-73　试件 T3 的数值模拟值与实测值对比

第5章　太阳辐射作用下大跨度建筑结构温度效应

5.1　山东茌平体育馆太阳辐射温度效应

5.1.1　工程概况

山东茌平体育馆位于山东茌平县,该体育馆的屋盖由两部分组成,即暴露于室外的空间钢拱及其室内的弦支穹顶结构,两者通过撑杆相连,形成整体,这种结构体系称为弦支穹顶叠合拱结构,其屋面结构包括轻型屋面和玻璃屋面两种,拱撑杆下方为玻璃屋面,其余为轻型屋面。体育馆建成后实际效果如图 5-1 所示,建筑效果如图 5-2 所示,建成后内部实际效果如图 5-3 所示。

图 5-1　山东茌平体育馆建成后的实际效果

图 5-2　山东茌平体育馆建筑效果图　　　图 5-3　山东茌平体育馆内部实际效果

　　室内弦支穹顶结构的顶部标高 40.85m,底部标高约 14.0m,投影平面直径约 108m,矢高 26.85m。室外空间曲线拱最高点标高 45.5m,最高点两拱间距 14.0m,拱脚处两拱间距约 46.66m,单根拱的两拱脚间距约 189.3m,平面布置图 如图 5-4 所示。

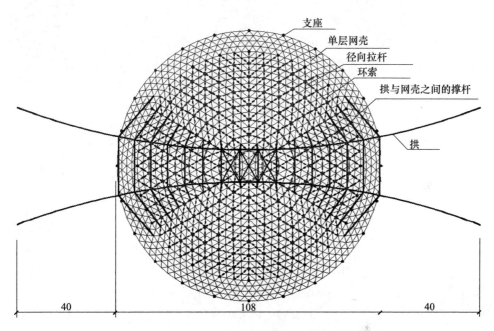

图 5-4　弦支穹顶叠合拱结构平面布置图(单位:m)

　　室外空间曲拱的钢构件包括 $\phi1000mm\times16mm$(钢拱中间部分)和 $\phi1500mm\times24mm$(钢拱两边部分)两种圆钢管;拱间及拱与弦支穹顶间撑杆规格包括 $\phi325mm\times8mm$、$\phi377mm\times10mm$、$\phi426mm\times10mm$ 三种圆钢管,该部分的结构示意图如 图 5-5(a)所示。弦支穹顶结构上部单层网壳采用了凯维特-联方型混合网格,内 16 环为凯维特网格,外 4 环为联方型网格,节点采用焊接球节点,构件规格包括 $\phi203mm\times6mm$、$\phi219mm\times7mm$、$\phi245mm\times7mm$、$\phi273mm\times8mm$、$\phi299mm\times8mm$ 五种圆钢管,如图 5-5(b)所示。

　　弦支穹顶结构布置了 7 圈张拉整体索撑体系,撑杆的高度从外到内分别为 6.0m、5.5m、5.0m、4.5m、4.5m、4.5m、4.5m,撑杆的规格 $\phi219mm\times7mm$,环向索 采用半平行钢丝束,其中外 3 圈的截面面积为 $4657mm^2$,内 4 圈的截面面积为 $2117mm^2$,径向拉杆采用 $\phi80mm$ 的钢拉杆。

　　整个弦支穹顶结构部分的三维结构示意图、剖面图以及张拉整体部分的平面 布置图如图 5-6、图 5-7 和图 5-8 所示,其中图 5-8(a)是结构设计时的布置方案,

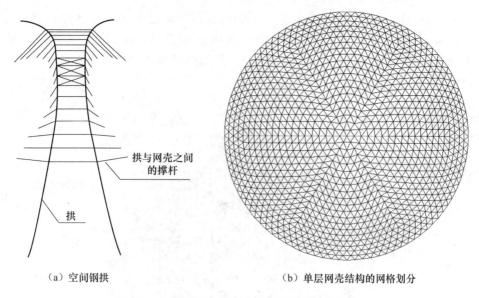

（a）空间钢拱　　　　　　　　　（b）单层网壳结构的网格划分

图 5-5　空间钢拱与单层网壳结构的网格划分示意

图 5-8(b)是施工前最终修改后的布置方案。1.0 倍恒荷载与 50% 活荷载组合作用下，7 道环向预应力索的平均索力从内到外依次为 127kN、420kN、390kN、530kN、810kN、1242kN、2060kN。支座径向约束释放，竖向完全约束，环向采用橡胶支座约束，约束刚度为 2800kN/m。钢拱拱脚与基础间为刚性连接。

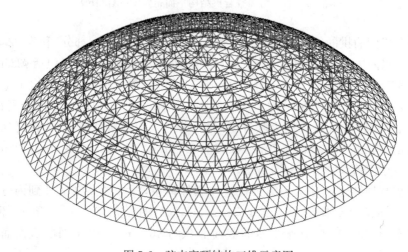

图 5-6　弦支穹顶结构三维示意图

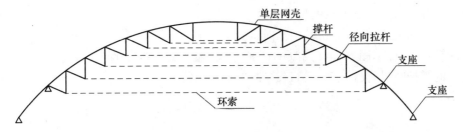

图 5-7　弦支穹顶结构剖面图

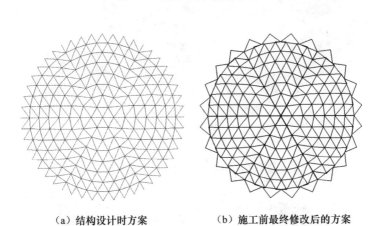

（a）结构设计时方案　　　　　　（b）施工前最终修改后的方案

图 5-8　弦支穹顶结构下部张拉整体部分的布置图

弦支穹顶结构撑杆上节点采用了万向半球球铰节点,如图 5-9 所示。图 5-9(a)
为撑杆上节点示意图,为满足上节点的转动要求,设计了图 5-9(b)所示的构造形
式,端头可以有较小角度转动。

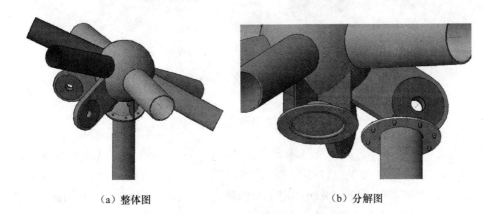

（a）整体图　　　　　　　　　（b）分解图

图 5-9　撑杆上节点构造示意图

撑杆下节点根据节点的位置和具体的功能，设计了两类节点，即环向索分段处节点和环向索连续处节点，其中环向索分段处的节点根据连接在节点上的径向拉杆的数目，设计了图 5-10（a）和（b）两种形式；环向索连续处的节点根据连接在节点上的撑杆数目，设计了图 5-11（a）和（b）两种形式。

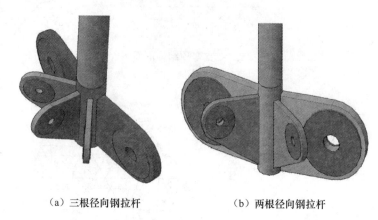

（a）三根径向钢拉杆　　　　　　　　（b）两根径向钢拉杆

图 5-10　环向索分段处撑杆下节点

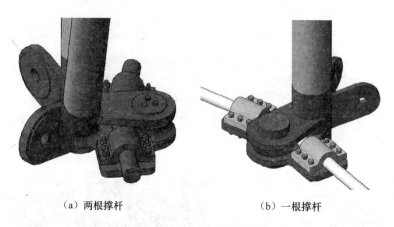

（a）两根撑杆　　　　　　　　　　　（b）一根撑杆

图 5-11　环向索连续处撑杆下节点

5.1.2　弦支穹顶叠合拱太阳辐射非均匀温度场数值模拟

对于山东茌平体育馆弦支穹顶叠合拱结构而言，其钢拱及与之相连的撑杆位于室外，直接暴露在太阳辐射之下；另外，弦支穹顶结构的部分杆件位于玻璃屋面之下，多数太阳辐射可穿过玻璃作用于钢构件之上，因此太阳辐射将会对山东茌平体育馆的温度作用及其温度效应产生显著影响。

本节将采用第 4 章基于 FEM 的钢结构太阳辐射非均匀温度场分析方法，分析夏至日(理论上太阳辐射强度最高的日期)山东茌平体育馆室外钢拱的太阳辐射非均匀温度分布规律。

根据山东历史气象资料,最高气温取 40.9℃,最低气温取 24℃;考虑到轻钢屋面及馆前地面的光滑性,取地面反射系数 ρ_g 为 0.35;按照建筑设计,空间钢拱下部的环境可分为两个部分,一是地面,地面大部分为绿化,因此太阳辐射作用下,地面的平均温度应略低于气温,在本节中可偏于安全取气温,二是屋面,屋面部分为轻型钢屋面,这部分的平均温度高于气温,在本节中可偏于安全取最低温度 24℃(日出之前),取最高气温 50℃(中午左右),具体各参数数值如表 5-1 所示。

表 5-1　太阳辐射强度相关参数

项目	系数 A	系数 B	系数 C	太阳辐射吸收系数
数值	1323.93W/m²	0.420	0.187	0.6
项目	地面辐射反射系数	热交换系数	太阳赤纬角	地理纬度
数值	0.35	20.36	23.34℃	36.45℃
项目	最高气温	最低气温	最高屋面温度	最低屋面温度
数值	40.9℃	24℃	50℃	24℃

为了更好地描述空间钢拱在太阳辐射作用下各构件的温度分布情况,将山东茌平体育馆室外钢拱构件进行编号,如图 5-12 所示。

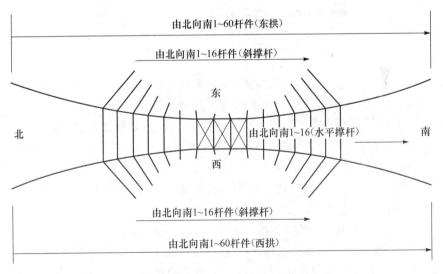

图 5-12　空间曲线拱及其撑杆编号示意图

图 5-13 给出了钢拱有限元模型中典型节点(温度最高点,位于南面西跨主拱变截面处)的温度-时间曲线,节点的温度-时间历程曲线近似于正弦曲线,且温度最高值出现在 14:00 左右,这是由于构件热量累计相对于太阳辐射强度变化具有

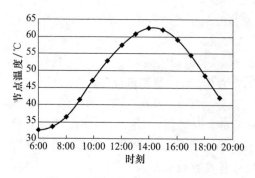

图 5-13 典型节点温度-时间曲线

一定的滞后性。

太阳辐射作用下钢拱结构的最高温度发生在 14:00 左右,图 5-14 给出了此时钢拱结构的温度场分布云图。从图中可以看出,此时钢拱温度的变化范围为 40.6~62.5℃,是一个非均匀温度场,大概的分布规律为钢拱南部构件温度高于北部构件,西部构件高于东部构件,这是因为下午钢拱构件表面太阳辐射入射角南部构件高于北部、西部构件高于东部。

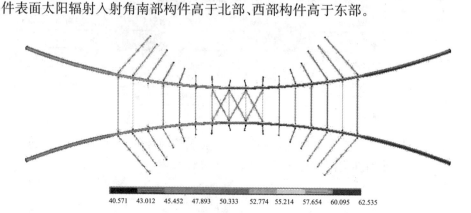

| 40.571 | 43.012 | 45.452 | 47.893 | 50.333 | 52.774 | 55.214 | 57.654 | 60.095 | 62.535 |

图 5-14 钢拱及其撑杆温度场分布云图(单位:℃)

图 5-15~图 5-19 给出了钢拱各构件的最高温度、最低温度、平均温度随空间位置的变化曲线,从中可以得到如下结论。

(1) 由图 5-15 可知,西拱各个构件之间的平均温度和最小温度相差不大,最大相差 1.5℃左右,而各个构件之间的最大温度相差很大,最高达 5℃左右;平均温度曲线、最大温度曲线与最小温度曲线均有两个突变点,且温度突变处的构件均为同一杆件,这是因为温度突变处的杆件为变截面杆件,其太阳入射角及其构件与地面和天空的角系数会产生突变,进而引起杆件温度的突变。

(2) 由图 5-16 可知,东拱各构件平均温度、最大温度和最小温度的变化规律与西拱相似,唯一的区别就在于东拱的温度要略低于西拱,这是由于 14:00 左右,东拱的平均太阳入射角要低于西拱,进而引起东拱的平均太阳辐射得热率要低于西拱,所以东拱的温度要低于西拱。

(3) 由图 5-17~图 5-19 可知,西拱斜撑杆、东拱斜撑杆和水平撑杆的平均温度、最大温度和最小温度由北向南的变化趋势大体相同,均为先减小,然后趋于平缓,再增加;结合各个构件的空间方位分析可知,这是由各个构件的平均太阳辐射入射角的不同引起的,各个西拱斜撑杆和东拱斜撑杆太阳辐射平均入射角由北向南的变化趋势与平均温度、最大温度和最小温度的变化趋势相同。

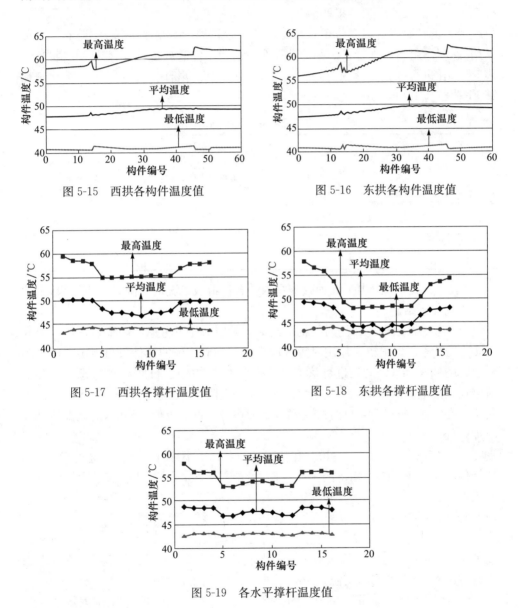

图 5-15　西拱各构件温度值　　　　　　　　图 5-16　东拱各构件温度值

图 5-17　西拱各撑杆温度值　　　　　　　　图 5-18　东拱各撑杆温度值

图 5-19　各水平撑杆温度值

5.1.3　弦支穹顶叠合拱结构的温度效应分析

根据山东茌平历史气象资料,极端最高温度为 40.09℃,极端最低气温为 −22.7℃,因此合拢温度可取二者的平均值 8.7℃;冬季最不利温度通常发生在夜晚,取均匀温度-22.7℃;夏季最不利温度发生在14:00左右,此时忽略太阳辐射对玻璃屋面下部分杆件的影响,室内弦支穹顶统一取40.09℃;室外钢拱及其撑杆按5.1.2节的数值模拟结果取值。

为了更好地理解温度作用对弦支穹顶叠合拱温度效应的影响,按照有无温度作用、温度作用类型进行了5种荷载组合下的力学性能分析,具体荷载组合描述见表5-2。在进行各弦支穹顶叠合拱模型的温度效应分析时,考虑结构自重和恒荷载,恒荷载为1.5kN/m²。

表 5-2　弦支穹顶叠合拱分析工况描述

工况编号	工况 1	工况 2	工况 3
工况描述	无温度作用	考虑无辐射作用下夏季温度作用	考虑有辐射作用下夏季温度作用
温差取值/℃	0	32	32~54
工况编号	工况 4	工况 5	
工况描述	考虑冬季温度作用	考虑太阳辐射下温度作用最高值	
温差取值/℃	32	54	

表5-3~表5-5给出了5种弦支穹顶叠合拱荷载工况的有限元分析结果,由此可以得到如下结论。

(1)考虑太阳辐射作用时结构的最大等效应力比不考虑太阳辐射作用时提高了18.3%;考虑太阳辐射作用时等效应力超过100MPa的杆件数目为不考虑太阳辐射时的2.93倍,因此在进行弦支穹顶叠合拱结构的设计时,必须考虑太阳辐射对结构温度应力的影响,否则会使结构存在安全隐患;工况3中内力较大的杆件主要集中在单层网壳与钢拱撑杆连接处,因此在进行设计类似结构时,对此部位杆件应加强处理。

(2)由工况2和工况4可知,在负温差荷载作用下杆件等效应力超过100MPa的杆件数目为正温差作用下的12.43倍,负温差荷载作用下杆件的最大等效应力与正温差相比较提高了19.38%,最大节点位移提高了77.36%,因此从总体上来说,结构的负温差效应(冬季)要比正温差效应(夏季)更为不利。

(3)由工况1和工况4的有限元分析结果可知,后者最大节点位移较前者提高了108.89%,后者最大等效应力较前者提高了56.82%,因此若钢结构在夏季施工且考虑太阳辐射影响,负温差荷载可能成为结构的控制荷载。

(4)由表5-5所示的5种工况下索力数据可知,有无考虑太阳辐射影响对各圈索力的影响很小,最大偏差仅58kN;另外,正温差作用下,各圈环索索力减小,减小幅度可达66.38%,负温差作用下,各圈环索索力增加,增加幅度可达54.12%。

表 5-3　各工况等效应力分布

工况编号	模型中各个应力区间杆件数目			
	0~50MPa	50~100MPa	100~150MPa	150~200MPa
工况 1	3267	957	0	0
工况 2	3246	964	14	0
工况 3	3135	1048	41	0
工况 4	2474	1576	166	8
工况 5	3054	1056	111	3

注:表中数字为弦支穹顶叠合拱中在对应应力范围内的杆件数目,且未统计环向索单元。

表 5-4　各工况最大节点位移与等效应力

参数	工况 1	工况 2	工况 3	工况 4	工况 5
最大节点位移/mm	0.045	0.053	0.068	0.094	0.084
最大等效应力/MPa	98.2	109	129	154	151

表 5-5　各工况环索索力对比

环索编号	工况 1/kN	工况 2/kN	工况 3/kN	工况 4/kN	工况 5/kN
NUM1	62.5	62.2	68.3	88.5	80.3
NUM2	141.9	66.7	47.7	218.7	53.2
NUM3	248.5	142.5	130.9	354.0	121.3
NUM4	537.2	407.7	392.8	666.0	381.5
NUM5	843.0	666.1	644.6	1017.2	629.3
NUM6	1363.6	1148.8	1117.9	1575.0	1094.8
NUM7	2357.5	2034.0	1976.3	2676.4	1917.9

5.1.4　支座刚度对弦支穹顶叠合拱结构温度效应的影响

采用 5.1.3 节中工况 4 的荷载组合,通过对表 5-6 所示的 12 种结构模型进行有限元分析,研究支座约束刚度对结构温度效应的影响。表 5-6 给出了支座约束刚度参数分析的结果,由此可得出如下结论。

(1) 由模型 1~6 的分析结果可知,弦支穹顶结构环向支座刚度对弦支穹顶叠合拱结构的节点位移、杆件最大等效应力和支座径向反力影响不大,但对支座的环向支座反力影响显著;当环向支座刚度由 1400kN/m 增至 14000kN/m 时,环向支座反力增加了 2.97 倍。

(2) 由模型 7~12 的分析结果可知,弦支穹顶结构径向支座刚度对弦支穹顶叠合拱结构的节点位移、杆件最大等效应力和支座环向反力影响不大,但对支座的径向支座反力影响显著;当径向支座刚度由 1400kN/m 增至 14000kN/m 时,径向支座反力增加了 5.77 倍。

表 5-6 　支座约束刚度参数分析结果

模型编号	支座径向刚度 /(kN/m)	支座环向刚度 /(kN/m)	节点最大位移 /mm	杆件最大等效应力/MPa	支座最大径向反力/kN	支座最大环向反力/kN
模型 1	0	1400	93.50	155.72	0.00	136.39
模型 2	0	2800	93.10	155.83	0.00	197.46
模型 3	0	5600	92.77	155.87	0.00	282.47
模型 4	0	8400	92.62	155.88	0.00	336.84
模型 5	0	11200	92.52	155.88	0.00	375.55
模型 6	0	14000	92.45	155.88	0.00	404.80
模型 7	1400	2800	92.22	152.71	33.27	190.24
模型 8	2800	2800	91.48	150.09	60.66	184.16
模型 9	5600	2800	90.29	145.95	102.89	174.44
模型 10	8400	2800	89.31	146.02	137.04	167.00
模型 11	11200	2800	88.58	147.05	166.66	161.06
模型 12	14000	2800	87.99	147.81	191.98	156.20

综上所述,适当的调整弦支穹顶叠合拱周边支座的约束刚度,可有效地减小结构支座的反力,从而为下部支承结构的设计提供方便。

5.1.5　合拢温度对弦支穹顶叠合拱结构温度效应的影响

假定弦支穹顶部分合拢温度取值不变的情况下,采用 5.1.3 节中工况 3 和工况 4 的荷载组合,通过改变钢拱的合拢温度,研究钢拱合拢温度取值对结构整体温度变形和温度应力的影响。钢拱合拢温度取值与有限元分析结果如图 5-20 和图 5-21 所示。

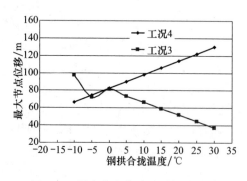

图 5-20 　最大节点位移-合拢温度曲线

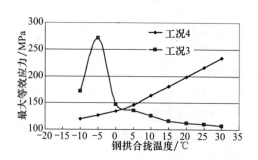

图 5-21 　最大等效应力-合拢温度曲线

由图 5-20 和图 5-21 可知,随着钢拱合拢温度的增加,夏季正温差作用下结构的最大节点位移和最大等效应力总体上呈下降趋势;而冬季负温差作用下结构的最大节点位移和最大等效应力总体上呈上升趋势;若要使得结构在正温差和负温差作用下最大节点位移最小,钢拱合拢温度可取图 5-20 中两线的交点,即 −5℃ 或者 0℃左右;若要使得结构在正温差和负温差作用下最大杆件等效应力最小,钢拱合拢温度可取图 5-21 中两线的交点,即 2℃左右。

5.1.6　钢拱刚度对弦支穹顶叠合拱结构温度效应的影响

温度作用之所以成为弦支穹顶叠合拱结构的控制荷载,其主要原因是钢拱结构产生较大的温度变形和温度应力,温度变形与温度应力又通过撑杆传递给下部的弦支穹顶结构,使得下部弦支穹顶结构中与撑杆相连的杆件产生较大的温度变形和温度应力。为了更好地理解上部钢拱结构刚度对结构整体温度变形和温度应力的影响,本节利用 5.1.3 节工况 4,通过改变上部钢拱结构材料的弹性模量,改变其刚度,研究钢拱刚度对弦支穹顶叠合拱结构的温度效应的影响。表 5-7 给出了钢拱参数分析中材料弹性模量缩放系数与对应的温度效应分析结果。

表 5-7　钢拱刚度参数分析结果

钢拱材料弹性模量缩放系数	最大节点位移/mm	最大等效应力/MPa
0.8	105.13	142.62
0.9	99.45	148.33
1.0	94.79	155.15
1.1	90.88	161.46
1.2	87.53	167.32
1.3	84.62	172.77

由表 5-7 可知,随着钢拱刚度的升高,结构的最大节点位移呈下降的趋势,而杆件最大等效应力呈上升趋势,当钢拱材料的弹性模量缩放系数由 0.8 升高到 1.3 时,结构最大节点位移下降了 19.51%,杆件的最大等效内力增加了 21.14%。虽然结构的节点位移有所降低,但是杆件内力增加很大,因此在进行弦支穹顶叠合拱结构设计时,合理选择室外钢拱结构的刚度,能减小结构整体变形和杆件应力水平,从而达到结构合理、节约材料和降低成本的目的。

5.1.7　钢拱与弦支穹顶结构不同合拢温度下的温度效应

对于弦支穹顶叠合拱结构而言,其施工过程由于各种原因,可能会持续很长时间,并且钢拱和弦支穹顶结构的合拢一般不会同时进行,所以其两个主要的结构组成部分——弦支穹顶结构和上部的钢拱结构的合拢温度可能会存在差异,而这种差异可能会导致弦支穹顶叠合拱结构温度变形和温度应力的增加。为了定量揭示弦支穹顶结构和钢拱结构不同合拢温度下的结构响应,本节以山东茌平体育馆弦支穹顶叠合拱结构为例进行分析。

在本分析中,考虑太阳辐射的影响以及弦支穹顶结构和钢拱结构的合拢可能安排在一年中的任何一天。山东茌平历年冬季的最低气温为-22.7℃,考虑太阳辐射影响后夏季的最高气温可达 60℃,因此在本节的分析参数中,假定弦支穹顶结构和钢拱结构的合拢温度可能是-22.7~60℃中的任何一个温度。对于弦支穹顶结构而言,由于屋盖对太阳辐射作用的遮挡作用,其温度低于结构杆件完全暴露于太阳辐射作用之下的温度,但是由于太阳辐射作用下屋面板的温度要高于气温,并且结构构件距离屋面板很近,会受到屋面板温度的影响,因此结构构件的温度要高于气温。综合考虑以上因素,在本节的分析中,假定弦支穹顶结构在使用阶段的最高气温为50℃,最低气温为-22.7℃。对于完全暴露于太阳辐射之下的空间钢拱而言,在本节的分析中,假定其最高气温为60℃,最低气温为-22.7℃。为了考虑任何一种合拢温度,本节以 2℃ 为间隔,即弦支穹顶结构和钢拱结构可能分别存在 41 种可能的合拢温度,因此考虑到弦支穹顶结构和钢拱结构的可能组合,并且考虑正温差和负温差两种情况,分析 41×41×2=3362 种工况下弦支穹顶叠合拱结构的温度响应。在本节分析中,仅考虑恒荷载、活荷载以及温度作用。

采用有限元 ANSYS 程序,完成了上述 3362 种工况下结构温度响应分析,得到每个工况下结构的最大节点位移和最大杆件等效应力,这两种分析数据的统计结果如表 5-8 和表 5-9 以及图 5-22~图 5-25 所示。考虑正温度作用时,弦支穹顶结构节点位移变化范围为 28.2~133.62mm,结构的最大等效应力变化范围为 78.91~223.58MPa;考虑负温度作用时,弦支穹顶结构节点位移变化范围为 28.2~132.80mm,结构的最大等效应力变化范围为 78.91~226.16MPa。由此可以看出,合拢温度对弦支穹顶叠合拱结构的力学性能有较大的影响,在设计施工时应重点考虑和重点控制,以减小结构的安全隐患。

表 5-8　钢拱与弦支穹顶结构不同合拢温度下的节点位移数据

温度变化	最大节点位移/mm	最大节点位移对应的合拢温度		最小节点位移/mm	最小节点位移对应的合拢温度	
		钢拱合拢温度/℃	弦支穹顶合拢温度/℃		钢拱合拢温度/℃	弦支穹顶合拢温度/℃
升温	133.62	-20	60	28.20	44	10
降温	132.80	60	-20	28.20	-4	-20

表 5-9　钢拱与弦支穹顶结构不同合拢温度下的结构等效应力数据

温度变化	最大等效应力/MPa	最大等效应力对应的合拢温度		最小等效应力/MPa	最小等效应力对应的合拢温度	
		钢拱合拢温度/℃	弦支穹顶合拢温度/℃		钢拱合拢温度/℃	弦支穹顶合拢温度/℃
升温	223.58	-20	-20	78.91	46	-12
降温	226.16	60	60	78.91	-6	42

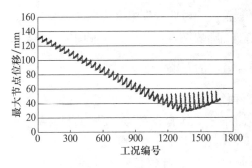

图 5-22　正温度作用下各工况最大节点位移

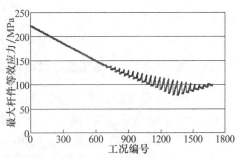

图 5-23　正温度作用下各工况最大
结构等效应力

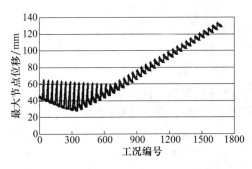

图 5-24　负温度作用下各工况最大节点位移

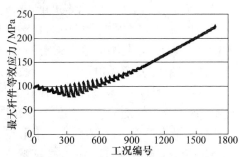

图 5-25　负温度作用下各工况最大
结构等效应力

在 1681 种合拢组合下,同时考虑正温差和负温差两种温度作用下弦支穹顶叠合拱结构的节点位移和结构杆件等效应力如图 5-26 和图 5-27 所示。其中,最小节点位移为 65.98mm,所对应的钢拱合拢温度和弦支穹顶合拢温度分别为 20℃和 14℃;最小结构等效应力为 124.78MPa,所对应的钢拱合拢温度和弦支穹顶合拢

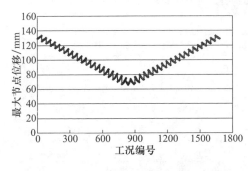

图 5-26　温度作用下弦支穹顶叠合拱
结构最大节点位移

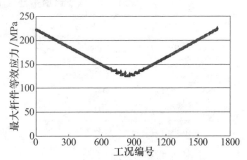

图 5-27　温度作用下弦支穹顶叠合拱
结构最大等效应力

温度分别为 20℃和−14℃。由此可以得出，钢拱的最佳合拢温度为 20℃；弦支穹顶结构的合拢温度，当需要位移控制时取 14℃，当需要结构等效应力控制时取−14℃。

5.1.8　索滑移对弦支穹顶叠合拱结构温度效应的影响

对于弦支穹顶叠合拱结构中的弦支穹顶结构，为保证结构使用阶段的安全性和稳定性，通常其环索为间断索。但对于山东茌平体育馆弦支穹顶叠合拱结构而言，由于曲线拱的存在，结构在荷载作用下，尤其是考虑太阳辐射影响的温度作用下，弦支穹顶叠合拱结构中单层网壳受力非常不均匀，导致弦支穹顶各圈环索索力分布不均匀。清华大学郭彦林教授研究指出，当弦支穹顶结构承受半（偏）跨荷载作用时，环索滑动可以大大地降低环索、斜索和撑杆的内力幅值，并使其均衡相等，但又基本不影响上层网壳结构的刚度、稳定性及构件内力的大小。

为探索弦支穹顶叠合拱中的弦支穹顶环索连续，即各圈索力均匀是否对结构性能具有改善作用，本节考虑索滑移研究了温度作用下弦支穹顶叠合拱结构的力学性能，荷载主要考虑恒荷载、活荷载以及太阳辐射作用下的温度作用。为了更好地理解环索滑移与否以及环索绕撑杆下节点滑移摩擦系数的影响，本节完成了以下5 种工况下力学性能分析。工况 1：不允许环索绕撑杆下节点滑移；工况 2：允许环索绕撑杆下节点滑移，且环索与撑杆下节点之间的滑移摩擦系数为 0.1；工况 3：允许环索绕撑杆下节点滑移，且环索与撑杆下节点之间的滑移摩擦系数为 0.3；工况 4：允许环索绕撑杆下节点滑移，且环索与撑杆下节点之间的滑移摩擦系数为 0.5；工况 5：允许环索绕撑杆下节点滑移，且环索与撑杆下节点之间的滑移摩擦系数为 0。

表 5-10 给出了上述 5 种工况下各圈环索内力的最大值、最小值、平均值及其最大值、最小值与平均值的最大偏差。由表可知，工况 1（即环索在撑杆下节点处不允许滑动）在恒荷载、活荷载和温度作用下，环索内力分布极其不均匀，尤其是内圈环索，即 1~4 圈环索，其最大内力偏差达到了 190%。

表 5-10　弦支穹顶叠合拱结构各工况下环索内力分布

工况	环索编号	1	2	3	4	5	6	7
工况 1	最小内力/kN	0.53	14.76	53.15	322.70	584.29	1075.82	1851.65
	最大内力/kN	198.02	111.15	193.72	447.76	698.86	1165.11	2085.72
	平均内力/kN	68.23	57.84	130.98	392.80	644.45	1117.72	1976.50
	最大偏差/%	190	92	59	18	9	4	6
工况 2	最小内力/kN	71.98	56.75	133.83	383.49	638.95	1083.40	1894.40
	最大内力/kN	79.39	62.77	142.82	402.29	670.93	1135.10	1937.70
	平均内力/kN	75.68	59.76	138.33	393.14	654.94	1109.25	1916.05
	最大偏差/%	4.89	5.04	3.25	2.45	2.44	2.33	1.13

续表

工况	环索编号	1	2	3	4	5	6	7
工况 3	最小内力/kN	65.11	49.24	123.16	361.80	597.45	1065.90	1860.60
	最大内力/kN	87.76	62.28	150.82	411.79	694.34	1174.00	2016.90
	平均内力/kN	76.43	55.76	136.99	386.80	645.90	1119.95	1938.75
	最大偏差/%	14.82	11.69	10.10	6.46	7.50	4.83	4.03
工况 4	最小内力/kN	58.34	46.13	116.11	331.90	575.48	1067.10	1845.20
	最大内力/kN	96.35	62.77	162.75	437.37	714.35	1191.20	2076.50
	平均内力/kN	77.35	54.45	139.43	384.64	644.92	1129.15	1960.85
	最大偏差/%	24.57	15.29	16.73	13.71	10.77	5.50	5.90
工况 5	环索内力/kN	74.27	65.97	140.89	393.09	648.09	1112.60	1920.20

表 5-11 给出了 5 种工况下弦支穹顶叠合拱结构 4392 根单元的最大等效内力的分布情况。由此表可以看出,环索连续与否以及滑移摩擦系数对弦支穹顶叠合拱结构的力学性能有极大的影响,即环索完全连续(滑移摩擦系数为 0)时结构的受力最为不利。

表 5-11　弦支穹顶叠合拱结构各工况等效应力分布

取值范围	0~50MPa	50~100MPa	100~150MPa	150~200MPa	≥200MPa
工况 1	3134	1049	41	0	0
工况 2	2572	1169	378	94	11
工况 3	2798	1024	375	23	4
工况 4	2814	1138	246	22	4
工况 5	2639	1244	233	48	60

注:表中数字为弦支穹顶叠合拱中在对应应力范围内的杆件数目,且未统计环向索单元和径向拉杆单元。

表 5-12 给出了 5 种工况下弦支穹顶叠合拱结构的最大节点位移和最大等效内力。工况 1(即不允许环索绕撑杆下节点滑移)结构的最大等效内力为 129MPa,最大节点位移为 68mm;而工况 5(允许环索绕撑杆下节点滑移且滑移摩擦系数为 0)结构的最大等效内力为 230MPa,最大节点位移为 135mm,比环索非连续工况分别增加了 77%、96%。

表 5-12　弦支穹顶叠合拱结构各工况最大节点位移与最大等效应力

参数	工况 1	工况 2	工况 3	工况 4	工况 5
最大节点位移/mm	68	73	76	78	135
最大等效应力/MPa	129	275	273	269	230

综上所述,可以得出弦支穹顶叠合拱结构在工况 1(即不允许环索绕撑杆下节点滑移)时结构的受力性能最好。

为从力流的概念上解释上述计算分析结果,下面以图 5-28 所示的一简单弦支穹顶结构为例来说明为何环索绕撑杆下节点可滑移工况要比非滑移工况不利。对于图 5-28 所示的弦支穹顶，假设在节点 I 和 J 处分别作用集中力 F_i 和 F_j，且 F_i 远大于 F_j。

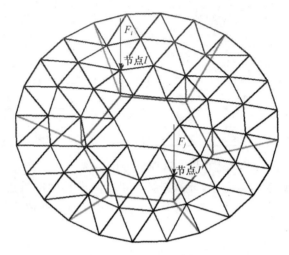

图 5-28　弦支穹顶受力示意图

黑线-单层网壳部分；红线-撑杆；绿线-径向拉杆；粉线-环向拉索（另见文后彩插）

（1）假定弦支穹顶结构下部撑杆下节点为非滑移节点，即不允许环索绕节点滑移，则此时节点 I 处的节点位移、单层网壳内力、撑杆内力、径向拉杆内力和环索内力均比节点 J 处的要大。

（2）允许环索绕撑杆下节点滑移，直至环索各索段受力均匀，此时容易判断得出节点 I 处的环索内力减小，节点 J 处的环索内力增加，进而引起节点 I 处撑杆内力和径向拉杆内力减小，此时节点 I 处的内力进行重分布，即为保持节点 I 处的节点平衡，节点 I 处的节点位移势必产生向下的位移，与节点 I 相连的单层网壳杆件的内力也势必会增加，从而重新达到平衡；节点 J 处则由于此处的环索内力增加，进而引起节点 J 处撑杆内力和径向拉杆内力增加，此时节点 J 处的内力进行重分布，即为保持节点 J 处的节点平衡，节点 J 处的节点位移势必产生向上的位移，此时根据产生向上位移的具体数值的大小，与节点 J 相连的单层网壳杆件的内力可能会增加，也可能会减小。

综上所述，可以得出这样的结论：对于弦支穹顶结构中的单层网壳杆件而言，当撑杆下节点允许环索滑移时，会导致内力大的杆件内力更大，内力小的地方内力可能减小，也可能受力反向增大，总之，对于弦支穹顶结构，在使用阶段允许环索在撑杆下节点处滑移对结构的受力非常不利，违背了弦支穹顶结构本身的力学原理。因此，基于以上分析可知，对于弦支穹顶叠合拱而言，建议在弦支穹顶叠合拱结构中使用间断索，而不要使用连续索。

5.2   天津保税中心大堂屋盖太阳辐射温度效应

5.2.1   工程概况

天津保税中心大堂屋盖为一凯维特-联方型弦支穹顶结构,建成后的整体效果如图 5-29 所示,弦支穹顶结构布置如图 5-30 所示。结构跨度 35.4m,矢高 4.6m,单层网壳的杆件全部采用 ϕ133mm×6mm 的钢管,撑杆采用 ϕ89mm×4mm 的钢管,径向拉索采用钢丝绳 6×19ϕ18.5mm,环向索共 5 道,由外向内前两道采用钢丝绳 6×19ϕ24.5mm,后三道采用钢丝绳 6×19ϕ21.5mm。钢管的弹性模量 $E_1 = 2.06×10^8 kN/m^2$,索的弹性模量 $E_2 = 1.8×10^8 kN/m^2$。

图 5-29   天津保税中心大堂屋盖

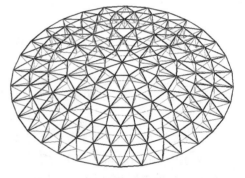

图 5-30   弦支穹顶结构的有限元模型

为了用最少的工作量研究太阳辐射作用下弦支穹顶结构的非均匀温度效应,本节对该模型进行简化,将原来模型中内 4 圈环索、撑杆及径向拉杆去掉,仅保留外圈环索、撑杆及其径向拉杆,简化后的三维模型如图 5-31 所示。

5.2.2   太阳辐射作用下温度场分析

以天津保税中心大堂屋盖钢结构简化后的模型作为基本分析模型。采用第 4

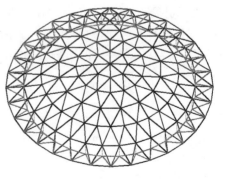

图 5-31   简化后的结构模型

章所述的基于 FEM 的钢结构太阳辐射非均匀温度场分析方法,对太阳辐射作用下此弦支穹顶结构在夏季的最不利温度场进行分析。其中,玻璃 对太阳辐射的遮挡系数取 0.2,分析结果如图 5-32 所示。由图 5-32 可知,太阳辐射作用下结构的最高温度可达到 62.3℃;网壳结构径向杆件的温度要比环向杆件的温度高,各个

杆件的平均温度在 $50\sim55℃$。

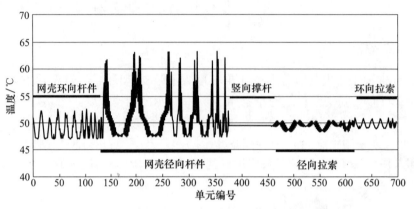

图 5-32　太阳辐射作用下弦支穹顶各杆件温度值

5.2.3　太阳辐射作用下弦支穹顶结构温度响应分析

以 5.2.2 节分析得到的温度场为结构的最高温度场,假定合拢温度为 $10℃$,对夏季结构在太阳辐射作用下的温度响应进行分析。进行温度作用分析时,结构的恒荷载取 $1.0kN/m^2$。进行不考虑太阳辐射影响下的温度作用分析时,参考天津历史气象资料,结构的最高温度与气温的最高温度相同,取值 $41℃$。

将考虑太阳辐射和不考虑太阳辐射两种工况下的计算结果进行对比。图 5-33 和图 5-34 为网壳结构杆件最大应力和最小应力对比,可以发现,考虑太阳辐射作用下弦支穹顶结构的外圈环向杆件和径向杆件的应力均有所增加,约增加 6%。图 5-35 为网壳结构节点位移对比。由图可知,考虑太阳辐射作用下弦支穹顶结构的节点位移有所增加,约增加 12%。因此,对于弦支穹顶结构,太阳辐射对杆件应力和节点位移均有一定的影响,设计应给予考虑。

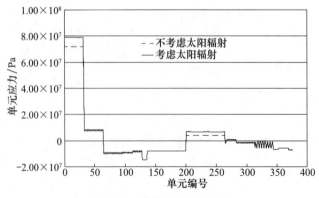

图 5-33　单元最大应力比较

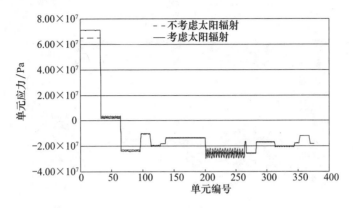

图 5-34　单元最小应力比较

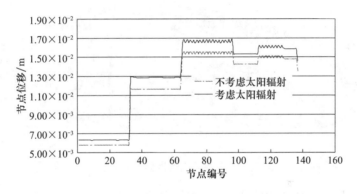

图 5-35　网壳结构节点位移对比

5.3　天津天山海世界米立方屋盖太阳辐射温度效应

5.3.1　工程概况

天津天山海世界工程位于天津市津南区小站镇,其外观犹如一粒稻米,故又称"米立方"。总建筑面积约 4.3 万 m²,水面面积约 1.5 万 m²。米立方设计全年室温 30℃,水温 28℃,建成后将成为全国最大的室内恒温水上娱乐场所,其建筑效果图如图 5-36 所示。

天津天山海世界米立方屋盖为弦支拱桁架-单层网壳复合结构,平面投影为椭圆形,长轴 200m、短轴 140m、高 30m。拱桁架通过树状结构支承在大体积混凝土承台上,单层网壳支承于混凝土环梁和弦支拱桁架上,8 个拱脚之间设置"井"字形 4 道拉索,钢材选用 Q345B,主要构件规格包括 φ89mm×4mm、φ114mm×4mm、φ140mm×5mm、φ168mm×6mm、φ168mm×10mm、φ180mm×10mm、φ219mm×

10mm、ϕ245mm×12mm、ϕ273mm×12mm。结构布置如图 5-37 所示。

图 5-36　天津天山海世界米立方屋盖建筑效果图

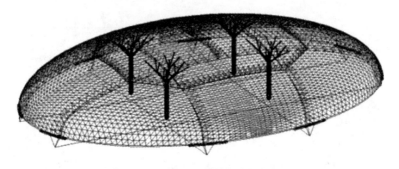

图 5-37　天津天山海世界米立方屋盖

单层网壳结构被四榀"井"字形分布的空间桁架拱分为 9 个区格；长轴和短轴都被划分成 3 跨，跨度分别是 70m、60m、70m 和 50m、40m、50m。马道布置于拱桁架之间，其整体形状呈八边形。

两个方向的空间桁架拱跨度分别为 190.9m 和 132.3m。拱桁架由两根上弦、一根下弦组成，截面为倒三角形，上下弦垂直管心距 4.5m。上下弦之间的斜腹杆把上弦平面划分成 6m×6m 的网格，为与单层网壳的网格尺寸保持一致，通过设置上弦平面腹杆把上弦平面网格细分成 3m×3m。

单层网壳落地处设置混凝土环梁，和拱桁架相交处的环梁改为钢桁架环梁，8段混凝土环梁和 8 段钢桁架环梁交替相连。单层网壳支承于拱桁架及周圈混凝土环梁上，拱桁架的设置减少了网壳的跨度，改善了网壳的整体稳定性能。为减小拱脚处的水平推力以利于下部拱脚支座的设计，8 个拱脚之间设置了 4 根拉索。

为了最大限度地减小网壳跨度及柱截面，拱桁架交叉处采用了二级分叉树状支撑且二级分叉支撑于单层网壳。柱高 22.5m，采用圆钢管混凝土柱以减小柱截面；两级分叉则都采用圆钢管。柱与分叉的连接采用半个焊接空心球节点：半球与柱顶封板焊接，一级分叉焊接于球上。

　　轻钢屋面采用0.9mm厚镀锌铝镁锰合金屋面板,实际结构中的构造如图5-38(a)所示。玻璃屋面采用钢化中空夹胶玻璃,实际结构中的构造如图5-38(b)所示。

(a) 轻钢屋面

(b) 玻璃屋面

图 5-38　实际结构中的构造

5.3.2　天山海世界米立方钢屋盖温度实测方案

　　对米立方工程进行测点布置,因该项目已经竣工处于运营使用阶段,且温度观测需要连续进行,故在选取测点位置时应尽量避免影响其正常使用运营,同时也应考虑布置测点时的可操作性和方便性,便于攀爬布置,又因结构双轴对称布置,所以选取1/4结构范围内布置测点。

　　米立方工程的屋面板分为玻璃和轻钢两种形式,因此单层网壳部分布置三个测点分区,分区1和分区2在玻璃屋面下,选取这两块分区主要是考虑玻璃透光率较高,同一时间太阳辐射角度不同,温度也不同;分区3在轻钢屋面下,该分区位于入口处不远,有辅助设施等便于攀爬布设;结构双轴对称,选取半榀拱桁架的杆件作为测点分区4,主要考虑拱桁架从拱脚到半跨位置处温度对结构的影响。综合以上因素,测点分区布置示意如图5-39所示,各分区内测点杆件的选取如图5-40所示,测点在杆件的位置及测点编号如图5-41所示。

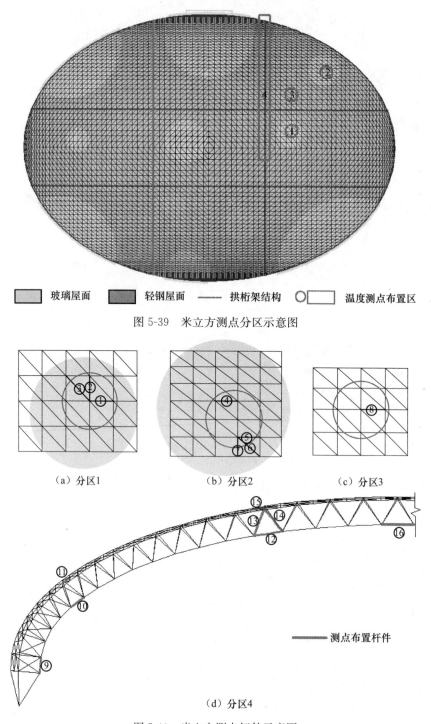

图 5-39　米立方测点分区示意图

（a）分区1　　　　　　（b）分区2　　　　　（c）分区3

（d）分区4

图 5-40　米立方测点杆件示意图

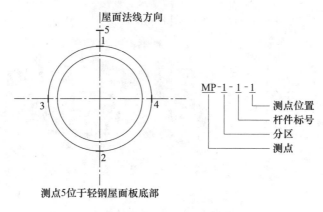

测点5位于轻钢屋面板底部

图 5-41　米立方测点位置示意图

5.3.3　天山海世界米立方钢屋盖温度实测结果

在夏季温度较高的时间段内选取测试时间范围,分别为 7 月 24 日 00:00 至 7 月 31 日 24:00 和 8 月 7 日 00:00 至 8 月 23 日 24:00 两个时间段,观测日期内的天气情况如表 5-13 所示。

表 5-13　观测日期内天气情况

日期	天气	日期	天气	日期	天气
7 月 24 日	晴	8 月 8 日	晴	8 月 17 日	晴
7 月 25 日	晴	8 月 9 日	少云	8 月 18 日	晴
7 月 26 日	阴有小雨	8 月 10 日	晴	8 月 19 日	晴
7 月 27 日	阴	8 月 11 日	多云	8 月 20 日	晴
7 月 28 日	晴	8 月 12 日	小雨转晴	8 月 21 日	晴
7 月 29 日	多云	8 月 13 日	少云	8 月 22 日	多云
7 月 30 日	少云	8 月 14 日	晴	8 月 23 日	少云
7 月 31 日	少云	8 月 15 日	多云		
8 月 7 日	少云	8 月 16 日	少云		

因有些热电偶粘贴不牢等因素导致数据奇异,经过筛选后的测点在两个时间段内的温度值分别如图 5-42～图 5-51 所示。

由于太阳照射:

杆件 1 四个测点的温度均高于大气温度,且杆件上部和左侧测点温度高于杆件下部和右侧测点温度,这是因为杆件 1 沿长轴方向布置,右侧测点靠近中轴,相较于左侧测点离屋面板较远。

杆件 2 四个测点的温度均高于大气温度,且杆件上部测点的温度最高,杆件底部测点的温度最低,杆件左右两侧测点温度相差不大。

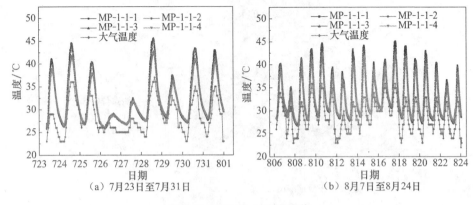

（a）7月23日至7月31日　　　　（b）8月7日至8月24日

图 5-42　杆件 1 温度实测值

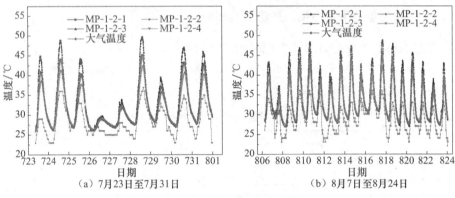

（a）7月23日至7月31日　　　　（b）8月7日至8月24日

图 5-43　杆件 2 温度实测值

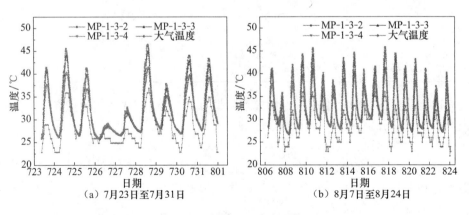

（a）7月23日至7月31日　　　　（b）8月7日至8月24日

图 5-44　杆件 3 温度实测值

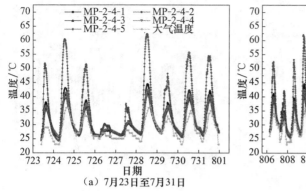
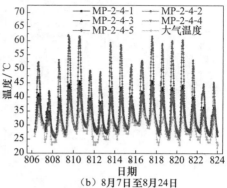

（a）7月23日至7月31日　　　　　（b）8月7日至8月24日

图 5-45　杆件 4 温度实测值

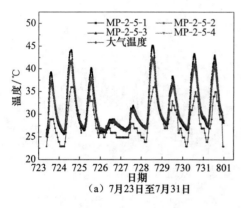
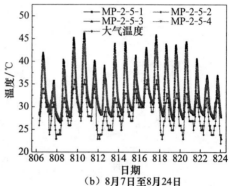

（a）7月23日至7月31日　　　　　（b）8月7日至8月24日

图 5-46　杆件 5 温度实测值

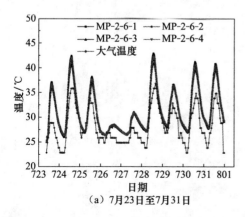
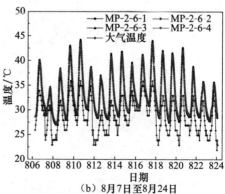

（a）7月23日至7月31日　　　　　（b）8月7日至8月24日

图 5-47　杆件 6 温度实测值

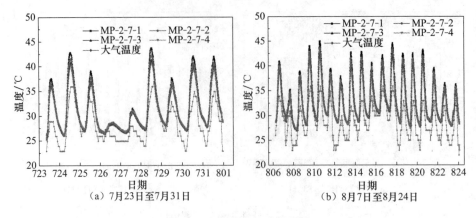

（a）7月23日至7月31日　　　（b）8月7日至8月24日

图 5-48　杆件 7 温度实测值

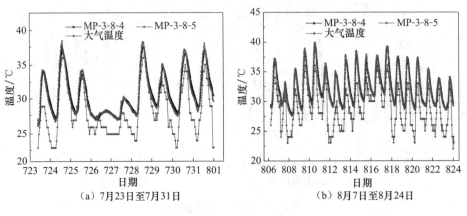

（a）7月23日至7月31日　　　（b）8月7日至8月24日

图 5-49　杆件 8 温度实测值

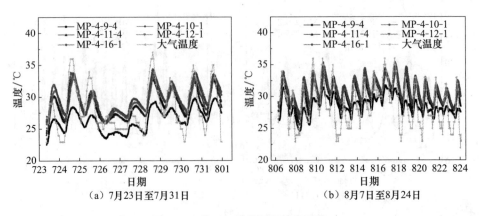

（a）7月23日至7月31日　　　（b）8月7日至8月24日

图 5-50　分区 4 拱桁架温度实测值

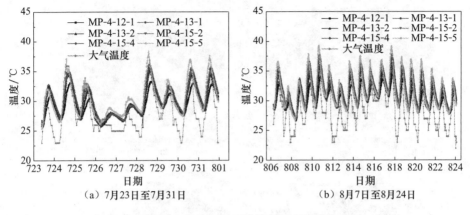

（a）7月23日至7月31日　　　　　　（b）8月7日至8月24日

图 5-51　分区 4 树顶拱桁架温度实测值

杆件 3 四个测点的温度均高于大气温度,杆件右侧测点温度高于左侧测点和底部测点的温度,同样是杆件位置的原因。

杆件 4 五个测点的温度均高于大气温度,其中玻璃屋面底部测点温度明显高于单层网壳杆件四个测点的温度,说明玻璃透光率较强,杆件上部测点温度高于其余三个位置测点温度。

杆件 5 四个测点的温度均高于大气温度,且杆件上部测点的温度高于杆件其他位置测点的温度。

杆件 6 四个测点的温度均高于大气温度,且杆件四个测点的温度相差不大。

杆件 7 四个测点的温度均高于大气温度,且杆件上部测点的温度高于杆件其他位置测点的温度。

杆件 8 两个测点的温度均高于大气温度,且轻钢屋面底部测点的温度略高于单层网壳杆件右侧测点的温度,两者相差不大,说明轻钢屋面透光率相比于玻璃屋面较小,屋面底部和网壳杆件温度相差不大。

拱脚处测点温度最低,该测点靠近入口,考虑到空调制冷的因素,因此该测点温度低于拱桁架其他位置测点温度,拱桁架其余四个测点的温度大部分时间高于大气温度,且杆件测点的温度随着测点高度的增加而升高,这是因为位置越高接收太阳照射越多。

5.3.4　非均匀温度场对树状结构的影响

采用第 4 章提出的基于 FEM 的钢结构太阳辐射非均匀温度场数值模拟方法,对夏至日米立方太阳辐射温度场进行分析,得到从 6:00 至19:00 每一小时共 14 个时间段的太阳辐射下的非均匀温度场,如图 5-52 所示。

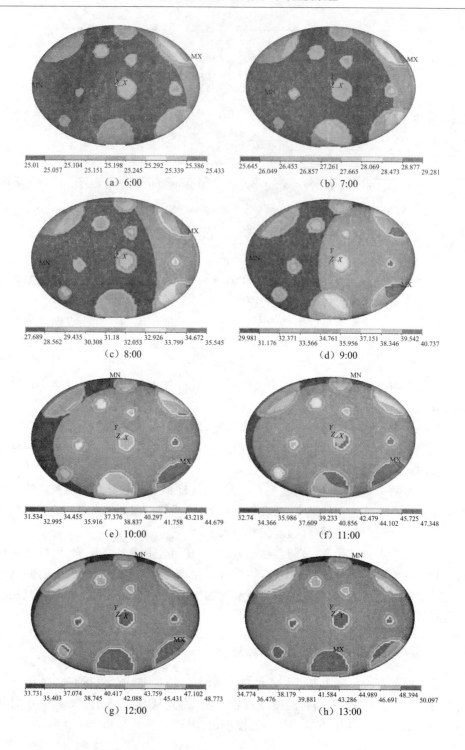

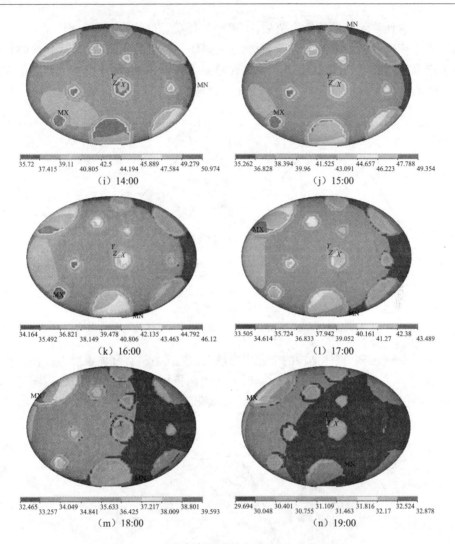

图 5-52　太阳辐射下非均匀温度场(单位:℃)

　　采用 ANSYS 软件对结构进行分析计算。在 1.2D＋1.0LL＋1.4TF 荷载组合作用下结构响应分析时,共 14 个荷载步,各个时段内整体结构的节点正向和负向最大位移变化如图 5-53 所示,单元最大应力变化如图 5-54 所示;树状结构的节点最大位移和单元最大应力变化如图 5-55 和图 5-56 所示。

　　由图 5-53 可知,整体结构的节点正向位移最大值先随着外界环境温度升高而增加,在荷载步 8 即 13:00 左右达到一天当中的最大值后,随着外界环境温度的逐渐降低而减小,在 13:00 左右正处于太阳辐射最强、外界温度最高的午后时间段内,结构热胀效应最明显,位移值达到最大;节点负向位移最大值在荷载步 1 即

6:00 左右达到一天当中的最大值后,随着外界环境温度的升高而减小,在 15:00 后随着外界环境温度的降低而逐渐增加。6:00 是一天中温度最低的时刻,此时结构的热膨胀效应最不明显,因此节点负向位移最大。总体上,整体结构的节点最大位移随时间变化的规律符合环境温度变化的规律。

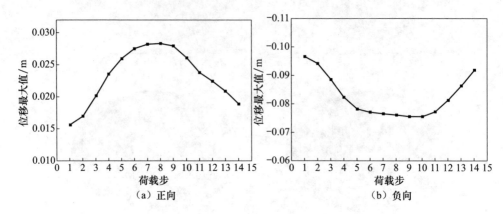

图 5-53　太阳辐射非均匀温度作用下各时间段内整体结构节点最大位移值

由图 5-54 可知,整体结构的单元应力最大值先随着外界环境温度升高而急剧增加,在荷载步 6~10 即 11:00~15:00 时间段内保持较大的应力水平,之后随外界环境温度的逐渐降低而减小,应力值同样是在太阳辐射最大的时间段内达到最大值。

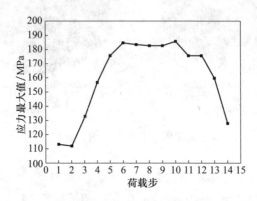

图 5-54　太阳辐射非均匀温度作用下各时间段内整体结构单元最大应力值

由图 5-55 可知,树状结构的节点正向位移最大值先基本保持不变,从荷载步 5 即 10:00 以后随着外界环境温度升高而增加,在荷载步 9 即 14:00 左右达到一天当中的最大值后,随着外界环境温度的降低而减小,树状结构的正向位移最大值整体上符合外界环境温度的变化;节点负向位移最大值也出现在荷载步 9 即 14:00 左右,变化规律与正向位移最大值相似,但变化较平缓。树状结构在一天当中各个时间段内的节点位移最大值相差并不大,说明太阳辐射非均匀温度场对米立方中的树状结构影响不大,主要是因为在米立方实际使用中,树状结构所处的戏水区域要求恒温,温差不大。

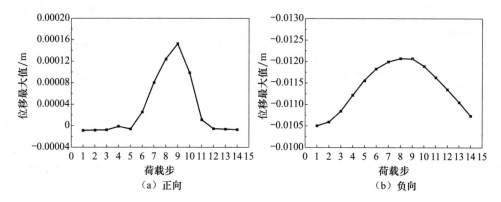

（a）正向　　　　　　　　　　　（b）负向

图 5-55　太阳辐射非均匀温度作用下各时间段内树状结构节点最大位移值

由图 5-56 可知,树状结构的单元应力最大值先是随着外界环境温度升高而增加,在荷载步 9 即 14:00 达到最大值后,随温度降低而减小,但各个时间段之间的应力差值与整体结构相比很小,同样考虑树状结构处于恒温区,对非均匀温度场不敏感。

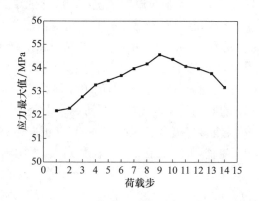

图 5-56　太阳辐射非均匀温度作用下各时间段内树状结构单元最大应力值

由图 5-53~图 5-56 可知,一天当中的不同时间段,太阳辐射强度不同,外界环境温度不同,温度作用对结构的影响是不同的,因此为全面分析结构的各种力学性能,对温度进行连续观测是十分必要的。

5.3.5　不同温度工况对树状结构的影响

5.3.4 节考虑了非均匀温度下的结构性能,本节讨论不同温度工况下的结构性能分析,主要考虑的工况如下:①1.2D＋1.4LL;②1.2D＋1.0LL＋1.4T＋;

③1.2D+1.0LL+1.4T−;④1.2D+1.0LL+1.4TF,其中均匀温度场温差±25℃,TF表示太阳辐射下的非均匀温度作用。整体结构和树状结构在四种工况下结构的单元最大应力和节点最大位移分别如表5-14和表5-15所示。

表5-14 整体结构四种工况下结构性能比较

工况	单元最大应力/MPa	节点位移最大值/m	节点位移最小值/m
1	148	0.0125	−0.1300
2	170	0.0195	−0.1056
3	196	0.0083	−0.1381
4	186	0.0283	−0.0966

表5-15 树状结构四种工况下结构性能比较

工况	单元最大应力/MPa	节点位移最大值/m	节点位移最小值/m
1	68.3	0.0009	−0.0142
2	80.7	0.0157	−0.0041
3	73.4	−0.0002	−0.0266
4	54.6	0.0002	−0.0121

由表5-14和表5-15可知,对于整体结构,温度作用参与组合(工况2、工况3和工况4)时的单元最大应力均大于非温度工况(工况1)的单元最大应力,说明温度作用对结构的内力有影响,在进行荷载组合时应考虑温度作用的不利影响;负温差组合(工况3)时的单元最大应力大于正温差(工况2和工况4)时的单元最大应力,说明负温差对结构内力的影响更大;太阳辐射下非均匀温度场(工况4)参与组合时,单元最大内力大于均匀温度场(工况2)的单元最大应力,说明考虑正温差时对结构进行太阳辐射下的非均匀温度场的分析研究是十分必要且有意义的。

对于整体结构,负温差参与组合(工况3)时,节点正向位移最小,说明结构在负温差作用下冷缩,相应的该工况下节点负向位移最大;太阳辐射下非均匀温度场参与组合的节点正向位移最大值大于其他三种工况,说明该工况下结构热胀效应最明显,相应的负向位移最小;正温差参与组合的工况(工况2和工况4)对减小结构的负向位移有利。

对于树状结构,均匀温度场参与组合(工况2和工况3)时,单元应力最大值高于非温度工况(工况1)和非均匀温度场组合(工况4),说明均匀温度场对树状结构内力的影响较大,正温差相较于负温差对树状结构的内力更为不利;而太阳辐射下非均匀温度场(工况4)作用的单元应力最大值小于均匀温度场(工况2)的应力最大值,主要考虑工况4为实测温度值精确加载,最接近实际情况,而均匀温度场加载情况得到的结果较为保守,同时米立方工程为水上游乐场所,室内戏水部分要求恒温25℃左右,因此工况4非均匀温度场实测值得到的计算结果较为合理。

对于树状结构,正温差参与组合(工况 2)时,节点正向位移最大,负温差参与组合(工况 3)时,节点负向位移最大,位移变化值符合结构热胀冷缩效应。

综上,温度参与组合的整体结构单元应力最大值均大于非温度工况下单元应力最大值,负温差参与组合(工况 3)下的单元应力最大值和节点负向位移最大值最大,非均匀温度场下的整体结构的节点正向位移最大值最大;正温差参与组合(工况 2)下的树状结构单元应力最大值和节点正向位移最大值最大,负温差下的树状结构的节点负向位移最大值最大。这说明温度作用对结构影响较大,在结构设计分析中不容忽视,且太阳辐射下的非均匀温度场对结构整体影响较大,考虑米立方室内戏水部分的恒温因素,非均匀温度场下的树状结构内力分析更加符合实际情况。

5.3.6　温度作用下树状支承与普通柱支承的结构性能对比

基于以上研究,现分析比较树状支承的整体结构和普通柱支承的整体结构在四种工况下的结构力学性能。仍然分析比较非温度作用、均匀正温差、均匀负温差和非均匀温度场参与组合这四种工况下的单元内力和节点位移。两种方案的非均匀温度场下节点最大位移和单元最大应力比较如图 5-57 和图 5-58 所示。

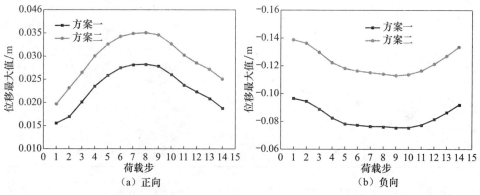

(a) 正向　　　　　　　　　　　(b) 负向

图 5-57　两种方案下工况 4 各时间段内节点位移最大值

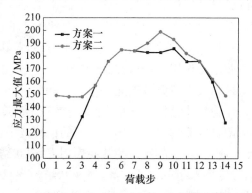

图 5-58　两种方案下工况 4 各时间段内单元应力最大值

由图 5-57 可知,两种方案各个时间段内节点位移最大值的变化规律相同,正向位移最大值随着温度的升高而增加,负向位移最大值随着温度的升高而减小,符合结构在太阳辐射下的热胀冷缩效应;方案二的正向和负向位移最大值均大于方案一,说明以树状结构作为支承结构能够有效减小非均匀温度场下结构的节点位移。

由图 5-58 可知,两种方案各个时间段内单元应力最大值的变化规律基本相同,应力随温度升高而增加,随温度降低而减小;总体上,方案二的应力值大于方案一,说明以树状结构作为支承能够有效减小单元应力最大值。

两种方案在不同工况下的单元最大应力和节点位移比较如表 5-16 所示。

表 5-16　两种方案结构性能比较

工况	方案	单元最大应力/MPa	节点最大位移/m	节点最小位移/m
1	方案一	148	0.0125	−0.1300
	方案二	163	0.0148	−0.1582
	增加百分比	10.14%	18.4%	17.83%
2	方案一	170	0.0195	−0.1056
	方案二	182	0.0234	−0.1429
	增加百分比	7.06%	20.00%	35.32%
3	方案一	196	0.0083	−0.1381
	方案二	196	0.0107	−0.1734
	增加百分比	0	28.92%	25.56%
4	方案一	186	0.0283	−0.0966
	方案二	199	0.0351	−0.1384
	增加百分比	6.53%	24.03%	43.27%

由表 5-16 可知,四种工况下方案二的单元最大应力和节点最大位移均大于方案一的相应值,说明以树状结构作为支承能够有效减小单元内力和节点位移;温度参与组合的工况下,方案二比方案一的位移增加百分比大于非温度工况,说明温度作用下,应用树状结构对整体结构的节点位移减小更明显,尤其是在更符合实际情况的非均匀温度场下;非温度作用下,方案二比方案一的应力增加百分比相较于温度工况稍大,正温差工况稍大于负温差工况。

综上,以树状结构作为整体结构的支承,能够有效减小温度作用下结构的单元内力和节点位移,在太阳辐射非均匀温度场作用下的位移减小更明显。

在大空间室内制冷或供暖、太阳辐射的共同作用下,树状结构支承的大跨度空间结构常处于非均匀温度场作用下。基于此,对树状结构支承的米立方结构在夏季进行连续温度实测,对实测数据进行处理分析,得到米立方结构在太阳辐射下的非均匀温度场,研究非均匀温度场作用对米立方工程整体结构及树状结构的力学性能影响,对比分析树状支承与普通柱支承两种方案温度作用下的结构性能,得到如下结论。

(1) 温度参与组合的整体结构单元应力最大值均大于非温度工况下单元应力最大值,负温差参与组合下的单元应力最大值和节点负向位移最大值最大,非均匀温度场下整体结构的节点正向位移最大值最大。

(2) 正温差参与组合下的树状结构单元应力最大值和节点正向位移最大值最大,负温差下的树状结构的节点负向位移最大值最大。

(3) 以树状结构作为整体结构的支承,相较于普通柱方案能够有效减小温度作用下结构的单元内力和节点位移,在太阳辐射非均匀温度场作用下的位移减小更明显。

以上结论说明,温度作用对结构的力学性能影响较大,且太阳辐射下的非均匀温度场对结构整体的影响较大,考虑米立方室内戏水部分的恒温因素,非均匀温度场下的树状结构内力分析更加符合实际情况。

5.4　鄂尔多斯新建机场航站楼太阳辐射温度效应

5.4.1　工程概况

鄂尔多斯新建机场航站楼建筑效果如图 5-59 所示。其中 A 区穹顶结构主要由穹顶中心球壳、内环桁架、24 榀主桁架以及主桁架之间扇形区域网壳、外环桁架组成,结构示意如图 5-60～图 5-62 所示。穹顶屋面包含金属屋面和玻璃屋面,其中 24 榀桁架上部的屋面为玻璃屋面,其余为金属屋面。因此,在太阳辐射作用下,鄂尔多斯航站楼 A 区穹顶钢结构是一个不均匀温度场,即玻璃屋面下的钢结构杆件的温度要高于金属屋面下的杆件。

图 5-59　建筑效果图　　　　　　　　图 5-60　穹顶网壳结构

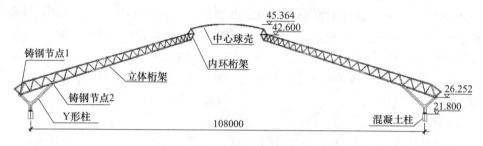

图 5-61 A 区穹顶剖面图(单位:mm)

穹顶结构通过 Y 形钢支撑与混凝土柱相连接,穹顶与 Y 形钢支撑直接通过球节点进行连接。穹顶结构最高点高度达 45.7m。杆件主要采用直缝钢管,主要规格包括 $\phi325$mm$\times$20mm、$\phi299$mm$\times$14mm、$\phi245$mm$\times$12mm、$\phi140$mm$\times$4mm 等。钢材的材质为 Q345C,杆件之间的连接采用焊接球节点和钢管相贯节点。

在进行有限元建模时,考虑焊接球节点和相贯节点可有效地传递弯矩,因此杆件采用 BEAM188 单元来模拟。Y 形钢支撑的底部简化为刚性支座。有限元模型如图 5-63 所示。

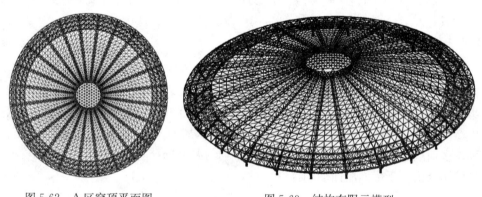

图 5-62 A 区穹顶平面图   图 5-63 结构有限元模型

5.4.2 太阳辐射作用下非均匀温度场分析

太阳辐射强度计算公式中的参数 A、B、C 根据李锦萍教授归纳提出的计算公式确定;钢构件表面太阳辐射吸收系数取 0.6;室内地面较光滑,太阳辐射地面反射系数取 0.3;对流热交换系数根据 Yazdanian-Klems 理论确定;钢材的热力学特性根据规范确定;玻璃的太阳辐射透射系数偏于安全取 1.0;室外空气温度的日变化曲线按照 4.4 节的公式确定。温度场数值分析模型中各个参数的取值如表 5-17 所示。

表 5-17　温度场数值模拟各参数取值

钢材比热容 c	465J/(kg·K)	表面传热系数 h	14W/(m²·℃)
钢材导热系数 λ	45.01W/(m·K)	钢材辐射发射率 ε	0.8
钢材密度 ρ	7850kg/m³	表面太阳辐射吸收系数 α	0.6
大气质量为零时的太阳辐射强度 A	1416.58W/m²	大气消光系数 B	0.42
散射辐射与直射辐射比值 C	0.138	地面反射率 ρ_g	0.35
大气清洁度 C_N	1.0		

图 5-64 为典型构件温度场分析的有限元模型,钢管采用 SOLID70 单元模拟。图 5-65～图 5-67 分别给出了典型构件在 6:00、14:00 和 19:00 时的温度场分布情况。由图可知,太阳辐射作用下钢构件的温度场为非均匀温度场,且温度沿截面的分布近似于线性分布。钢构件的最高温度高出气温 21℃,因此太阳辐射对钢结构温度场有显著影响。

图 5-64　有限元模型

图 5-65　6:00 时钢构件的温度场分布(单位:℃)

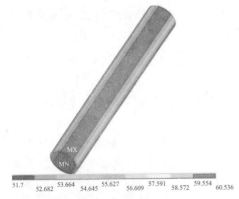

图 5-66　14:00 时钢构件的温度场分布
（单位:℃）

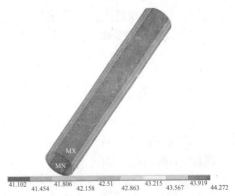

图 5-67　19:00 时钢构件的温度场分布
（单位:℃）

5.4.3　太阳辐射作用下非均匀温度效应分析

根据历史气象资料,鄂尔多斯极端最高气温为 40.2℃,极端最低气温为 −35.7℃,合拢温度假定为极端最高温度和极端最低温度的平均值 2.3℃。但在施工单位施工时,往往对结构合拢温度的控制并不是很严格,所以结构可能会在任何时刻和任何可能的温度下合拢。因此,为了掌握不同合拢温度下以及太阳辐射对鄂尔多斯新建航站楼结构性能的影响,研究以下 7 种温度作用工况下的结构响应。

工况 1:假定钢结构的合拢温度为 2.3℃,不考虑太阳辐射影响,考虑正温差荷载 38℃。

工况 2:假定钢结构的合拢温度为 2.3℃,不考虑太阳辐射影响,考虑负温差荷载 −38℃。

工况 3:假定钢结构的合拢温度为 −35.7℃,不考虑太阳辐射影响,考虑正温差荷载 76℃。

工况 4:假定钢结构的合拢温度为 40.2℃,不考虑太阳辐射影响,考虑负温差荷载 −76℃。

工况 5:假定钢结构的合拢温度为 2.3℃,考虑太阳辐射影响,正温差荷载为最高温度实际值减去合拢温度。

工况 6:假定钢结构的在夏季最热时合拢,考虑太阳辐射影响,合拢温度按照 5.4.2 节温度场实际温度取值,负温差荷载为钢结构夏至日最高温度与当地极端历史气温 −35.7℃之差。

工况 7:假定钢结构的合拢温度为 −35.7℃,考虑太阳辐射影响,正温差荷载为钢结构夏至日最高温度与当地极端历史气温 −35.7℃之差。

根据以上 7 种温度作用工况以及 5.4.2 节中确定的太阳辐射作用下钢结构的温度场,研究 7 种温度作用工况下结构的温度响应。表 5-18 给出了 7 种温度作用工况下结构的温度响应结果,包括最大支座反力、最大节点位移以及最大杆件等效应力;表 5-19 给出了 7 种温度作用工况下结构的杆件应力分布情况。由此得出如下结论:

(1) 由工况 1 和工况 2、工况 3 和工况 4 的结果比较可知,单双层网格结构对正负温差的响应基本相同。

(2) 由工况 3 和工况 1、工况 4 和工况 2 的结果比较可知,若不控制结构的合拢温度,结构的温度响应可增加 1 倍左右,因此如果在设计时规定了合拢温度,那么施工时就要严格执行,如果没有对合拢温度作出要求,那么就要在设计时考虑最不利的工况。

(3) 由工况 5 和工况 1 的结果比较可知,太阳辐射对结构的支座反力影响不大,但是对结构的杆件应力和节点位移影响较大。与不考虑太阳辐射的结构响应比较,考虑太阳辐射时,结构的杆件应力和节点位移分别增加了 56.11％ 和 33.99％,由此可知,太阳辐射对鄂尔多斯机场航站楼单双层网格结构的影响是显著的,不能忽略。

(4) 由工况 6 和工况 7、工况 3 和工况 4 的结果比较可知,在考虑太阳辐射影响时最不利的合拢温度下,结构的支座反力降低了 5％ 左右,而结构的杆件应力和节点位移却增加了 25.21％ 和 11.88％。

表 5-18　7 种温度工况下结构的温度响应

响应类型	F_X/kN	F_Y/kN	F_Z/kN	S_{max}/MPa	U_{max}/mm
工况 1	462.13	454.51	2.62	45.29	37.57
工况 2	461.91	454.29	2.61	45.29	37.80
工况 3	925.69	910.45	5.25	90.69	75.01
工况 4	921.20	905.98	5.19	90.35	75.64
工况 5	419.16	412.19	2.46	70.70	50.34
工况 6	877.89	863.31	4.97	113.55	83.92
工况 7	884.02	869.38	5.07	113.62	83.25

表 5-19　7 种温度工况下杆件应力分布

应力范围	0～15MPa	15～30MPa	30～45MPa	45～60MPa	60～75MPa	75～90MPa	＞90MPa
工况 1	7804	2689	644	36	0	0	0
工况 2	7777	2710	650	36	0	0	0
工况 3	4993	2811	1970	719	457	183	40
工况 4	4955	2827	1961	744	464	200	22
工况 5	4933	4967	865	360	48	0	0
工况 6	3129	4010	2232	866	684	204	48
工况 7	3159	3969	2237	872	678	210	48

为了定量研究太阳辐射对结构温度效应的影响,定义工况 5 下结构杆件内力与相应工况 1 下杆件内力的比值为太阳辐射影响系数。图 5-68 给出了杆件太阳辐射影响系数的分布情况;图 5-69 给出了太阳辐射影响系数大于 3.0 的构件分布情况。可以看出,太阳辐射影响系数的最高值可达 200 左右,其中太阳辐射影响系数大于 3.0 的杆件数目为 3470,占总杆件数目的 31.06％,由此可见,太阳辐射对鄂尔多斯机场航站楼结构的温度响应影响是显著的,不能忽略。

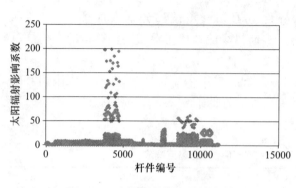

图 5-68　太阳辐射影响系数分布

图 5-69　太阳辐射影响系数
超过 3.0 的杆件分布
红色代表杆件(另见文后彩插)

5.5　秦皇岛首秦办公楼中庭太阳辐射温度效应

5.5.1　工程概况

　　首秦金属材料有限公司办公楼屋顶结构采用双向张弦梁结构,屋面采用玻璃材料,如图 5-70 所示。双向张弦结构的平面尺寸为 43.2m×39.0m,矢高 5.8m,索的垂度 1.5m。周圈采用箱型环梁,整体屋顶支承在下部钢结构箱型柱上。钢材材质为 Q345B。主梁截面尺寸 HN700mm×300mm×14mm×16mm;次梁截面尺寸 HN500mm×200mm×10mm×12mm;四周的箱型环梁截面尺寸 800mm×500mm×14mm×14mm;撑杆规格 ϕ180mm×10mm,拉索为半平行钢丝束,规格 ϕ5mm×121mm。

（a）双向张弦梁结构

（b）玻璃屋面

图 5-70　首秦金属材料有限公司办公楼中庭屋盖

5.5.2　参数取值

ASHRAE 晴空模型中的参数 A、B、C 根据李锦萍教授提出的计算公式确定；钢构件表面太阳辐射吸收系数取 0.6；室内地面较光滑，太阳辐射地面反射系数取 0.3；对流热交换系数根据 Yazdanian-Klems 理论确定；钢材的热力学特性根据规范确定；室外空气温度的取值按照 4.4 节公式确定。具体的数值分析参数取值见表 5-20。

表 5-20　温度场数值模拟各参数取值

钢材比热容 c	465J/(kg·K)	表面传热系数 h	14W/(m²·℃)
钢材导热系数 λ	45W/(m·K)	钢材辐射发射率 ε	0.8
钢材密度 ρ	7850kg/m³	大气消光系数 B	0.42
太阳辐射强度 A	1416.58W/m²	太阳辐射吸收系数 α	0.6
散射辐射与直射辐射比值 C	0.138	反射率 ρ_g	0.35
大气清洁度 C_N	1.0		

5.5.3　结果分析

利用建立的太阳辐射作用下钢结构温度场数值模拟理论，分析双向张弦梁结构 567 根构件夏至日太阳辐射作用下的温度场。夏至日太阳辐射作用下钢构件的最高温度一般发生在 14:00 左右。进行结构正温差温度响应分析时，主要关注的是构件服役期的最高温度值，因此仅对 14:00 时刻的温度场分布进行分析。夏至日 14:00 时典型构件 H 型钢的阴影分布如图 5-71 所示。典型构件的温度场分布如图 5-72 所示，由此得出如下结论。

（1）通过与现有的试验数据对比，温度分析结果在 45~65℃，符合太阳辐射作用下钢结构温度场分布规律，一定程度上验证了分析程序可行性。

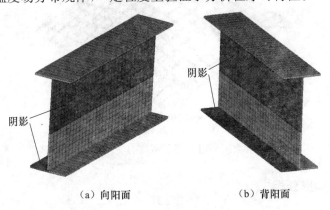

（a）向阳面　　　　　　　　　　（b）背阳面

图 5-71　14:00 时太阳阴影分布

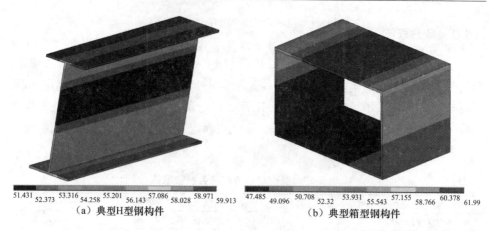

|51.431| 52.373| 53.316| 54.258| 55.201| 56.143| 57.086| 58.028| 58.971| 59.913|

（a）典型H型钢构件

|47.485| 49.096| 50.708| 52.32| 53.931| 55.543| 57.155| 58.766| 60.378| 61.99|

（b）典型箱型钢构件

图 5-72　14:00 时典型构件温度场分布(单位:℃)

（2）太阳辐射作用下 H 型钢构件的温度场为非均匀温度场,最高温度发生在向阳翼缘面,最高温度为 59.9℃,较相应的气温高出 19.9℃;最低温度发生在腹板阴影区域,最低温度为 51.4℃,较相应的气温高出 11.4℃。

（3）太阳辐射作用下箱型钢构件的温度场为非均匀温度场,最高温度发生在顶板面,最高温度为 62.0℃,较相应的气温高出 22.0℃;最低温度发生在腹板和底板阴影区域,最低温度为 47.5℃,较相应的气温高出 7.5℃。

太阳辐射作用下钢构件温度场分布情况与钢构件的截面类型和空间方位相关,因此太阳辐射作用下整个结构的温度场为非均匀温度场,本算例中双向张弦梁结构的整体温度场分布如图 5-73 所示。

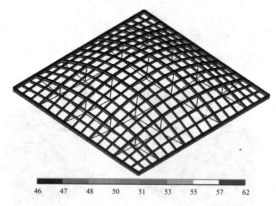

|46| 47| 48| 50| 51| 53| 55| 57| 62|

图 5-73　14:00 时太阳辐射作用下钢结构整体温度场分布(单位:℃)

5.5.4　温度响应分析

基于 ANSYS 软件,建立双向张弦梁结构的结构分析有限元模型,采用

BEAM188 单元模拟上部刚性构件，LINK8 单元模拟撑杆单元，LINK10 单元模拟下部拉索单元。结构的有限元模型如图 5-74 所示。

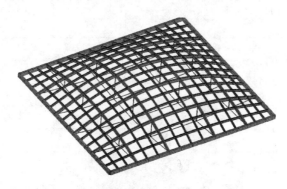

图 5-74　双向张弦梁结构的有限元模型

由于规范中并未明确规定钢结构温度作用的取值以及施工验收中对合拢温度的要求，导致目前钢结构的设计与施工中温度的控制较为混乱。目前，设计时一般根据当地气温的最高值和最低值之差的 1/2 来定义结构的正温差荷载和负温差荷载，并且规定将最高气温和最低气温的平均值定义为最佳合拢温度，忽略了太阳辐射的影响。同时在施工时，由于钢结构的施工验收规范中没有对合拢温度控制提出要求，一般钢结构的施工并没有刻意地控制合拢温度，因此为了研究上述现状下双向张弦梁结构的温度响应，设计了 5 种温度作用工况，如表 5-21 所示。

表 5-21　温度工况定义

编号	描述
工况 1	正温差荷载，不考虑太阳辐射，取 +30℃
工况 2	负温差荷载，不考虑太阳辐射，取 −30℃
工况 3	正温差荷载，考虑太阳辐射，取夏至日各个构件实际最高温度减去合拢温度
工况 4	钢结构夏至日中午合拢，负温差夏至日各个构件实际最高温度减去最低温度
工况 5	钢结构在最低温度时合拢，正温差取夏至日各个构件实际最高温度减去最低温度

上述 5 种工况下双向张弦结构上部结构的最大杆件应力与最大节点位移结果如表 5-22 所示。为了定量描述正温差工况中太阳辐射的影响，本节定义了太阳辐射影响系数，即考虑太阳辐射影响时的结构响应代表值与相应不考虑太阳辐射影响的结构响应代表值的比值。利用工况 1 和工况 3，计算了算例中双向张弦梁结构上述构件的节点位移太阳辐射影响系数和杆件应力太阳辐射影响系数，上述两种太阳辐射影响系数的概率密度分布如图 5-75 和图 5-76 所示。

表 5-22　5 种温度工况的主要结果

编号	工况 1	工况 2	工况 3	工况 4	工况 5
最大杆件应力/MPa	37.1	59.4	46.0	108.71	62.5
最大节点位移/mm	22	34	33	72	58

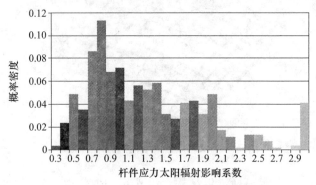

图 5-75　杆件应力太阳辐射影响系数

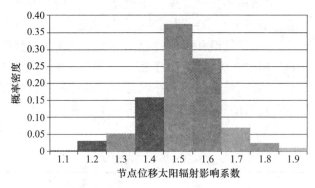

图 5-76　节点位移太阳辐射影响系数

由表 5-22、图 5-75 和图 5-76可知：

（1）通过工况 1 和工况 2 的结果比较,得出双向张弦结构对负温差较为敏感,因此建议适当降低结构的合拢温度。

（2）通过工况 1 和工况 3 的结果比较,得出结构杆件应力和节点位移在考虑太阳辐射影响的温度作用工况要比不考虑时分别增加 23.99% 和 50%,因此太阳辐射对结构的正温差影响是显著的。

（3）杆件应力太阳辐射影响系数大于 1.0 的杆件占总数的 62% 左右,系数大于 3.0 的杆件占总数的 4% 左右。

（4）节点位移太阳辐射影响系数均大于 1.0,系数大于 1.5 的节点数目占总数的 75%。

（5）由工况 1、2 与相应的工况 4、5 结果比较可得出,若施工合拢温度控制不当,结构杆件的最大等效应力和节点位移要增加 83.01％和 111.76％,因此结构设计阶段和施工阶段要合理地考虑合拢温度,否则结构会存在安全隐患。

5.6　曹妃甸开滦储煤基地单层网壳结构太阳辐射温度效应

5.6.1　工程概况

曹妃甸开滦储煤基地储煤仓采用 H 型铝-板式节点单层铝合金网壳结构,此项目建筑效果和结构形式如图 5-77 和图 5-78 所示。该铝合金网壳结构跨度125m,高度 44.5m,杆件均为 H 型截面铝合金构件,截面尺寸为 300mm×150mm×8mm×10mm。铝合金穹顶周边用混凝土环梁支撑,节点采用板式节点。

该项目屋面围护结构为铝合金板,如图 5-79 和图 5-80 所示。由于铝合金具有较高的热传导速率,且屋面铝合金板与下部 H 型铝杆件几乎接触在一起,因此可偏于安全地假定铝合金构件温度与铝合金蒙皮温度相同。

在铝合金结构中有两种典型节点,分别是板式节点和毂式节点,如图 5-81 和图 5-82 所示,本工程采用板式节点。

图 5-77　建筑效果图

图 5-78　结构示意图

图 5-79　铝合金屋面实景图

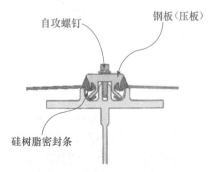

图 5-80　铝合金屋顶节点示意图

图 5-81　板式节点　　　　　　　图 5-82　毂式节点

5.6.2　太阳辐射作用下铝合金板的温度场数值模拟

根据第 4 章提出的基于 FEM 的太阳辐射非均匀温度场分析方法,采用 ANSYS 软件对该铝合金结构的温度场进行模拟。铝合金板采用 SOLID70 单元模拟,其有限元模型如图 5-83 所示。铝合金的材料特性如表 5-23 所示。

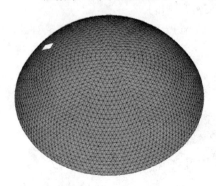

铝合金板表面的热荷载主要包括与空气间的对流换热、太阳短波辐射和与周围环境间的长波辐射。与空气间的对流换热系数采用 Yazdanian-Klems 模型计算,考虑到本项目位于海边,风速取值 7m/s。与周围环境间的长波辐射采用斯蒂芬-玻尔兹曼公式来计算。采用

图 5-83　温度场分析模型图

ASHRAE 晴空模型计算铝合金板表面的太阳辐射强度,该模型主要参数如表 5-24 所示。

表 5-23　铝合金的材料特性

参数	密度/(kg/m³)	比热容/(J/(kg·℃))	导热系数/(W/(m·℃))	吸收系数	辐射系数
数值	2700	960	203	0.6	0.8

表 5-24　ASHRAE 晴空模型中的主要参数

参数	A	B	C	地面反射辐射	C_N
数值	1326.54	0.404	0.181	0.15	1.0

采用上述模型和参数分析曹妃甸开滦储煤基地铝合金网壳结构夏至日的太阳辐射非均匀温度时空分布规律。铝合金网壳在一天之中典型时刻的温度场分布如图 5-84～图 5-86 所示。典型节点(中心节点)的温度-时间曲线如图 5-87 所示。

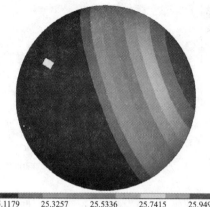

| 25.1179 | | 25.3257 | | 25.5336 | | 25.7415 | | 25.9493 | |
| | 25.2218 | | 25.4297 | | 25.6375 | | 25.8454 | | 26.0532 |

图 5-84　6 月 21 日 6:00 时铝合金屋盖的温度场分布(单位:℃)

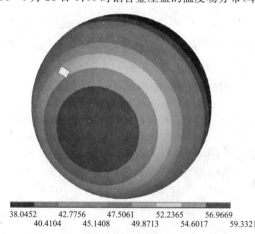

| 38.0452 | | 42.7756 | | 47.5061 | | 52.2365 | | 56.9669 | |
| | 40.4104 | | 45.1408 | | 49.8713 | | 54.6017 | | 59.3321 |

图 5-85　6 月 21 日 14:00 时铝合金屋盖的温度场分布(单位:℃)

| 29.9295 | | 30.7177 | | 31.5059 | | 32.2941 | | 33.0823 | |
| | 30.3236 | | 31.1118 | | 31.9 | | 32.6882 | | 33.4764 |

图 5-86　6 月 21 日 19:00 时铝合金屋盖的温度场分布(单位:℃)

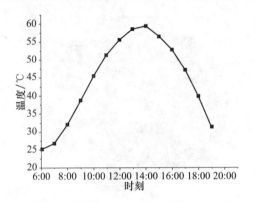

图 5-87　典型节点(中心节点)的温度-时间曲线

从上述图表中可以看出：

(1) 在日出之前和日落之后铝合金结构的温度场分布接近均匀温度场；

(2) 在中午时刻,铝合金结构的温度场分布非常不均匀,同时,在中午时刻,铝合金结构的温度高达 66℃,比周围的环境高出 31℃；

(3) 铝合金屋顶的温度-时间变化曲线接近正弦曲线。

5.6.3　铝合金网壳的太阳辐射温度效应

本项目中节点形式采用了板式节点,用 BEAM188 单元来模拟结构杆件。为了考虑不同荷载类型对结构温度效应的影响,在本模型中考虑了负均匀温度作用(温度作用 1)、正均匀温度作用(温度作用 2)以及太阳辐射非均匀温度作用(温度作用 3),假设结构的合拢温度为 10℃。表 5-25 给出了在各种温度作用下铝合金结构的节点最大位移、杆件最大应力和支座最大反力。节点最大位移、杆件最大应力、支座最大 X 向反力、支座最大 Y 向反力的日变化曲线如图 5-88～图 5-91所示。

表 5-25　在不同温度作用下结构的响应

项目	恒荷载	温度作用 1	温度作用 2	温度作用 3
节点最大位移/mm	11.3	52.1	51.8	80.4
杆件最大应力/MPa	7.8	48.3	48.3	68.9
$F_{X\max}$/kN	27.4	42.9	42.9	61.3
$F_{Y\max}$/kN	0.6	39.9	39.9	19.3
$F_{Z\max}$/kN	71.1	0.01	0.02	3.7

注：$F_{X\max}$ 表示支座最大 X 向反力；$F_{Y\max}$ 表示支座最大 Y 向反力；$F_{Z\max}$ 表示支座最大 Z 向反力。

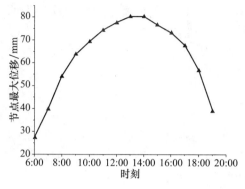

图 5-88　节点最大位移随时间变化曲线

图 5-89　杆件最大应力随时间变化曲线

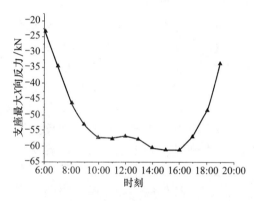

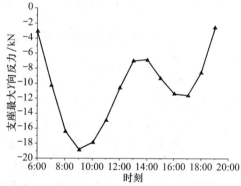

图 5-90　支座最大 X 向反力随时间变化曲线　　图 5-91　支座最大 Y 向反力随时间变化曲线

通过以上的图表分析可知：

（1）通过表 5-25 可知，铝合金穹顶在太阳辐射作用下的温度效应比恒载作用更不利，尤其在节点位移和构件应力上，所以对于铝合金穹顶，温度作用是关键荷载。

（2）通过表 5-25 可知，结构在温度作用 1 和温度作用 2 下的响应相同，所以对于铝合金穹顶正温差荷载和负温差荷载具有相同的温度效应。

（3）通过表 5-25 可知，在温度作用 3 下结构的温度响应远大于温度作用 1 和温度作用 2，节点最大位移增加 55.22%，杆件最大应力增加 42.65%，支座最大 X 向反力增加 42.89%。因此，对于铝合金穹顶而言，太阳辐射对结构的温度效应有较重要的影响。

（4）在一天之中节点最大位移、杆件最大应力、支座最大 X 向反力、支座最大 Y 向反力随时间的变化曲线与结构的温度变化曲线相似。

（5）在太阳辐射作用下，在 6 月 2 日一天之中铝合金穹顶节点的最大位移变化量为 53.54mm，杆件最大应力变化量为 43.05MPa，支座最大 X 向反力变化量为 38.36kN，支座最大 Y 向反力变化量为 16.97kN，各自的变化量分别是恒载下的 478.81%、551.92%、140.00%和 2828.33%,所以这也说明太阳辐射作用下的温度作用对铝合金穹顶结构温度效应影响的重要性。

(6) 由于太阳辐射作用下构件的应力变化较大,所以有必要研究在太阳辐射作用下铝合金穹顶的疲劳效应。

5.6.4　参数化分析

为了研究边界条件、跨度和矢跨比对铝合金穹顶在太阳辐射作用下的影响,本节建立 17 个不同参数的铝合金模型。对于模型 1～模型 10,杆件为截面尺寸 200mm×100mm×6mm×8mm 的 H 型构件。对于模型 11～模型 17,杆件为截面尺寸 300mm×150mm×8mm×10mm 的 H 型构件。模型 1～模型 5 的跨度分别为 60m、80m、100m、120m 和 130m,矢跨比均为 1/7。模型 6～模型 10 的矢跨比分别为 1/5、1/6、1/7、1/8 和 1/9,跨度均为 120m。对于模型 11～模型 17,支座的竖向和环向施加固定约束,径向施加弹性约束,模型 11～模型 17 的径向弹性约束值分别为 500kN/m、2500kN/m、5000kN/m、10000kN/m、15000kN/m、20000kN/m、500000kN/m。其他的一些模型尺寸均与 5.6.1 节中介绍的曹妃甸开滦储煤基地储煤仓相同。

模型 11～模型 17 的节点最大位移、杆件最大应力以及支座最大 X 向反力如图 5-92～图 5-94 所示。从图中可知,节点位移、杆件应力以及支座反力随着支座径向弹簧刚度的增加而增加,但所有不同边界条件下的变化曲线均相似。同时,当支座的径向弹簧刚度超过 5000kN/m 时,节点位移、杆件应力和支座反力随着刚度的增加变化幅度较少。

图 5-95 是在温度作用 1 和温度作用 3 下的节点最大位移。从图中可以看出,结构跨度和矢跨比对节点最大位移的影响较大。节点位移随着跨度的增加而增加,随着矢跨比的增加而减小。

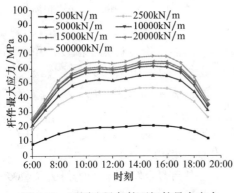

图 5-92　不同边界条件下杆件最大应力
随时间变化曲线

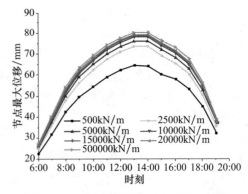

图 5-93　不同边界条件下节点最大位移
随时间变化曲线

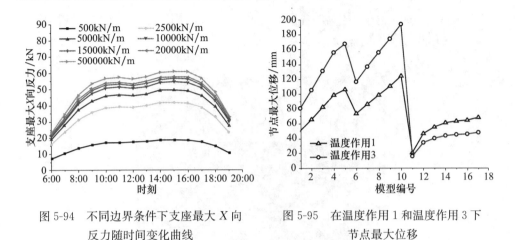

图 5-94　不同边界条件下支座最大 X 向　　　　图 5-95　在温度作用 1 和温度作用 3 下
反力随时间变化曲线　　　　　　　　　节点最大位移

图 5-96 是节点最大位移和杆件最大应力在温度作用 1 和温度作用 3 下的差值。从图中可知,节点最大位移和杆件最大应力在所有情况下考虑太阳辐射均比不考虑太阳辐射高出 30%～60%。

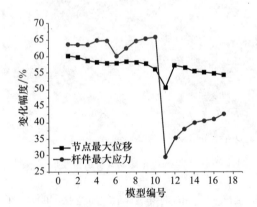

图 5-96　在温度作用 1 和温度作用 3 下节点最大位移和杆件最大应力差值图

5.7　天津于家堡交通枢纽站房太阳辐射温度效应

5.7.1　工程概况

天津于家堡站为京津城际延长线地下高铁站房,站房建筑面积约 86200m²,站房屋盖采用大跨度空间网格结构。结构主要杆件采用曲线钢箱型梁,72 根箱型梁相互交叉连接,编织成一个纵向跨度约 142m、横向跨度约 80m、矢高约 24m 的贝壳形穹顶网壳结构,在其顶部设置有顶环结构、在其底部设置有箱型环梁对单层网壳底端起连接和拘束作用。施工过程中的结构效果如图 5-97 所示。该结构屋面由 783 个 ETFE 气枕组成,如图 5-98 所示。

图 5-97　天津于家堡交通枢纽站房内景图

图 5-98　天津于家堡交通枢纽站房建成后效果

箱型环梁位于单层网壳底部,对单层网壳起连接和拘束作用。箱形环梁由箱型和 1/4 圆弧形等各种截面形式的构件构成,其底部通过抗震支座与标高为 +2.000m 的混凝土环梁相连接,其节点形式如图 5-99 所示。箱型构件的截面尺寸为 RB800mm×1100mm×65mm×25.5mm,1/4 圆弧构件的截面尺寸为 RB1100mm×1100mm×34mm×30mm。

顶环结构由顶部环梁和上部穹顶两大部分组成,顶部环梁尺寸为□700mm×500mm×20mm×20mm,箱型环梁、上部穹顶由 φ450mm×20mm、φ299mm×20mm、φ299mm×16mm、φ203mm×16mm 等钢管构件组成,如图 5-100 所示。

单层网壳由 72 根不同规格的箱型截面构件相互交接编织而成,节点形式与杆件布置如图 5-101 和图 5-102 所示。

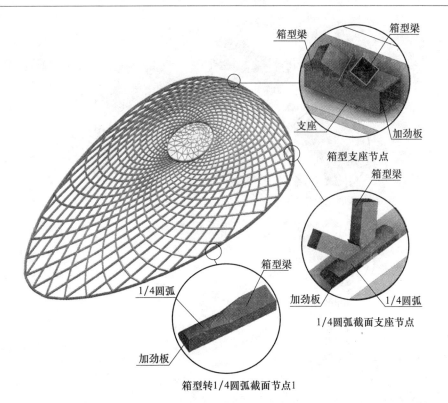

图 5-99　箱型环梁布置与节点示意图

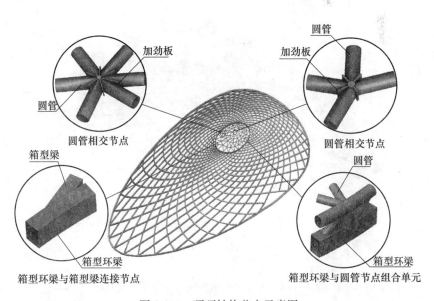

图 5-100　顶环结构节点示意图

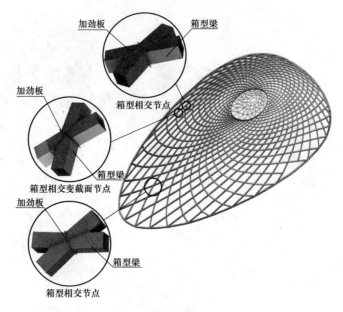

图 5-101　双螺旋单层网壳结构节点示意图

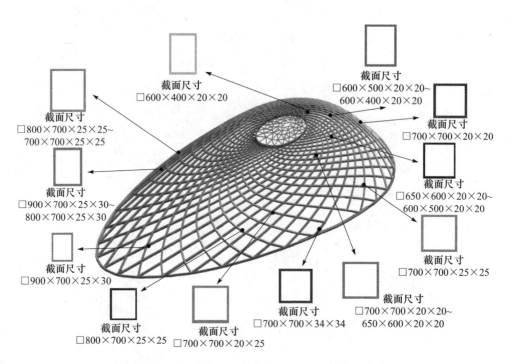

图 5-102　双螺旋单层网壳结构杆件布置图(单位:mm)

5.7.2　太阳辐射温度效应现场监测方案

　　为监测天津于家堡交通枢纽站房钢结构 ETFE 安装前后在太阳辐射作用下的温度分布与应力响应,选取了典型位置杆件进行监测,并于 2014 年 6 月安装了传感器,监测杆件位置如图 5-103 所示。该监测体系共有 48 个温度传感器与 24 个应力传感器,其中每个监测杆件有 4 个温度传感器与 2 个应力传感器。温度传感器在箱型构件的 4 面布置,应力传感器布置在上下表面,以分析弯矩影响。天窗测点构件截面为圆形截面。图 5-104 为构件传感器具体安装示意图。

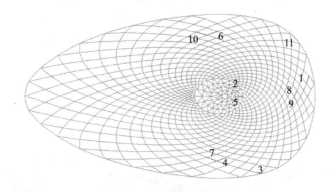

图 5-103　监测杆件布置图

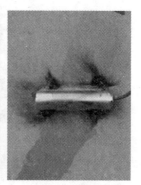

（a）温度传感器　　　　　　　　（b）应力传感器

图 5-104　构件传感器安装图

5.7.3　太阳辐射作用下非均匀温度场分析

　　现场测试系统每隔 15min 采集一次数据。图 5-105～图 5-115 为 8 月 1 日各个监测杆件的温度-时间曲线。采用第 4 章基于 FEM 的钢结构太阳辐射非均匀温度场数值模拟方法,利用结构周围实时的气温和风速数据,分析 ETFE 安装之前各个杆件的太阳辐射非均匀温度时空分布。

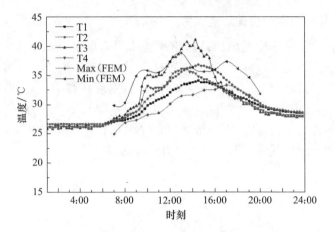

图 5-105　测点 1 温度变化曲线

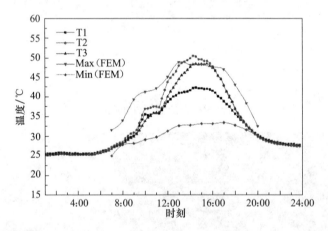

图 5-106　测点 2 温度变化曲线

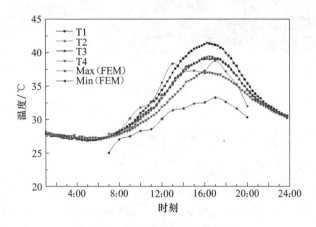

图 5-107　测点 3 温度变化曲线

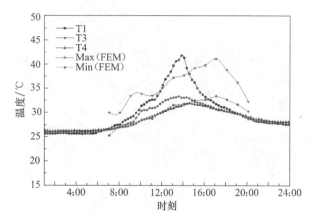

图 5-108　测点 4 温度变化曲线

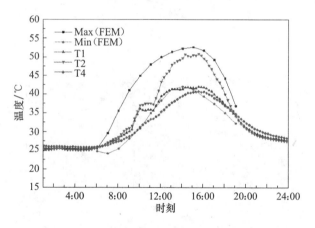

图 5-109　测点 5 温度变化曲线

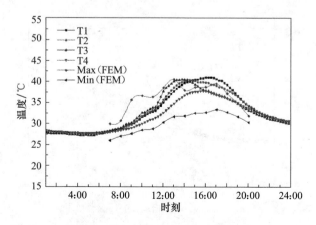

图 5-110　测点 6 温度变化曲线

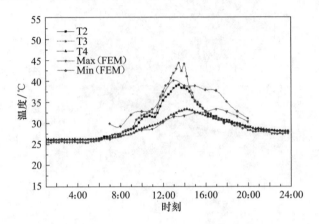

图 5-111　测点 7 温度变化曲线

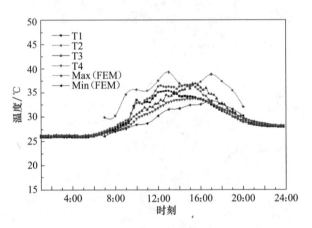

图 5-112　测点 8 温度变化曲线

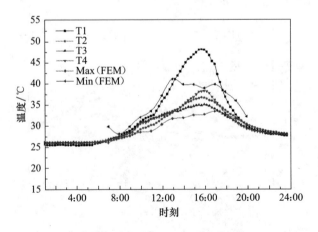

图 5-113　测点 9 温度变化曲线

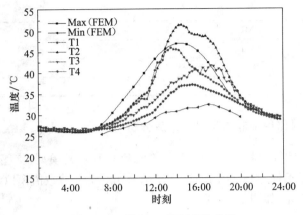

图 5-114　测点 10 温度变化曲线

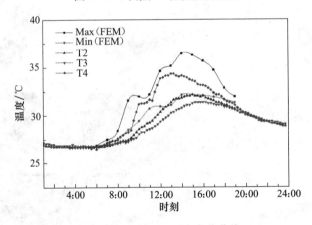

图 5-115　测点 11 温度变化曲线

将有限元计算结果与实际监测结果进行对比,可以看出,一些测点温度随时间变化的曲线呈锯齿形,这是因为各测点区域断续地被构件遮挡造成阴影。最大温度值出现在天窗测点 2 位置。

监测值与理论分析值的对比如表 5-26 所示,有限元所得结果与实际监测值最大误差为 14.7%。太阳辐射模型、太阳辐射吸收系数、地面反射率、风速等模型和参数误差,以及由于算法的复杂性,构件之间阴影的相互影响未被考虑,是造成理论计算结果与实际监测结果误差的主要原因。

表 5-26　构件最大温度

测点号	CM1	CM2	CM3	CM4	CM5	CM6
监测值/℃	40.7	50.5	41.3	42.2	50.5	41
有限元模拟值/℃	38.8	48.8	38.2	41.45	52.3	40.51
误差/%	4.6	3.3	7.5	1.7	3.5	1.1

续表

测点号	CM7	CM8	CM9	CM10	CM11
监测值/℃	44.1	36.5	48.2	53.1	32
有限元模拟值/℃	40.12	39.2	41.1	48.4	36.4
误差/%	9.0	7.3	14.7	8.8	13

5.7.4　太阳辐射作用下非均匀温度效应分析

在 ANSYS 软件中利用 BEAM188 单元建立有限元模型,支座节点采用径向与竖向约束边界条件,整体结构的温度作用采用 5.7.3 节数值模拟结果计算,温度作用施加于梁单元,如图 5-116 所示。

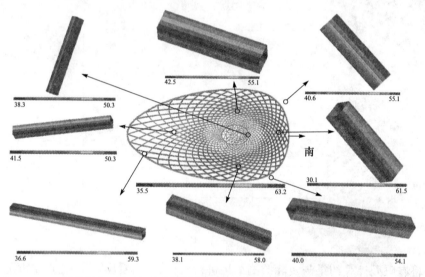

图 5-116　12:00 时太阳辐射作用下的温度场云图(单位:℃)

将不同时刻的温度作为温度作用输入有限元模型中,各个构件的应力-时间曲线如图 5-117～图 5-127 所示。从图中可以看出,有限元方法得到的应力变化曲线与实际监测值吻合较好。

通过对比可以看出,个别测点的理论计算值与实际监测值存在较大误差,其主要原因包括数值计算模型与实际结构存在误差(如杆件的截面尺寸、空间位置、材料特性、边界条件等)、施工荷载与风荷载误差(在数值模拟中未考虑)、仪器监测误差以及太阳辐射非均匀温度场理论结果与实际分布误差等。

为研究温度作用对整体结构变形的影响,提取了典型位置的节点位移时程曲线,节点位置如图 5-128 所示。节点位移-时间曲线如图 5-129～图 5-133 所示。通过对比可以看出,节点 2 与节点 4 的位移要大于节点 5。

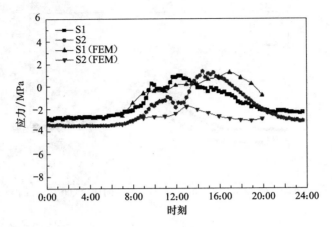

图 5-117　测点 1 应力变化曲线

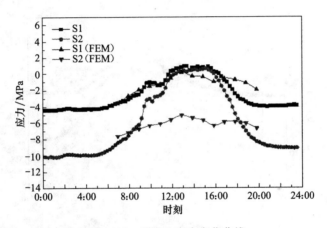

图 5-118　测点 2 应力变化曲线

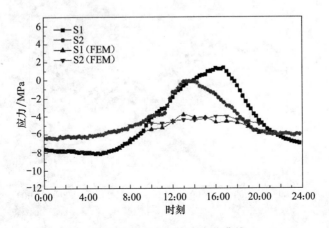

图 5-119　测点 3 应力变化曲线

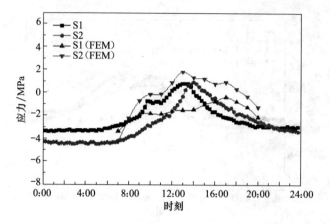

图 5-120　测点 4 应力变化曲线

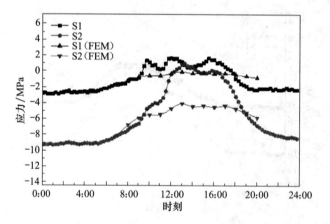

图 5-121　测点 5 应力变化曲线

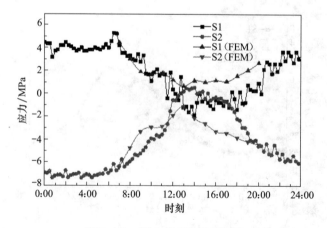

图 5-122　测点 6 应力变化曲线

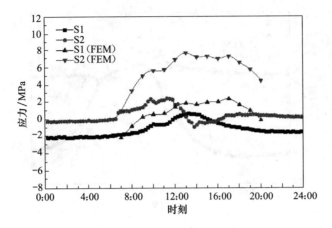

图 5-123　测点 7 应力变化曲线

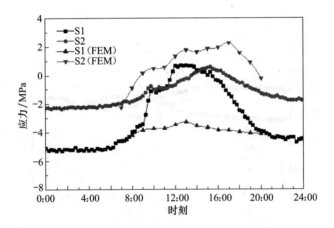

图 5-124　测点 8 应力变化曲线

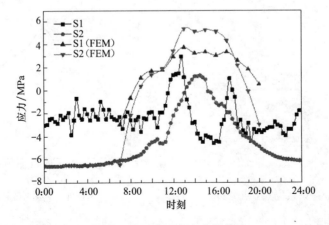

图 5-125　测点 9 应力变化曲线

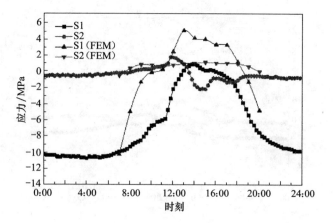

图 5-126　测点 10 应力变化曲线

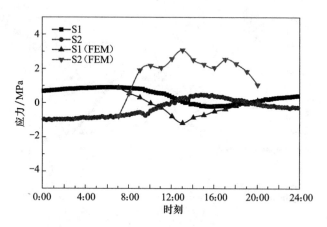

图 5-127　测点 11 应力变化曲线

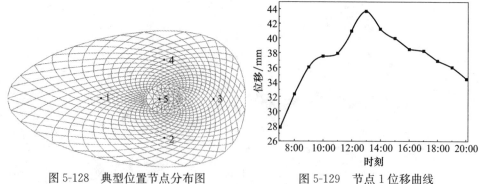

图 5-128　典型位置节点分布图　　　　　图 5-129　节点 1 位移曲线

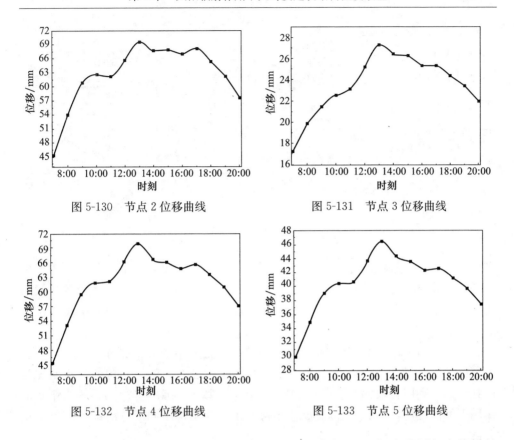

图 5-130　节点 2 位移曲线　　　　　　图 5-131　节点 3 位移曲线

图 5-132　节点 4 位移曲线　　　　　　图 5-133　节点 5 位移曲线

　　为研究温度作用对拱结构力学性能的影响,对跨度 80m、拥有不同矢高的拱结构进行了研究。本节研究了拱脚刚接与铰接两种情况下的力学特征。图 5-134 和图 5-135 为拥有不同矢高的拱结构在不同温度作用下的最大应力变化曲线。从图

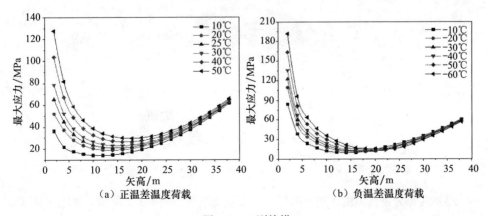

（a）正温差温度荷载　　　　　　　（b）负温差温度荷载

图 5-134　刚接拱

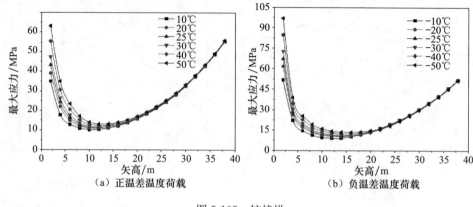

（a）正温差温度荷载　　　　　　（b）负温差温度荷载

图 5-135　铰接拱

中可以看出,对于铰接的拱结构,当矢高超过 20m 后,温度不再对其最大应力产生影响;对于刚接的拱结构,这种影响也大大减小。最大应力均出现在拱脚处。矢跨比小的拱结构对于温度作用更为敏感,同时刚接拱的温度最大应力几乎是铰接拱的两倍。

　　为研究温度作用对结构不同部分的影响,将整体结构分为底环梁、上部网壳、顶环梁三部分,如图 5-136 所示。由于在实际施工过程中整体结构的合拢温度为(14 ± 5)℃,利用有限元方法得到了 2014 年 6 月 22 日与 12 月 22 日两天太阳辐射作用下的温度场,并通过施加温度作用得到了整体结构不同部分的最大应力变化曲线。

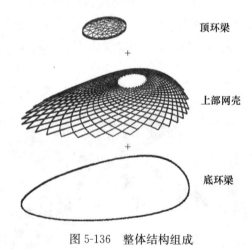

顶环梁

上部网壳

底环梁

图 5-136　整体结构组成

　　结构各部分仅在温度作用下的最大应力变化曲线如图 5-137 所示。从图 5-137(a)中可以看出,夏季上部网壳、底环梁、顶环梁最大应力变化分别为 11.9MPa、13.1MPa 和

22.15MPa。底环梁最大应力为 86.5MPa，远大于其他两部分的 48.7MPa 与 60.2MPa，表明底环梁对温度作用最为敏感，顶环梁对温度作用最不敏感。

12 月 22 日的温度作用同样被施加到有限元模型中，同时通过改变参考温度来模拟环境温度。各部分最大应力变化曲线如图 5-137(b)所示。上部网壳、底环梁、顶环梁最大应力变化分别为 4.6MPa、11.4MPa 和 3.4MPa。底环梁最大应力为 114.2MPa，远大于其他两部分的 37.8MPa 与 28MPa，因此可以得到类似的结论，即底环梁对负温差的敏感性远大于其他两部分结构。

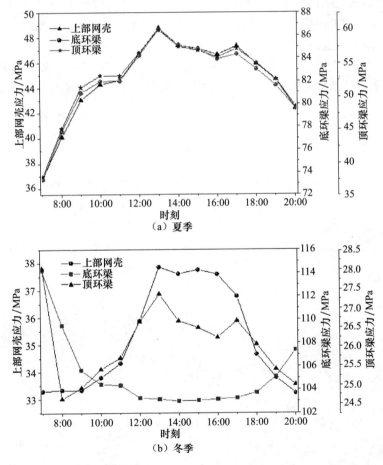

图 5-137　各部分最大应力变化曲线

在重力作用下，结构上部网壳、底环梁、顶环梁最大应力分别为 85.2MPa、48.4MPa 和 94.6MPa。温度引起的应力占重力引起应力的比例分别为 57%、237% 和 63.4%。

综上所述，上部网壳结构对于太阳辐射下的温度作用不敏感，而平面闭合结构对太阳辐射下的温度作用较为敏感。但由于底环梁位于上部结构造成的阴影中，所以太阳辐射引起的温度变化也不会对其产生很大影响。

通过以上分析，可以得出以下结论：

（1）本节列出了太阳辐射不均匀温度场的数值计算模型，得到太阳辐射作用下的整体结构温度场，并用实际监测数据对其进行了验证。

（2）基于有限元理论与本节得到的太阳辐射作用下温度场，计算了监测点应力变化趋势，并与实际监测结果进行了对比，结果显示，太阳辐射引起的不均匀温度场对上部网壳结构的应力没有显著影响。

（3）构件之间的阴影会造成理论计算结果与实际监测结果的误差，但理论计算结果是偏于安全的。

（4）结构不同部分对温度作用的敏感性不同。底环梁对季节性温差最为敏感，但由于上部结构的阴影作用，太阳辐射引起的不均匀温度场对其影响不大。

第6章 考虑太阳辐射作用的钢构件
温度计算方法

6.1 概　　述

大跨度建筑结构温度作用应考虑气温变化、太阳辐射及使用热源等因素,现行《建筑结构荷载规范》(GB 50009—2012)给出了考虑气温变化的均匀温度作用的计算方法。对于热传导速率较慢且体积较大的混凝土及砌体结构,结构的温度接近当地月平均气温,可直接参考月平均最高气温和月平均最低气温确定基本气温,《建筑结构荷载规范》(GB 50009—2012)附录E中给出了基于月平均气温历史数据统计得到的基本温度,可作为混凝土结构设计的温度作用的取值依据。对于热传导速率较快的金属结构,如钢结构和铝结构等,对气温的变化较为敏感,其温度接近环境温度。并且如果结构或构件位于室外或者透光性屋面(玻璃屋面或者膜屋面)下,太阳辐射将对结构的温度分布和变化产生显著影响,设计时必须考虑。但现行《建筑结构荷载规范》(GB 50009—2012)并未给出按极端温度确定的基本气温,也未给出太阳辐射作用下钢构件的温度作用计算方法。

在通常的结构设计中,温度作用根据当地平均最高气温、平均最低气温和结构合拢温度按照均匀温度作用进行计算。这种将太阳辐射作用下结构的非均匀温度场按照均匀温度作用计算的设计方法显然不能反映结构实际的温度效应。采用第4章所述的基于FEM或CFD的数值模拟方法,可以得到较精确的大跨度空间结构在辐射-热-流多物理场耦合作用下的非均匀温度场,但充分掌握FEM或CFD数值模拟技术进行数值模拟对一般结构设计师而言,需花费较多时间,并且模型建立、网格划分、参数设置等都会对计算结果产生很大影响,如果分析参数设置不当,将得不到理想的分析结果,影响结构设计的安全。

对于需要考虑太阳辐射影响的大跨度建筑结构,本章结合太阳辐射理论和稳态传热原理,提出考虑太阳辐射的钢构件(钢板、圆钢管构件、矩形钢管构件、H型钢构件)温度计算简化方法。对于不需要考虑太阳辐射影响的钢结构,本章结合我国近50年的气象数据,按照《建筑结构荷载规范》(GB 50009—2012)附录E中规定的方法,基于年极值温度历史数据,确定了50年重现期的基本气温。

6.2　太阳辐射作用下钢板温度计算简化公式

在温度简化计算中,典型截面钢构件可以看做由多块钢板组成。例如,矩形钢管可看做由四块钢板组成,圆钢管可看做由无穷细长钢板沿其周向组成,H 型钢可看做由三块钢板组成。因此,为推导典型截面钢构件的温度简化计算公式,首先需得到钢板的温度简化计算公式。

6.2.1　钢板温度计算理论

由于钢板良好的导热性,对于厚度不大的钢板,可以认为其厚度方向的温度梯度忽略不计,即温度沿厚度方向是均匀分布的,不考虑此方向的热流。钢板表面的热流荷载主要包括太阳短波辐射、与空气间的对流换热、与周围环境间的长波辐射换热等三类。

在钢板表面,根据边界面的热平衡,由物体内部导向边界面的热流密度等于从边界面传给周围环境的热流密度,由傅里叶定律和牛顿冷却公式可得

$$-k\left(\frac{\partial T}{\partial n}\right)_w = h(T - T_a) + q_r \tag{6-1}$$

式中,n 为钢板表面的法线方向;h 为钢板与外界环境的表面对流换热系数;T_a 为周围环境温度;q_r 表示钢板表面得到的热辐射热量。

钢板表面的热辐射包括太阳辐射、钢板与大气的长波辐射和钢板与地面的长波辐射,可按式(6-2)计算:

$$q_r = \varepsilon_f \sigma(T^4 - T_s^4)F_{ws} + \varepsilon_f \sigma(T^4 - T_g^4)F_{wg} - G \tag{6-2}$$

式中,σ 为斯蒂芬-玻尔兹曼常数,其数值为 5.67×10^{-8} W/(m² · K⁴);ε_f 为钢板表面发射率,钢材通常可取为 0.8;T_s 为天空有效温度(K),通常可按比空气温度低6℃考虑;T_g 为地面温度(K);G 为钢板表面吸收的太阳辐射强度,与太阳辐射吸收系数 ε 有关。

由前文所述,可认为钢板温度沿板厚是均匀分布的,因此钢板内部导向表面的热流密度为 0,则式(6-1)简化为

$$h(T - T_a) = -q_r \tag{6-3}$$

式(6-3)是关于钢板温度的复杂函数,可以采用一元四次方程的解析解或者采用迭代运算求得钢板的温度值,但是这两种计算方法对于工程设计来说过于烦琐、不实用,因此有必要对上述温度计算公式进行简化,以期方便地求得较为准确的温度值,为实际工程设计中温度作用的计算提供参考。

6.2.2　钢板温度简化计算公式

假定地面温度与周围空气温度的关系为 $T_g = kT_a$,将式(6-2)展开得

$$q_r = -\varepsilon(G_b + G_d + G_r) - \varepsilon_f \sigma F_{ws}(T_s^4 - T^4) - \varepsilon_f \sigma F_{wg}(T_g^4 - T^4)$$

$$= -G - \varepsilon_f \sigma \frac{1 + \cos\alpha}{2}[(T_a - 6)^4 - T^4] - \varepsilon_f \sigma \frac{1 - \cos\alpha}{2}[(kT_a)^4 - T^4]$$

$$= -G + \varepsilon_f \sigma T^4 - 0.5\varepsilon_f \sigma[(1 + \cos\alpha)(T_a - 6)^4 + (1 - \cos\alpha)(kT_a)^4] \quad (6-4)$$

在正午时刻前后,钢构件的温度达到最高值,这也是工程设计中比较关心的温度值。考虑到全国大部分地区夏季温度的不同,夏季正午时刻前后钢板的最高温度范围为 30～65℃,空气温度范围为 25～45℃,在这两个范围内对式(6-4)中钢板温度 T 的四次项进行线性拟合,并对周围空气温度 T_a 的四次项进行简化,得到

$$q_r = -G + 5.857T - 1396 - 2.27[(1 + \cos\alpha)(0.9432 \times 10^{-8}T_a^4 - 1.6959)$$

$$+ (1 - \cos\alpha)(kT_a)^4 \times 10^{-8}]$$

$$= -G + 5.857T - 1396 - [(2.141 + 2.27k^4)$$

$$+ (2.141 - 2.27k^4)\cos\alpha] \times 10^{-8}T_a^4 \quad (6-5)$$

令 $\alpha_1(k) = 2.141 + 2.27k^4$,$\alpha_2(k) = 2.141 - 2.27k^4$,则式(6-5)为

$$q_r = -G + 5.857T - 1396 - [\alpha_1(k) + \alpha_2(k)\cos\alpha] \times 10^{-8}T_a^4 \quad (6-6)$$

式中,$\alpha_1(k)$ 和 $\alpha_2(k)$ 可按表 6-1 取值,表中范围内未列出的 k 值所对应的 $\alpha_1(k)$ 和 $\alpha_2(k)$ 值可通过线性插值求得。

表 6-1　不同 k 值对应的 α_1 和 α_2 取值表

k	1.00	1.01	1.02	1.03	1.04	1.05	1.06	1.07
α_1	4.411	4.503	4.598	4.696	4.797	4.900	5.007	5.116
α_2	−0.129	−0.221	−0.316	−0.414	−0.515	−0.618	−0.725	−0.834
k	1.08	1.09	1.10	1.11	1.12	1.13	1.14	1.15
α_1	5.229	5.345	5.464	5.587	5.713	5.842	5.975	6.111
α_2	−0.947	−1.063	−1.182	−1.305	−1.431	−1.560	−1.693	−1.829

将简化的辐射热流密度计算公式(6-6)代入式(6-3),便可得钢板温度计算表达式为

$$T = \frac{G + 1396 + f(T_a, \cos\alpha) + hT_a}{h + 5.857} \quad (6-7a)$$

$$T = \frac{G + f(T_a, \cos\alpha) + h(T_a - 273.15) - 203.84}{h + 5.857} \quad (6-7b)$$

式(6-7a)为钢板温度简化计算公式,所求得的温度单位为 K,将其转换为℃,其公式如式(6-7b)所示。由该计算公式可以看出,钢板温度的大小与太阳辐射强度、钢板表面太阳辐射吸收系数、周围空气温度、钢板空间方位和钢板表面对流换热系数有关。

对流换热系数主要与温差、风速和建筑外形等有关,目前关于对流换热系数的计算并没有统一的公式,世界各国学者根据缩尺或足尺模型风洞试验数据、CFD数值模拟等方法提出了适用于不同特定条件下的对流换热系数的关系式。Defraeye和 Palyvos 对目前对流换热系数的关系式作出了总结。Palyvos 认为,尽管根据传热学原理,对流换热系数与风速应呈指数关系,但是结合大量试验数据,线性关系式能够很好地与试验结果相符合,因此采用线性关系式在许多情况下是可行的。表 6-2 给出了一些研究者提出的不同建筑表面的对流换热系数关系式。可以看出,不同研究者所得到的对流换热系数关系式并不相同,各有其特定适用范围。图 6-1~图 6-3 分别为各研究者得到的对流换热系数关系式的对比。

表 6-2 建筑物表面对流换热系数关系式

研究者	建筑尺寸/m 长×宽×高	风速 风速类型	风速 位置	风速 范围 /(m/s)	表面位置	关系式
Sturrock	塔(26)	U_R	—	—	迎风面	$6.1U_R+11.4$
ASHRAE	—	U_S	离壁面 0.3m	—	迎+背	$18.6U_S^{0.605}$
Nicol	矩形建筑	U_R	—	0~5	迎+背	$4.35U_R+7.55$
Sharples	塔 (20×36×78)	U_S	离壁面 1m	0.5~20	迎+背	$1.75U_S+5.1$
		U_{10}	—	0~12	迎风面	$2.9U_{10}+5.3$
					背风面	$1.5U_{10}+4.1$
Yazdanian 和 Klems	小型单层矩形建筑	U_{10}	—	0~12	迎风面	$\sqrt{(0.84\Delta T^{1/3})^2+(2.38U_{10}^{0.89})^2}$
					背风面	$\sqrt{(0.84\Delta T^{1/3})^2+(2.86U_{10}^{0.617})^2}$
Jayamaha	竖直墙壁	U_R	竖直墙壁之上	0~4	迎+背	$1.444U_R+4.955$
Loveday 和 Taki	矩形建筑 (21×9×28)	U_S	离壁面 1m	0.5~9	迎风面	$16.15U_S+0.397$
					背风面	$16.25U_S+0.503$
		U_R	离屋顶 11m	0.5~16	迎风面	$2.00U_R+8.91$
					背风面	$1.77U_R+4.93$
Hagishima 和 Tanimoto	两相邻矩形建筑(16.6×26.8×16.5+22.2×15.3×9.9)	U_S	离壁面或屋顶 0.13m	0.5~3	屋顶	$3.96\sqrt{u^2+v^2+w^2+2k}+6.42$
					迎+背	$10.21\sqrt{u^2+v^2+w^2+2k}+4.47$
Zhang	小型建筑 (3×3×3)	U_S	离壁面 0.2m	1~7	迎+背	$-0.0203U_S^2+1.766U_S+12.263$

续表

| 研究者 | 建筑尺寸/m | | 风速 | | | 表面位置 | 关系式 |
	长×宽×高	风速类型	位置	范围/(m/s)			
Liu 和 Harris	矩形建筑（8.5×8.5×5.6）	U_S	离壁面 0.5m	0～3.5		迎风面	$6.31U_S+3.32$
						背风面	$5.03U_S+3.19$
		U_R	离屋顶 1m	0～9		迎风面	$2.08U_R+2.97$
						背风面	$1.57U_R+2.66$
		U_{10}	—	0～16		迎风面	$1.53U_{10}+1.43$
						背风面	$0.9U_{10}+3.28$

注：U_{10} 表示距离地面 10m 高空的平均风速(m/s)；U_R 表示距屋顶一定距离处的风速(m/s)；U_S 表示距建筑物表面一定距离处的风速(m/s)。

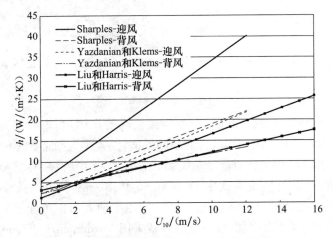

图 6-1　对流换热系数 h 与 U_{10} 关系对比图

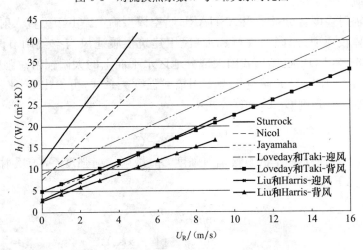

图 6-2　对流换热系数 h 与 U_R 关系对比图

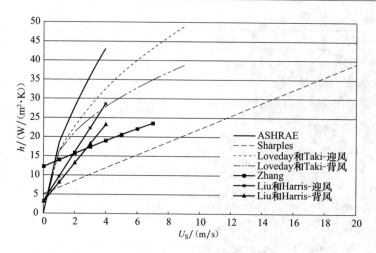

图 6-3　对流换热系数 h 与 U_S 关系对比图

　　此外,刘念雄在《建筑热环境》一书中也给出了受迫对流的建筑物表面对流换热系数近似计算公式:

$$h = (2.5 \sim 6.0) + 4.2V \tag{6-8}$$

式中,V 为风速(m/s);常数项表示自然对流换热的作用,当表面与周围环境温度相差较小(一般在 3℃以内)时,取常数项的低值,温差越大则常数项的取值越大。

　　本章采用与 U_{10} 相关的对流换热关系式,由图 6-1 中各关系式的对比可知,适用于建筑物的对流换热关系式中,Yazdanian 和 Klems 提出的关系式与 Liu 和 Harris 提出的关系式的计算结果相差不大,但由于前者考虑了建筑表面与环境温差的影响,考虑因素相对更加全面,所以本章采用 Yazdanian 和 Klems 提出的关系式计算对流换热系数。

　　太阳辐射强度各分量采用 ASHARE 晴空模型确定。由于垂直入射的太阳辐射强度计算较烦琐,而国家现行标准《民用建筑供暖通风与空气调节设计规范》(GB 50736—2012)中已给出我国大部分地区水平面上的太阳辐射总强度 G_H 值,根据水平面上 ASHARE 晴空模型太阳辐射强度关系式,可得出 G_{ND} 基于水平面上的太阳辐射总强度 G_H 的计算公式:

$$G_{ND} = \frac{G_H}{\sin\beta + C} \tag{6-9}$$

　　非水平面和垂直面上的直接辐射强度 G_D、散射辐射强度 $G_{d\theta}$ 与反射辐射强度 G_R 分别按如下计算:

$$G_D = \frac{G_H}{\sin\beta + C}\cos\theta \tag{6-10}$$

$$G_{d\theta} = \frac{CG_H}{\sin\beta + C}\frac{(1+\cos\alpha)}{2} \tag{6-11}$$

$$G_{R} = \rho_{g} G_{H} \frac{(1 - \cos\alpha)}{2} \tag{6-12}$$

6.2.3　钢板温度计算算例

根据前文得到了钢板温度计算简化公式,下面给出应用该公式计算钢板温度的两个算例。

算例一:水平放置的钢板

设有一水平放置的钢板,尺寸为 500mm×200mm×8mm,长边方向沿南北向,短边方向沿东西向,如图 6-4 所示。逆时针选取钢板的三个角点,钢板中心为坐标原点,则三个角点的坐标分别为 1(−250,100)、2(250,100)、3(250,−100)。计算天津(纬度约为北纬 40°)夏至日正午 12:00 时钢板的最高温度,已知 2010 年夏至日天津室外最高温度为 35.1℃,海拔高度为 5m。

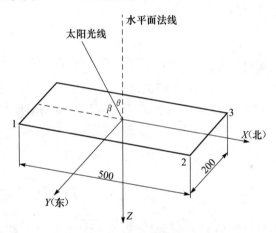

图 6-4　水平放置的钢板示意图(单位:mm)

钢板外单位法向量:

$$n = (0, 0, -1)$$

钢板表面法线与水平面法线的夹角:

$$\cos\alpha = -\frac{n_{3}}{\sqrt{n_{1}^{2} + n_{2}^{2} + n_{3}^{2}}} = 1$$

钢板表面方位角:

$$\cos\gamma = \frac{n_{1}\cos\phi + n_{2}\sin\phi}{\sqrt{n_{1}^{2} + n_{2}^{2} + n_{3}^{2}}} = 0$$

太阳光线与钢板表面法线的夹角:

$$\cos\theta = \cos\beta\cos\gamma\sin\alpha + \sin\beta\cos\alpha = 0.9586$$

1) ASHRAE 晴空模型

根据《民用建筑供暖通风与空气调节设计规范》(GB 50736—2012)查得天津地区水平面上正午 12:00 时太阳总辐射照度 $G_H = 919 W/m^2$。此外,常数 C 为 0.187,钢板的太阳辐射吸收系数 ε 取 0.6,钢板表面对流换热系数 h 取 $20 W/(m^2 \cdot K)$,则有如下结果。

垂直入射太阳辐射强度:

$$G_{ND} = \frac{G_H}{[\cos(90° - \beta) + C]} = 802.22 (W/m^2)$$

钢板上表面太阳直射辐射强度:

$$G_b = G_{ND} \cos\theta = 768.98 (W/m^2)$$

钢板上表面太阳散射辐射强度:

$$G_d = C G_{ND} \frac{1 + \cos\alpha}{2} = 150.02 (W/m^2)$$

钢板上表面地面反射辐射强度:

$$G_r = G_H \rho_g \frac{1 - \cos\alpha}{2} = 0$$

钢板上表面总辐射强度:

$$G = \varepsilon(G_b + G_d + G_r) = 0.6 \times (768.98 + 150.02 + 0) = 551.4 (W/m^2)$$

若此时地面温度与空气温度的比值为 1.03,即地面温度为 44.3℃,查表得 $\alpha_1 = 4.696$,$\alpha_2 = -0.414$,则可得钢板表面最高温度为

$$
\begin{aligned}
T &= \frac{G + f(T_a, \cos\alpha) + h(T_a - 273.15) - 203.84}{h + 5.857} \\
&= \frac{G + [\alpha_1(k) + \alpha_2(k)\cos\alpha] \times 10^{-8} T_a^4 + h(T_a - 273.15) - 203.84}{h + 5.857} \\
&= \frac{551.4 + (4.696 - 0.414) \times (35.1 + 273.15)^4 \times 10^{-8} + 20 \times 35.1 - 203.84}{20 + 5.857}
\end{aligned}
$$

$$= 55.54 (℃)$$

2) Hottel 模型

大气层外太阳辐射强度:

$$G_{0n} = G_{sc}\left(1 + 0.033\cos\frac{360n}{365}\right)$$

$$= 1367 \times \left(1 + 0.033\cos\frac{360° \times 173}{365}\right) = 1322.5 (W/m^2)$$

大气层外切平面的太阳辐射强度:

$$G_0 = G_{0n}\sin\beta = 1322.5 \times 0.9586 = 1267.75 (W/m^2)$$

晴朗天气太阳直射透过比 τ_b 中各计算参数确定如下:

$$a_0 = r_0 a_0^* = 0.97 \times [0.4237 - 0.00821 \times (6 - 5)^2] = 0.403$$

$$a_1 = r_1 a_1^* = 0.99 \times [0.5055 + 0.00595 \times (6.5-5)^2] = 0.5137$$

$$k = r_k k^* = 1.02 \times [0.2711 + 0.01858 \times (2.5-5)^2] = 0.395$$

$$\tau_b = a_0 + a_1 e^{-k/\sin\beta} = 0.403 + 0.5137 \times e^{-0.395/0.9586} = 0.7432$$

地球水平地面上的太阳直射辐射强度:

$$G_b = G_0 \tau_b = 1267.75 \times 0.7432 = 942.2 (\text{W/m}^2)$$

晴朗天气太阳散射透过比:

$$\tau_d = 0.271 - 0.294\tau_b = 0.271 - 0.294 \times 0.7432 = 0.0525$$

地球表面太阳散射辐射强度:

$$G_d = (0.271 - 0.294\tau_b)G_0 = 0.0525 \times 1267.75 = 66.56 (\text{W/m}^2)$$

钢板表面吸收的总太阳辐射强度:

$$G = \varepsilon (G_b + G_d + G_r) = 0.6 \times (942.2 + 66.56 + 0) = 605.26 (\text{W/m}^2)$$

钢板表面最高温度为

$$T = \frac{G + f(T_a, \cos\alpha) + h(T_a - 273.15) - 203.84}{h + 5.857}$$

$$= \frac{G + [\alpha_1(k) + \alpha_2(k)\cos\alpha] \times 10^{-8} T_a^4 + h(T_a - 273.15) - 203.84}{h + 5.857}$$

$$= \frac{605.26 + (4.696 - 0.414) \times (35.1 + 273.15)^4 \times 10^{-8} + 20 \times 35.1 - 203.84}{20 + 5.857}$$

$$= 57.62 (\text{℃})$$

算例二: 倾斜放置的钢板

将算例一中的钢板倾斜放置, 与水平面成 45°。建立图 6-5 所示的坐标系, 三个角点坐标分别为点 $1(0, -100, 0)$、点 $2(0, 100, 0)$、点 $3(250\sqrt{2}, 100, -250\sqrt{2})$。其他已知条件与算例一相同。

钢板外单位法向量:

$$n = (-1, 0, -1)$$

钢板表面法线与水平面法线的夹角:

$$\cos\alpha = -\frac{n_3}{\sqrt{n_1^2 + n_2^2 + n_3^2}} = 0.7071$$

钢板表面方位角:

$$\cos\gamma = \frac{n_1\cos\phi + n_2\sin\phi}{\sqrt{n_1^2 + n_2^2 + n_3^2}} = 0.7071$$

太阳光线与钢板表面法线的夹角:

$$\cos\theta = \cos\beta\cos\gamma\sin\alpha + \sin\beta\cos\alpha = 0.8202$$

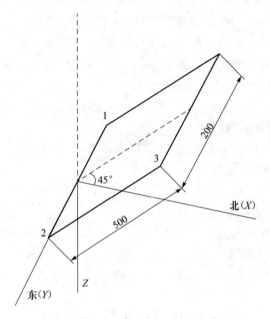

图 6-5 与水平面倾角 45°的钢板示意图(单位:mm)

垂直入射太阳辐射强度:

$$G_{ND} = \frac{G_H}{[\cos(90° - \beta) + C]} = 802.22(W/m^2)$$

钢板上表面太阳直射辐射强度:

$$G_b = G_{ND}\cos\theta = 658.01(W/m^2)$$

钢板上表面太阳散射辐射强度:

$$G_d = CG_{ND}\frac{1 + \cos\alpha}{2} = 128.04(W/m^2)$$

钢板上表面地面反射辐射强度:

$$G_r = G_H\rho_g\frac{1 - \cos\alpha}{2} = 20.19(W/m^2)$$

钢板上表面总辐射强度:

$$G = \varepsilon(G_b + G_d + G_r) = 0.6 \times (658.01 + 128.04 + 20.19) = 483.75(W/m^2)$$

若此时地面温度与空气温度的比值为 1.03,即地面温度为 44.3℃,查表得 $\alpha_1 = 4.696$,$\alpha_2 = -0.414$,则可得钢板表面最高温度为

$$T = \frac{G + f(T_a, \cos\alpha) + h(T_a - 273.15) - 203.84}{h + 5.857}$$

$$= \frac{G + [\alpha_1(k) + \alpha_2(k)\cos\alpha] \times 10^{-8}T_a^4 + h(T_a - 273.15) - 203.84}{h + 5.857}$$

$$= \frac{483.75 + (4.696 - 0.414 \times 0.7071) \times (35.1 + 273.15)^4 \times 10^{-8} + 20 \times 35.1 - 203.84}{20 + 5.857}$$

$$= 53.35(℃)$$

由上述两个算例可以看出,应用钢板温度简化计算公式时,只要知道钢板的空间方位,即可简便地求得钢板在正午时刻前后的最高温度值,给实际设计工作中温度计算带来简便。

6.2.4　简化计算公式结果与温度实测值对比

为了进一步验证钢板温度简化计算公式计算结果的准确性,将根据钢板简化计算公式得到的钢板最高温度值与第 3 章中的钢板温度实测值进行对比。

钢板尺寸为 500mm×200mm×8mm,包括 5 种空间摆放位置:水平放置、朝东南西北四个方向与水平面成 45°放置,如图 6-6 所示。于 2010 年 7 月 22 日和 23 日对 5 块钢板进行了温度测试,采用红外线测温枪采集钢板温度,测得的最高温度值见表 6-3。

图 6-6　钢板温度实测的钢板试件

表 6-3　钢板温度实测值与简化计算结果对比

试件编号	PT1	PT2	PT3	PT4	PT5
朝向	水平放置	朝东	朝西	朝南	朝北
7 月 22 日温度实测值/℃	54.2	51.9	50.3	53.1	49.0
7 月 23 日温度实测值/℃	52.9	51.7	50.2	52.5	49.5
温度简化计算公式结果/℃	55.65	51.25	51.25	54.05	48.45
误差 1(7 月 22 日)	2.68%	1.23%	1.91%	2.81%	2.18%
误差 2(7 月 23 日)	5.20%	0.85%	2.11%	3.98%	3.17%

利用上述钢板温度简化计算公式(6-7)对 5 块钢板在正午时刻的温度进行计算。具体计算参数如表 6-4 所示。采用与 6.2.3 节中算例相同的计算步骤,计算得到 5 块钢板的最高温度值,并与温度实测值进行对比,具体结果见表 6-3。图 6-7 为钢板简化计算公式计算结果与温度实测值对比图。

表 6-4　钢板温度计算参数

地理纬度(天津):北纬 39.1°	垂直入射太阳直射辐射强度 G_{ND}:813.41W/m²
太阳时角:0°	太阳辐射吸收系数 ε:0.6
太阳高度角 β:70.53°	地面温度(实测)T_g:59℃(332.15K)
太阳方位角 ϕ:180°	周围环境温度(实测)T_a:34℃(307.15K)
太阳光线入射角 θ:34.9°(cosθ=0.8202)	平均风速 v:3m/s
钢板表面倾角 α:45°	钢板表面对流换热系数 h:18.6W/(m²·K)

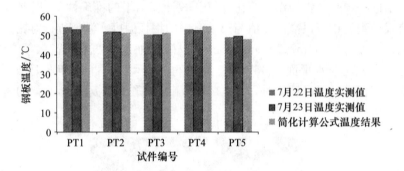

图 6-7　钢板温度实测值与简化计算公式结果对比图

　　由表 6-3 中的温度实测值与简化计算公式计算结果对比可知,所提出的钢板温度简化计算公式具有较高的精度,能够简便地求得较准确的钢板温度值。此外,由温度实测值可以看出,在正午时刻,水平放置的钢板温度最高,上表面朝北的钢板温度最低。对于上表面朝东和上表面朝西的两种情况,由钢板温度简化计算公式得到的两块钢板的温度相同,但温度实测表明,上表面朝东的钢板温度比上表面朝西的钢板温度高些,这是因为钢板简化计算公式并没有将温度累积和钢板温度变化延迟效应考虑进去,这种影响所产生的偏差在误差允许范围内。

6.3　太阳辐射作用下矩形钢管温度计算简化公式

6.3.1　矩形钢管温度计算简化公式

　　矩形钢管的温度计算可以简化为四块钢板的温度计算,这样就可应用上述的钢板温度简化计算公式(6-7),分别求得四块钢板的最高温度。当采用上述钢板温度简化计算公式(6-7)时,相当于认为矩形钢管的四块钢板是相互独立的,并没有考虑相互之间的导热和辐射换热的影响。但是,在矩形钢管温度计算时,四块钢板的导热以及相互之间的辐射换热对钢管温度分布有影响,尤其是在正午时刻前后钢管各部分温差较大时。任泽霈、林成先、Kuznetsov、Sharma、Ramesh、Kim 等从不同角度阐述了钢板导热和辐射换热对腔体自然对流换热的影响。任泽霈、林成先、Kuznetsov、Sharma 等研究了壁面辐射换热对腔体自然对流换热的影响，Kim 对壁面导热的影响进行了研究，任泽霈则综合考虑了壁面导热和辐射换热的影响。这些研究结果表明，钢管中的这种混合热交换的影响是十分复杂的，因此本节对钢板导热和辐射换热的影响进行简化考虑，将钢板温度简化计算公式(6-7)乘以一个影响因子 λ 进行修正，即

$$T = \lambda \frac{G + f(T_a, \cos\alpha) + h(T_a - 273.15) - 203.84}{h + 5.857} \tag{6-13}$$

Kim 的相关研究表明，由于钢板间的导热和辐射换热的影响，四块钢板之间的温差比没有考虑钢板导热和辐射换热时要小，且温度较低的钢板比温度较高的钢板受到的影响更大，因此最高温度的影响因子 λ_1 与最低温度的影响因子 λ_2 不同，需分别进行确定。

为了确定影响因子 λ 的大小，将矩形钢管在正午时刻前后的温度实测值与未考虑影响因子的简化计算结果进行对比，列于表 6-5 和表 6-6 中。各试件的方位朝向如表 6-7 所示。

表 6-5　矩形钢管试件最高温度实测值

试件编号	TT1	TT2	TT3	TT4	TT5
最高温度实测值/℃	52.2	54.5	51.3	51.7	55
最高温度简化计算结果/℃（未考虑影响因子）	55.65	55.65	51.26	54.59	55.65
影响因子 λ_1	0.94	0.98	1.00	0.95	0.99

表 6-6　矩形钢管试件最低温度实测值

试件编号	TT1	TT2	TT3	TT4	TT5
最低温度实测值/℃	47.2	48.4	46.4	47	50.4
最低温度简化计算结果/℃（未考虑影响因子）	44.1	44.5	43.38	43.38	44.51
影响因子 λ_2	1.07	1.09	1.07	1.08	1.13

表 6-7　矩形钢管试件空间方位表

试件编号	TT1	TT2	TT3	TT4	TT5
水平面内与北向夹角/(°)	0	90	90	0	45
与水平面夹角/(°)	0	0	45	45	0
朝向	南北向	东西向	朝东	朝南	西南向

由表 6-5 和表 6-6 可知,最高温度简化计算的影响因子 λ_1 的平均值为 0.97,最低温度简化计算的影响因子 λ_2 的平均值为 1.09。可见,考虑钢板之间导热和辐射换热后,最低温度所受的影响比最高温度大。为了计算方便并考虑一定的安全度,仅考虑对最低温度的简化计算结果进行修正,并取 $\lambda_2=1.1$,最高温度的简化计算结果不修正,即 $\lambda_1=1.0$。因此,正午时刻前后,钢管最低温度简化计算公式为

$$T_{\min}=1.1\times\frac{G+f(T_a,\cos\alpha)+h(T_a-273.15)-203.84}{h+5.857}\qquad(6\text{-}14)$$

修正后的简化计算公式结果与温度实测值的对比如图 6-8 和图 6-9 所示。温度实测值和简化计算结果均表明,矩形钢管水平放置比倾斜放置时的温度高,朝南 45°倾斜放置比朝东 45°倾斜放置温度高。此外,修正的简化计算公式所得的温度值与温度实测值较吻合,且具有一定的安全储备。

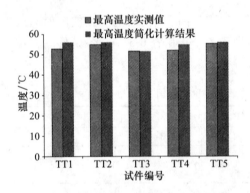

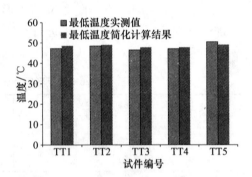

图 6-8　矩形钢管试件最高温度实测值　　　图 6-9　矩形钢管试件最低温度实测值
　　　　与简化计算结果对比图　　　　　　　　　　与简化计算结果对比图

6.3.2　矩形钢管温度计算算例

矩形钢管尺寸 250mm×500mm×6mm,矩形钢管与水平面倾斜放置。建立坐标系如图 6-10 所示,在矩形钢管的四个面上选取图中所示 6 个点,其坐标分别为 $1(-125\sqrt{2},-125,-125\sqrt{2})$、$2(-125\sqrt{2},125,-125\sqrt{2})$、$3(125\sqrt{2},125,-375\sqrt{2})$、$4(0,125,0)$、$5(0,-125,0)$、$6(250\sqrt{2},-125,-250\sqrt{2})$。与钢板温度计算方法一样,可分别求得顶面、底面、东面和西面四个方向钢板的最高温度值。

根据《民用建筑供暖通风与空气调节设计规范》(GB 50736—2012)查得天津地区水平面上正午 12:00 时太阳总辐射照度 $G_H=919\text{W}/\text{m}^2$。此外,常数 C 取 0.187,钢板的太阳辐射吸收系数 ε 取 0.6,钢板表面对流换热系数 h 取 $20\text{W}/(\text{m}^2\cdot\text{K})$,

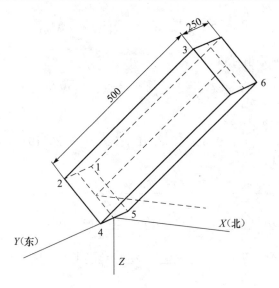

图 6-10　倾斜放置的钢管示意图(单位:mm)

地面反射率取 0.15。若此时地面温度与空气温度的比值为 1.03,即地面温度为 44.3℃,查表得 $\alpha_1 = 4.696$, $\alpha_2 = -0.414$。

1. 顶面(1,2,3)

钢板外单位法向量:

$$n = (-1, 0, -1)$$

钢板表面法线与水平面法线的夹角:

$$\cos\alpha = -\frac{n_3}{\sqrt{n_1^2 + n_2^2 + n_3^2}} = \frac{\sqrt{2}}{2}$$

钢板表面方位角:

$$\cos\gamma = \frac{n_1\cos\phi + n_2\sin\phi}{\sqrt{n_1^2 + n_2^2 + n_3^2}} = \frac{\sqrt{2}}{2}$$

太阳光线与钢板表面法线的夹角:

$$\cos\theta = \cos\beta\cos\gamma\sin\alpha + \sin\beta\cos\alpha = 0.8202$$

垂直入射太阳辐射强度:

$$G_{ND} = \frac{G_H}{[\cos(90° - \beta) + C]} = 802.22(\text{W/m}^2)$$

顶面太阳直射辐射强度:

$$G_b = G_{ND}\cos\theta = 658.01(\text{W/m}^2)$$

顶面太阳散射辐射强度:

$$G_d = CG_{ND}\frac{1+\cos\alpha}{2} = 128.04(\text{W/m}^2)$$

顶面地面反射辐射强度：

$$G_r = G_H\rho_g\frac{1-\cos\alpha}{2} = 20.19(\text{W/m}^2)$$

顶面太阳总辐射强度：

$$G = \varepsilon(G_b + G_d + G_r) = 0.6 \times (658.01 + 128.04 + 20.19) = 483.75(\text{W/m}^2)$$

顶面最高温度：

$$T = \frac{G + f(T_a, \cos\alpha) + h(T_a - 273.15) - 203.84}{h + 5.857}$$

$$= \frac{G + [\alpha_1(k) + \alpha_2(k)\cos\alpha] \times 10^{-8}T_a^4 + h(T_a - 273.15) - 203.84}{h + 5.857}$$

$$= \frac{483.75 + (4.696 - 0.414 \times 0.7071) \times (35.1 + 273.15)^4 \times 10^{-8} + 20 \times 35.1 - 203.84}{20 + 5.857}$$

$$= 53.35(\text{℃})$$

2. 底面(4,5,6)

钢板外单位法向量：

$$n = (1,0,1)$$

钢板表面法线与水平面法线的夹角：

$$\cos\alpha = -\frac{n_3}{\sqrt{n_1^2 + n_2^2 + n_3^2}} = -\frac{\sqrt{2}}{2}$$

钢板表面方位角：

$$\cos\gamma = \frac{n_1\cos\phi + n_2\sin\phi}{\sqrt{n_1^2 + n_2^2 + n_3^2}} = -\frac{\sqrt{2}}{2}$$

太阳光线与钢板表面法线的夹角：

$$\cos\theta = \cos\beta\cos\gamma\sin\alpha + \sin\beta\cos\alpha = -0.8202$$

注意：$\cos\theta = -0.8202$，表示底面位于阴影区，不考虑太阳直射辐射强度，故计算时取 $\cos\theta = 0$。

垂直入射太阳辐射强度：

$$G_{ND} = \frac{G_H}{[\cos(90° - \beta) + C]} = 802.22(\text{W/m}^2)$$

底面太阳直射辐射强度：

$$G_b = G_{ND}\cos\theta = 0$$

底面太阳散射辐射强度：

$$G_d = CG_{ND} \frac{1 + \cos\alpha}{2} = 21.97(\text{W/m}^2)$$

底面地面反射辐射强度：

$$G_r = G_H \rho_g \frac{1 - \cos\alpha}{2} = 117.66(\text{W/m}^2)$$

底面太阳总辐射强度：

$$G = \varepsilon(G_b + G_d + G_r) = 0.6 \times (0 + 21.97 + 117.66) = 83.78(\text{W/m}^2)$$

底面最高温度：

$$T = \lambda \frac{G + f(T_a, \cos\alpha) + h(T_a - 273.15) - 203.84}{h + 5.857}$$

$$= \lambda \frac{G + [\alpha_1(k) + \alpha_2(k)\cos\alpha] \times 10^{-8} T_a^4 + h(T_a - 273.15) - 203.84}{h + 5.857}$$

$$= 1.1 \times \frac{83.78 + (4.696 + 0.414 \times 0.7071) \times (35.1 + 273.15)^4 \times 10^{-8} + 20 \times 35.1 - 203.847}{20 + 5.857}$$

$$= 43.92(\text{℃})$$

3. 东面(3,2,4)

钢板外单位法向量：

$$n = (0,1,0)$$

钢板表面法线与水平面法线的夹角：

$$\cos\alpha = -\frac{n_3}{\sqrt{n_1^2 + n_2^2 + n_3^2}} = 0$$

钢板表面方位角：

$$\cos\gamma = \frac{n_1\cos\phi + n_2\sin\phi}{\sqrt{n_1^2 + n_2^2 + n_3^2}} = 0$$

太阳光线与钢板表面法线的夹角：

$$\cos\theta = \cos\beta\cos\gamma\sin\alpha + \sin\beta\cos\alpha = 0$$

垂直入射太阳辐射强度：

$$G_{ND} = \frac{G_H}{[\cos(90° - \beta) + C]} = 802.22(\text{W/m}^2)$$

东面太阳直射辐射强度：

$$G_b = G_{ND}\cos\theta = 0$$

东面太阳散射辐射强度：

$$G_d = CG_{ND} \frac{1 + \cos\alpha}{2} = 75.01(\text{W/m}^2)$$

东面地面反射辐射强度：

$$G_r = G_H \rho_g \frac{1 - \cos\alpha}{2} = 68.92(\text{W/m}^2)$$

东面太阳总辐射强度：

$$G = \varepsilon(G_b + G_d + G_r) = 0.6 \times (0 + 75.01 + 68.92) = 86.36(\text{W/m}^2)$$

由于在正午时刻，东面不是太阳直射面，当采用温度简化计算公式时，考虑钢板导热与辐射换热的影响，于是有

$$T = \lambda \frac{G + f(T_a, \cos\alpha) + h(T_a - 273.15) - 203.84}{h + 5.857}$$

$$= 1.1 \times \frac{G + [\alpha_1(k) + \alpha_2(k)\cos\alpha] \times 10^{-8} T_a^4 + h(T_a - 273.15) - 203.84}{h + 5.857}$$

$$= 1.1 \times \frac{86.36 + (4.696 + 0) \times (35.1 + 273.15)^4 \times 10^{-8} + 20 \times 35.1 - 203.84}{20 + 5.857}$$

$$= 42.9(℃)$$

4. 西面(6,5,1)

与东面计算过程类似：

$$\cos\alpha = 0$$

太阳辐射强度与东面相同，吸收的太阳总辐射强度：

$$G = 86.36(\text{W/m}^2)$$

最高温度为 42.9℃。

6.4　太阳辐射作用下圆钢管温度计算简化公式

6.4.1　圆钢管温度计算简化公式

圆钢管温度简化计算可采用与矩形钢管相同的简化计算公式。但与矩形钢管不同的是，利用温度简化计算公式对圆钢管温度进行计算时，圆钢管的最高温度和最低温度位置不是很明确，因此首先需要确定圆钢管的最高温度和最低温度位置，计算最高温度和最低温度位置的倾角 α 和太阳光线入射角 θ。圆钢管轴线与太阳光线几何关系示意图如图 6-11 所示。图中，ϕ 为太阳方位角（太阳光线在水平面上的投影以顺时针方向与北向之间的夹角）；β 为太阳高度角（太阳光线与其在水平面上的投影之间的夹角）；ϕ_{axis} 为圆钢管轴线方位角（钢管轴线在水平面上的投影以顺时针方向与北向之间的夹角）；β_{axis} 为圆钢管轴线高度角（钢管轴线与其在水平面上的投影之间的夹角）。

设 $OC = r_1, OD = r_2, B(x_1, y_1, z_1), A(x_2, y_2, z_2)$，则 $OB = (x_1, y_1, z_1), OA = (x_2, y_2, z_2)$。

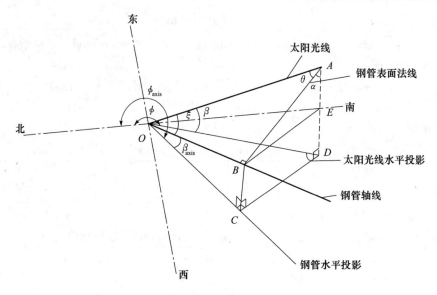

图 6-11　太阳光线与圆钢管轴线空间关系示意图

根据图中几何关系有

$$x_1 = r_1\cos\phi_{\text{axis}}, \quad y_1 = r_1\sin\phi_{\text{axis}}, \quad z_1 = r_1\tan\beta_{\text{axis}}$$

$$x_2 = r_2\cos\phi, \quad y_2 = r_2\sin\phi, \quad z_2 = r_2\tan\beta$$

$$AB = (r_1\cos\phi_{\text{axis}} - r_2\cos\phi, r_1\sin\phi_{\text{axis}} - r_2\sin\phi, r_1\tan\beta_{\text{axis}} - r_2\tan\beta)$$

$$AE = (0, 0, r_1\tan\beta_{\text{axis}} - r_2\tan\beta)$$

可以认为,正午时刻前后,圆钢管的最高温度位置为太阳光线与圆钢管的相交处。此时,太阳光线与圆钢管轴线的夹角 ξ,即向量 OA 和 OB 的夹角,因此其余弦为

$$
\begin{aligned}
\cos\xi &= \frac{OA \cdot OB}{|OA||OB|} = \frac{x_1 x_2 + y_1 y_2 + z_1 z_2}{\sqrt{x_1^2 + y_1^2 + z_1^2}\sqrt{x_2^2 + y_2^2 + z_2^2}} \\
&= \frac{\cos\phi\cos\phi_{\text{axis}} + \sin\phi\sin\phi_{\text{axis}} + \tan\beta\tan\beta_{\text{axis}}}{\sqrt{1 + \tan^2\beta}\sqrt{1 + \tan^2\beta_{\text{axis}}}}
\end{aligned}
\tag{6-15}
$$

由图 6-11 中的几何关系可得,圆钢管最高温度位置的太阳光线入射角 θ 为

$$\cos\theta = \sin\xi \tag{6-16}$$

则向量 AE 和 AB 的夹角的余弦为

$$
\begin{aligned}
\cos\alpha &= \frac{AB \cdot AE}{|AB||AE|} \\
&= \frac{(r_1\tan\beta_{\text{axis}} - r_2\tan\beta)^2}{\sqrt{(r_1\cos\phi_{\text{axis}} - r_2\cos\phi)^2 + (r_1\sin\phi_{\text{axis}} - r_2\sin\phi)^2 + (r_1\tan\beta_{\text{axis}} - r_2\tan\beta)^2}\sqrt{(r_1\tan\beta_{\text{axis}} - r_2\tan\beta)^2}}
\end{aligned}
$$

若 $r_2\tan\beta > r_1\tan\beta_{\text{axis}}$,则

$$\cos\alpha = \frac{r_2\tan\beta - r_1\tan\beta_{axis}}{\sqrt{(r_1\cos\phi_{axis} - r_2\cos\phi)^2 + (r_1\sin\phi_{axis} - r_2\sin\phi)^2 + (r_2\tan\beta - r_1\tan\beta_{axis})^2}}$$

又 $AB \perp OB$，即

$$r_1\cos\phi_{axis}(r_1\cos\phi_{axis} - r_2\cos\phi) + r_1\sin\phi_{axis}(r_1\sin\phi_{axis} - r_2\sin\phi)$$
$$+ r_1\tan\beta_{axis}(r_1\tan\beta_{axis} - r_2\tan\beta) = 0$$

整理得

$$r_1 = \frac{\tan\beta_{axis}\tan\beta + \cos(\phi_{axis} - \phi)}{1 + \tan^2\beta_{axis}}r_2$$

则令

$$a = r_1\cos\phi_{axis} - r_2\cos\phi$$
$$= \frac{\cos\phi_{axis}(\tan\beta\tan\beta_{axis} + \sin\phi_{axis}\sin\phi) - \cos\phi(\sin^2\phi_{axis} + \tan^2\beta_{axis})}{1 + \tan^2\beta_{axis}}r_2$$

$$b = r_1\sin\phi_{axis} - r_2\sin\phi$$
$$= \frac{\sin\phi_{axis}(\cos\phi\cos\phi_{axis} + \tan\beta\tan\beta_{axis}) - \sin\phi(\cos^2\phi_{axis} + \tan^2\beta_{axis})}{1 + \tan^2\beta_{axis}}r_2$$

$$c = r_2\tan\beta - r_1\tan\beta_{axis} = \frac{\tan\beta - \tan\beta_{axis}\cos(\phi_{axis} - \phi)}{1 + \tan^2\beta_{axis}}r_2$$

其中，a、b、c 表达式均含 r_2，可相互抵消，于是得到

$$\cos\alpha = \frac{c}{\sqrt{a^2 + b^2 + c^2}} \tag{6-17}$$

$$a = \frac{\cos\phi_{axis}(\sin\phi\sin\phi_{axis} + \tan\beta\tan\beta_{axis}) - \cos\phi(\sin^2\phi_{axis} + \tan^2\beta_{axis})}{1 + \tan^2\beta_{axis}} \tag{6-18}$$

$$b = \frac{\sin\phi_{axis}(\cos\phi\cos\phi_{axis} + \tan\beta\tan\beta_{axis}) - \sin\phi(\cos^2\phi_{axis} + \tan^2\beta_{axis})}{1 + \tan^2\beta_{axis}} \tag{6-19}$$

$$c = \frac{\tan\beta - \tan\beta_{axis}(\cos\phi\cos\phi_{axis} + \sin\phi\sin\phi_{axis})}{1 + \tan^2\beta_{axis}} \tag{6-20}$$

利用式(6-15)～式(6-20)求得圆钢管最高温度位置的几何参数 α 和 θ 后，代入钢板温度简化计算公式(6-7)即可求得圆钢管的最高温度值。

圆钢管的最低温度位置可认为与最高温度位置关于截面中心对称，如图 6-12 所示，故可得圆钢管最低温度位置外法线与水平面法线的夹角 α_s 为

$$\alpha_s = \pi - \alpha \tag{6-21}$$

将式(6-21)所得圆钢管最低温度处的倾角代入式(6-14)中，即可求得圆钢管最低温度值。注意，圆钢管同样存在内部导热和辐射换热的影响，因此对于非太阳直射区的钢板温度，同样需要乘以影响因子 λ，影响因子的数值与矩形钢管相同。

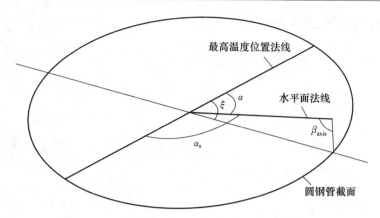

图 6-12　圆钢管截面与水平面法线空间关系示意图

采用修正的温度简化计算方法求得的最低温度值与圆钢管温度实测值的对比列于表 6-8 中。

表 6-8　圆钢管试件最低温度实测值与简化公式计算结果对比

试件编号	TT1	TT2	TT3	TT4	TT5
水平面内与北向夹角/(°)	0	90	90	0	45
与水平面夹角/(°)	0	0	45	45	0
7 月 22 日温度实测值/℃	40.1	41	42.1	41.6	42.2
7 月 23 日温度实测值/℃	39.8	41	41.8	42.4	41.8
温度简化计算公式结果/℃	41.37	41.57	42.61	42.36	41.48
误差 1(7 月 22 日)	3.17%	1.39%	1.21%	1.83%	1.71%
误差 2(7 月 23 日)	3.94%	1.39%	1.94%	0.09%	0.77%
朝向	南北向	东西向	朝东	朝南	西南向

由表 6-8 的数据可知,修正的温度简化计算公式求得的钢管最低温度值与温度实测值的误差较小,具有较高的精度,能够满足工程设计温度计算的要求。

6.4.2　圆钢管温度计算算例

圆钢管尺寸为 $\phi 100\text{mm} \times 500\text{mm} \times 4\text{mm}$,圆钢管轴线与北向的夹角为 45°,求夏至日正午 12:00 时圆钢管的温度分布,其他已知条件与矩形钢管算例相同。

建立图 6-13 所示的坐标系,圆钢管轴线两端点的坐标分别为 1($225\sqrt{2}$,0,$-275\sqrt{2}$)、2($-25\sqrt{2}$,0,$-25\sqrt{2}$),圆钢

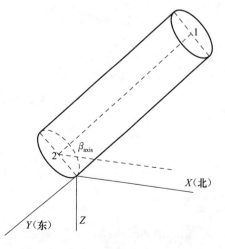

图 6-13　倾斜放置的圆钢管示意图

管轴线的高度角 β_{axis} 和方位角 ϕ_{axis} 分别为

$$\tan\beta_{axis} = \left| \frac{z_1 - z_2}{\sqrt{(x_1 - x_2)^2 + (y_1 - y_2)^2}} \right| = 1$$

$$\cos\phi_{axis} = \frac{x_1 - x_2}{\sqrt{(x_1 - x_2)^2 + (y_1 - y_2)^2}} = 1$$

$$\sin\phi_{axis} = \frac{y_1 - y_2}{\sqrt{(x_1 - x_2)^2 + (y_1 - y_2)^2}} = 0$$

太阳光线与圆管轴线的夹角 ξ：

$$\cos\xi = \frac{\cos\phi\cos\phi_{axis} + \sin\phi\sin\phi_{axis} + \tan\beta\tan\beta_{axis}}{\sqrt{1 + \tan^2\beta}\sqrt{1 + \tan^2\beta_{axis}}} = 0.4764$$

入射角 θ：

$$\cos\theta = \sin\xi = 0.8792$$

$$a = \frac{\cos\phi_{axis}(\sin\phi\sin\phi_{axis} + \tan\beta\tan\beta_{axis}) - \cos\phi(\sin^2\phi_{axis} + \tan^2\beta_{axis})}{1 + \tan^2\beta_{axis}} = 2.1826$$

$$b = \frac{\sin\phi_{axis}(\cos\phi\cos\phi_{axis} + \tan\beta\tan\beta_{axis}) - \sin\phi(\cos^2\phi_{axis} + \tan^2\beta_{axis})}{1 + \tan^2\beta_{axis}} = 0$$

$$c = \frac{\tan\beta - \tan\beta_{axis}(\cos\phi\cos\phi_{axis} + \sin\phi\sin\phi_{axis})}{1 + \tan^2\beta_{axis}} = 2.1826$$

圆管最高温度面的倾角 α：

$$\cos\alpha = \frac{c}{\sqrt{a^2 + b^2 + c^2}} = \frac{2.1826}{\sqrt{2.1826^2 + 0 + 2.1826^2}} = \frac{\sqrt{2}}{2}$$

同钢板温度计算方法，可得如下。

垂直入射太阳辐射强度：

$$G_{ND} = \frac{G_H}{[\cos(90° - \beta) + C]} = 802.22(W/m^2)$$

太阳直射辐射强度：

$$G_b = G_{ND}\cos\theta = 705.34(W/m^2)$$

太阳散射辐射强度：

$$G_d = CG_{ND}\frac{1 + \cos\alpha}{2} = 128.05(W/m^2)$$

地面反射辐射强度：

$$G_r = G_H\rho_g\frac{1 - \cos\alpha}{2} = 20.19(W/m^2)$$

钢管表面吸收的总辐射强度：

$$G = \varepsilon(G_b + G_d + G_r) = 0.6 \times (705.34 + 128.05 + 20.19) = 512.14(W/m^2)$$

$$T = \frac{G + f(T_a, \cos\alpha) + h(T_a - 273.15) - 203.84}{h + 5.857}$$

$$= \frac{G + [\alpha_1(k) + \alpha_2(k)\cos\alpha] \times 10^{-8} T_a^4 + h(T_a - 273.15) - 203.84}{h + 5.857}$$

$$= \frac{512.14 + (4.696 - 0.414 \times 0.7071) \times (35.1 + 273.15)^4 \times 10^{-8} + 20 \times 35.1 - 203.84}{20 + 5.857}$$

$$= 54.45(℃)$$

圆管最低温度面的倾角：

$$\alpha_s = \pi - \alpha = 135°$$

太阳直射辐射强度：

$$G_b = G_{ND}\cos\theta = 0$$

太阳散射辐射强度：

$$G_d = CG_{ND} \frac{1 + \cos\alpha}{2} = 21.97(\text{W/m}^2)$$

地面反射辐射强度：

$$G_r = G_H \rho_g \frac{1 - \cos\alpha}{2} = 117.66(\text{W/m}^2)$$

钢管表面吸收的总辐射强度：

$$G = \varepsilon(G_b + G_d + G_r) = 0.6 \times (0 + 21.97 + 117.66) = 83.78(\text{W/m}^2)$$

$$T = \lambda \frac{G + f(T_a, \cos\alpha) + h(T_a - 273.15) - 203.84}{h + 5.857}$$

$$= \lambda \frac{G + [\alpha_1(k) + \alpha_2(k)\cos\alpha] \times 10^{-8} T_a^4 + h(T_a - 273.15) - 203.84}{h + 5.857}$$

$$= 1.1 \times \frac{83.78 + (4.696 + 0.414 \times 0.7071) \times (35.1 + 273.15)^4 \times 10^{-8} + 20 \times 35.1 - 203.84}{20 + 5.857}$$

$$= 41.67(℃)$$

6.5　太阳辐射作用下 H 型钢温度计算简化公式

　　H 型钢可视为由三块钢板组成的构件,可简化为三块钢板来计算其温度场分布。上翼缘最高温度可采用上述钢板温度简化计算公式(6-7);下翼缘的直射区的最高温度与上翼缘温度计算方法相同,阴影区的温度不考虑太阳直射辐射强度;腹板根据不同时刻也分为直射区和阴影区,腹板直射区和阴影区的中心温度计算方法同下翼缘直射区和阴影区温度计算方法。其他部位按线性插值进行计算。

　　与矩形钢管相同,上下翼缘和腹板间同样存在钢板导热和钢板间的辐射换热,因此对于非太阳直射区的钢板温度,同样需要乘以 λ,以考虑钢板导热和钢板间的辐射换热对温度较低的钢板的影响,采用式(6-14)进行计算,在此不再赘述,下面给出 H 型钢温度计算的算例。

　　H 型钢截面尺寸为 200mm×200mm×6mm×8mm,长度为 500mm。H 型钢轴线为东西向,建立坐标系如图 6-14 所示。在 H 型钢的上翼缘面和下翼缘面分别选取 3 个点,坐标分别为 1(0,250,−200)、2(100,250,−200)、3(0,−250,−200)、4(0,250,0)、5(100,250,0)、6(100,−250,0)。其他已知条件与矩形钢管算例相同。

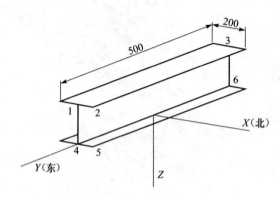

图 6-14　水平放置的 H 型钢示意图(单位:mm)

与钢板温度计算方法相同,可分别求得上翼缘面和下翼缘面的最高温度值。

1. 上翼缘面(1,2,3)

钢板外单位法向量:

$$n = (0,0,-1)$$

钢板表面法线与水平面法线的夹角:

$$\cos\alpha = -\frac{n_3}{\sqrt{n_1^2 + n_2^2 + n_3^2}} = 1$$

钢板表面方位角:

$$\cos\gamma = \frac{n_1\cos\phi + n_2\sin\phi}{\sqrt{n_1^2 + n_2^2 + n_3^2}} = 0$$

太阳光线与钢板表面法线的夹角:

$$\cos\theta = \cos\beta\cos\gamma\sin\alpha + \sin\beta\cos\alpha = 0.9586$$

垂直入射太阳辐射强度:

$$G_{\mathrm{ND}} = \frac{G_{\mathrm{H}}}{[\cos(90° - \beta) + C]} = 802.22(\mathrm{W/m^2})$$

钢板上表面太阳直射辐射强度:

$$G_{\mathrm{b}} = G_{\mathrm{ND}}\cos\theta = 768.98(\mathrm{W/m^2})$$

钢板上表面太阳散射辐射强度:

$$G_d = CG_{ND}\frac{1+\cos\alpha}{2} = 150.02(\text{W/m}^2)$$

钢板上表面地面反射辐射强度:

$$G_r = G_H\rho_g\frac{1-\cos\alpha}{2} = 0$$

钢板上表面总辐射强度:

$$G = \varepsilon(G_b + G_d + G_r) = 0.6 \times (768.98 + 150.02 + 0) = 551.4(\text{W/m}^2)$$

若此时地面温度与空气温度的比值为 1.03,即地面温度为 44.3℃,查表得 $\alpha_1 = 4.696, \alpha_2 = -0.414$,则可得钢板表面最高温度为

$$T = \frac{G + f(T_a, \cos\alpha) + h(T_a - 273.15) - 203.84}{h + 5.857}$$

$$= \frac{G + [\alpha_1(k) + \alpha_2(k)\cos\alpha] \times 10^{-8}T_a^4 + h(T_a - 273.15) - 203.84}{h + 5.857}$$

$$= \frac{551.4 + (4.696 - 0.414) \times (35.1 + 273.15)^4 \times 10^{-8} + 20 \times 35.1 - 203.84}{20 + 5.857}$$

$$= 55.54(℃)$$

2. 下翼缘面(5,4,6)

由于正午时刻太阳方位角为 180°,即处于正南方向,则下翼缘的南侧为太阳直射区,北侧为阴影区。南侧的最高温度的计算结果与上翼缘相同,为 55.54℃;北侧下翼缘不考虑太阳直射辐射强度,按照阴影区计算公式进行计算。下面对北侧下翼缘的温度值进行计算。

钢板外单位法向量:

$$n = (0, 0, 1)$$

钢板表面法线与水平面法线的夹角:

$$\cos\alpha = -\frac{n_3}{\sqrt{n_1^2 + n_2^2 + n_3^2}} = -1$$

钢板表面方位角:

$$\cos\gamma = \frac{n_1\cos\phi + n_2\sin\phi}{\sqrt{n_1^2 + n_2^2 + n_3^2}} = 0$$

太阳光线与钢板表面法线的夹角:

$$\cos\theta = \cos\beta\cos\gamma\sin\alpha + \sin\beta\cos\alpha = -0.9586$$

$\cos\theta = -0.9586$,表示底面位于阴影区,不考虑太阳直射辐射强度,故计算时取 $\cos\theta = 0$。

钢板上表面太阳直射辐射强度:

$$G_{\mathrm{b}} = G_{\mathrm{ND}}\cos\theta = 0$$

钢板上表面太阳散射辐射强度：

$$G_{\mathrm{d}} = C G_{\mathrm{ND}}\frac{1+\cos\alpha}{2} = 0$$

钢板上表面地面反射辐射强度：

$$G_{\mathrm{r}} = G_{\mathrm{H}}\rho_{\mathrm{g}}\frac{1-\cos\alpha}{2} = 137.85(\mathrm{W/m^2})$$

钢板上表面总辐射强度：

$$G = \varepsilon(G_{\mathrm{b}} + G_{\mathrm{d}} + G_{\mathrm{r}}) = 0.6\times(0+0+137.85) = 82.71(\mathrm{W/m^2})$$

可得北侧下翼缘表面最高温度为

$$T = \lambda\frac{G + f(T_{\mathrm{a}},\cos\alpha) + h(T_{\mathrm{a}} - 273.15) - 203.84}{h + 5.857}$$

$$= \lambda\frac{G + [\alpha_1(k) + \alpha_2(k)\cos\alpha]\times 10^{-8}T_{\mathrm{a}}^4 + h(T_{\mathrm{a}} - 273.15) - 203.84}{h + 5.857}$$

$$= 1.1\times\frac{82.71 + (4.696 + 0.414)\times(35.1 + 273.15)^4\times 10^{-8} + 20\times 35.1 - 203.84}{20 + 5.857}$$

$$= 44.34(\text{℃})$$

6.6　基于年度极值的基本温度取值

《建筑结构荷载规范》(GB 50009—2012)中的基本气温是按照一定的方法确定的 50 年重现期的月平均最高气温和月平均最低气温。欧洲规范 EN1991-1-5：2003 采用每小时的最高气温和最低气温作为数据样本；我国行业标准《铁路桥涵设计基本规范》(TB 10002.1—2005)采用七月份和一月份的月平均气温，《公路桥涵设计通用规范》(JTGD 60—2004)采用有效温度并将全国划分为严寒、寒冷和温热三个区来规定。

对于热传导速率较慢且体积较大的混凝土结构或者砌体结构，其温度接近当地月平均气温，可以直接采用规范规定的温度作为基本气温。然而，对于热传导速率较快的金属结构或体积较小的混凝土结构，其对温度的变化比较敏感，结构的温度与年最高气温和年最低气温更加接近，因此本节基于全国 631 个地区气象台 1951 年有气象记录以来的年最高温度和年最低温度，采用规范的统计方法，确定了适合于钢结构的基本温度作用。

按荷载随时间变化的情况，可将荷载分为以下三类：①永久荷载，这类荷载随时间的变化很小，近似保持恒定的量值；②持久荷载，这类荷载在一定的时段内可能是近似恒定的，但是各个时段的量值可能不等，还可能在某个时段内完全不出现；③短时荷载，这类荷载不经常出现，即使出现时间也很短，各个时刻出现的量值也可能不等。

如果对作用在结构上的各类荷载在任意时刻的量值进行统计,可以发现该量值为一随机变量,因此荷载是一个随时间变化的随机变量,在数学上可以采用随机过程概率模型来描述。而为便于对结构设计基准期内荷载最大值进行统计分析,通常将荷载处理成平稳二项随机过程。

按照上述平稳二项随机过程的荷载模型,通常假定某一时段内的荷载概率分布为极值 I 型分布。而从各地区历年的统计数据直方图以及概率密度曲线来看,年最高温度和年最低温度都服从极值 I 型分布。基本气温取极值分布中平均重现期为 50 年的值。温度的统计样本采用年最大值,其分布函数为

$$F(x) = \exp\{-\exp[-\alpha(x-u)]\} \tag{6-22}$$

$$\alpha = \frac{z_1}{\sigma} \tag{6-23}$$

$$u = \mu - \frac{z_2}{\alpha} \tag{6-24}$$

式中,x 为年最高温度和年最低温度样本;u 为分布的位置参数,即其分布的终值;α 为分布的尺度参数;σ 为样本的标准差;μ 为样本的平均值;z_1、z_2 为系数,取值如表 6-9 所示。

表 6-9　系数取值

n	z_1	z_2	n	z_1	z_2
10	0.9497	0.4952	60	1.17465	0.55208
15	1.02057	0.5182	70	1.18536	0.55477
20	1.06283	0.52355	80	1.19385	0.55688
25	1.09145	0.53086	90	1.20649	0.5586
30	1.11238	0.53622	100	1.20649	0.56002
35	1.12847	0.54034	250	1.24292	0.56878
40	1.14132	0.54362	500	1.2588	0.57240
45	1.15185	0.51630	1000	1.26851	0.57450
50	1.16066	0.54853		1.28255	0.57722

注:n 为样本数量。

若设计基准期为 R 年,那么基本温度为

$$X_{50} = u - \frac{1}{\alpha}\ln\left[\ln\left(\frac{R}{R-1}\right)\right] \tag{6-25}$$

以第 54527 台站天津地区为例,根据 1951～2012 年 62 年的年极值最高温度和年极值最低温度的实测数据,按照公式计算得到 50 年重现期的基本温度,则 n 取 50。根据式(6-22)～式(6-25),得到天津地区基本最低气温是 −20.9℃,基本最高气温是 41.5℃。根据这种方法,计算了除港、澳、台以及 20 个没有气象记录地

区的共 631 个地区的基本最低温度和基本最高温度,具体数值如附录所示。但是有 12 个地区查不到相应的实测数据,分别是黑河、绥化、寿光县羊角沟、镇江、泰州、连云港、盐城、舟山、宁波、吉柯德、安西、平凉。以上地区建议在《建筑结构荷载规范》(GB 50009—2012,以下简称荷载规范)的基本温度的基础上乘以相应的系数来作为钢结构设计计算的基本温度。

通过公式计算得到的各个地区的最高温度和最低温度,与荷载规范中规定的基本温度进行对比,得到以下结论。

低温差值是指以年极值历史温度为样本统计得到的最低温度与以荷载规范为基准计算得到的最低基本温度的差值,如图 6-15 和图 6-16 所示。由图 6-15 可以看出,631 个地区中,温度差值基本在 9℃上下浮动。最大的差值为 20.43℃,为新疆哈巴河地区,其他较大差值也都发生在新疆地区,从历年的气象数据来看,荷载规范中规定的最低基本气温确实太高,建议适当降低。而最小的差值为−6.4℃,发生在云南孟定地区,而从历年气象数据来看,最低温度都在 2℃以上,所以荷载规范中规定的基本最低温度−5℃,与实际温度偏差较大,应适当提高。其他低温差值为负值的地区,包括四川九龙、海南珊瑚岛、贵州盘县,也可以从气象数据看出,应适当提高。而从图 6-16 也可以看出,温差在 9℃左右的概率密度最大。通过温度差值的数据计算得到均值为 8.803℃,标准差为 3.08℃。而通过概率密度曲线计算得到 95%保证率的低温差值为 10.65℃。因此,建议在钢结构设计计算中的基本最低气温应在荷载规范基础上降低 10.65℃使用,对于差值为负值的地区,建议依然按照荷载规范中的数据取用。

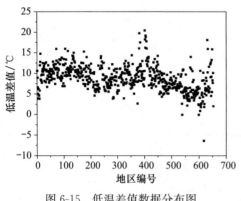

图 6-15　低温差值数据分布图

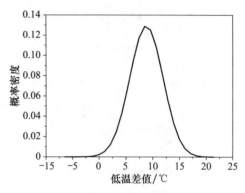

图 6-16　低温差值概率密度曲线

高温差值是指以年极值历史温度为样本统计得到的最高温度与以荷载规范为基准计算得到的最高基本温度的差值,如图 6-17 和图 6-18 所示。由图 6-17 可以看出,631 个地区中,温度差值基本在 5.5℃上下浮动。最大的温度差值为 11.53℃,发生在内蒙古地区的新巴尔虎左旗阿木古郎,其他较大的温度差值也都发生在内蒙古地区。而从图 6-18 也可以看出,温差在 5.5℃左右的概率密度最大。通过温度差值的数据计算得到均值为 5.63℃,标准差为 1.78℃。而通过概率密度曲线计算得到 95% 保证率的高温差值为 6.7℃。因此,钢结构设计的基本最高气温应在荷载规范基础上提高 6.7℃使用,或参考附录取值。

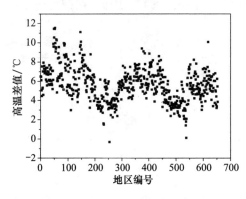

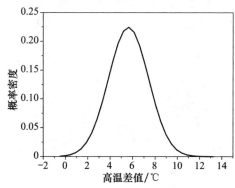

图 6-17　高温差值数据分布图　　　　　　图 6-18　高温差值概率密度曲线

　　温度作用比值是指以年极值历史温度为样本统计得到的温度作用与以荷载规范为基准计算得到的温度作用的比值,如图 6-19 和图 6-20 所示。由图 6-19 可以看出,631 个地区中,温度作用比值基本在 1.3 上下浮动。最大比值为 1.65,发生在云南宜良地区。而从图 6-20 也可以看出,温度作用比值在 1.3 左右的概率密度最大。通过数据计算得到均值为 1.32,标准差为 0.069。而通过概率密度曲线计算得到 95% 保证率的比值为 1.36。因此,在钢结构设计中,全国各个地区的温度作用应在荷载规范的基础上乘以 1.36 增大系数,或参考附录取值,这样的荷载才和结构所处的实际环境更加接近,结构设计才能安全可靠。

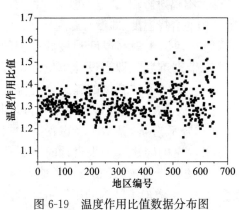

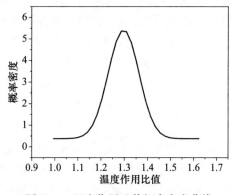

图 6-19　温度作用比值数据分布图　　　　图 6-20　温度作用比值概率密度曲线

　　温度作用差值是指以年极值历史温度为样本统计得到的温度作用与以荷载规

范为基准计算得到的温度作用的差值,如图 6-21 和图 6-22 所示。由图 6-21 可以看出,631 个地区中,温度作用差值基本上在 7℃上下浮动。最大差值为 13.68℃,发生在内蒙古的哈巴河地区。而从图 6-22 也可以看出,温度作用差值在 7℃左右的概率密度最大。通过数据计算得到均值为 7.22℃,标准差为 1.95℃。而通过概率密度曲线计算得到 95%保证率的温度作用差值为 8.39℃。因此,在钢结构设计中,可以在荷载规范的温度作用基础上提高 8.39℃。

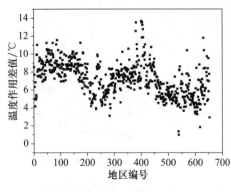
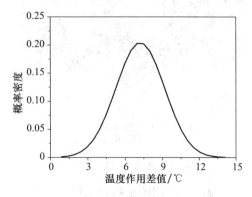

图 6-21　温度作用差值的数据分布　　　　图 6-22　温度作用差值的概率密度曲线

6.7　温度作用确定的方法

温度作用与雪荷载、风荷载的作用机理不同,除了与结构服役期间的气象历程相关外,还与结构施工过程相关。计算温度作用时,首先需要确定结构服役期间的温度极值。对于采用玻璃屋面、ETFE 膜材等透光性较好的屋面材料以及暴露于室外的钢结构,服役期间的最高温度需要考虑太阳辐射影响,其他一般结构可按照历史气象数据取其极值即可;然后还需确定结构的合拢温度(即参考温度)。

现有结构设计过程中,一般取建筑结构所在地历史最高温度和最低温度的平均值作为合拢温度,这种方法常常会给施工带来难题。即当设计单位确定好合拢温度后,施工单位具体实施时却存在困难。从国家体育场的施工合拢温度控制可以看出,某些时候控制合拢温度需要付出极大的工期代价和成本代价,因此目前大多数钢结构的施工单位为了赶工期和降低造价,基本不考虑设计中对合拢温度的控制,因此给结构的服役安全带来一定的隐患。如果设计时考虑最不利合拢温度,即计算正温差时,合拢温度取历史最低温度,计算负温差时,合拢温度取历史最高温度,则可避免结构的安全隐患,但增加了结构的用钢量。针对上述两种合拢温度取值方法的各自缺陷,本节提出了一种折中的取值方法。

下面以北京和南京两地为例,阐述如何合理确定结构的最不利合拢温度。综合考虑工期控制,以当地周平均气温的年变化规律确定合拢温度,即保证钢结构在每年内任意一周都具有合拢的条件。图 6-23 和图 6-24 分别给出了北京和南京两地 2010 年周平均气温的变化曲线。从图中可以看出,周平均气温随时间的变化曲线近似于正弦曲线。合拢温度的取值范围应介于冬季周平均最高气温的最低值与夏季周平均最低气温的最高值之间。因此,根据图 6-23 和图 6-24,北京和南京两地的合拢温度范围分别为 4～29℃和－3～27℃。因此,当需要考虑结构的正温差时,合拢温度分别取 4℃和－3℃;当需要考虑结构的负温差时,合拢温度分别取29℃和 27℃。按照上述取值原则确定温度作用后,温度作用的分项系数可以取1.0。

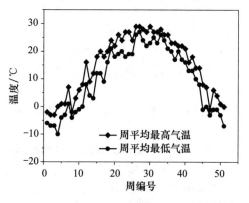 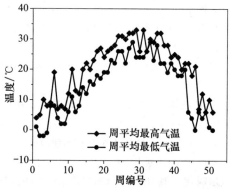

图 6-23　北京 2010 年周平均气温变化曲线　　图 6-24　南京 2010 年周平均气温变化曲线

参 考 文 献

陈宝春. 2011. 日照作用下钢管混凝土桁架拱温度场实测研究[J]. 中国公路学报, 24(3):72-79.

陈志华. 2010. 弦支穹顶结构[M]. 北京:科学出版社.

陈志华. 2013. 张弦结构体系[M]. 北京:科学出版社.

陈志华, 刘红波, 闫翔宇, 等. 2010. 茌平体育馆弦支穹顶叠合拱结构的温度场研究[J]. 空间结构, 16(1):76-81.

陈志华, 刘红波, 周婷, 等. 2009. 空间钢结构 APDL 参数化计算与分析[M]. 北京:中国水利水电出版社.

董石麟. 2010. 中国空间结构的发展与展望[J]. 建筑结构学报, 31(6):38-51.

董石麟, 罗尧治, 赵阳, 等. 2006. 新型空间结构分析、设计与施工[M]. 北京:人民交通出版社.

范重, 王喆, 唐杰. 2007. 国家体育场大跨度钢结构温度场分析与合拢温度研究[J]. 建筑结构学报, 28(2):32-40.

高昂, 陈兆雄, 冯健. 2009. 不均匀温度作用对广州新客站主站房钢结构影响[J]. 建筑结构, 39(12):46-47.

国家技术监督局, 中华人民共和国建设部. 1993. GB 50176—1993. 民用建筑热工设计规范[S]. 北京:中国计划出版社.

凯尔别克 F. 1981. 太阳辐射对桥梁结构的影响[M]. 北京:中国铁道出版社.

李锦萍, 宋爱国. 1998. 北京晴天太阳辐射模型与 ASHRAE 模型比较[J]. 首都师范大学学报(自然科学版), 19(1):35-38.

刘红波. 2011. 弦支穹顶结构施工控制理论与温度效应研究[D]. 天津:天津大学.

刘红波, 陈志华, 陈滨滨. 2013. 考虑太阳辐射影响的双向张弦梁结构温度效应研究[J]. 工业建筑, 43(9):129-139.

刘红波, 陈志华, 牛犇. 2012. 弦支穹顶叠合拱结构施工过程的数值模拟及施工监测[J]. 建筑结构学报, 33(12):79-84.

刘红波, 陈志华, 周婷. 2011. 太阳辐射作用下钢管温度场分析[J]. 空间结构, 17(2):65-71.

刘红波, 陈志华, 王小盾, 等. 2010. 太阳辐射下弦支穹顶叠合拱结构的温度效应[J]. 天津大学学报, 43(8):705-711.

刘红波, 陈志华, 严仁章, 等. 2012. 天津奥林匹克体育中心游泳跳水馆施工过程分析[J]. 建筑钢结构进展, 14(1):39-43.

刘红波, 陈志华, 张玉兰, 等. 2012. 鄂尔多斯机场航站楼钢结构的非均匀温度效应[C]. 第十二届全国现代结构工程学术研讨会, 北京:274-281.

刘锡良. 2003. 现代空间结构[M]. 天津:天津大学出版社.

陆赐麟, 尹思明, 刘锡良. 2006. 现代预应力钢结构[M]. 北京:人民交通出版社.

彭友松, 强士中, 李松. 2006. 哑铃型钢管混凝土拱日照温度分布研究[J]. 中国铁道科学, 27(5):71-75.

任志刚,胡曙光,丁庆军. 2010. 太阳辐射模型对钢管混凝土墩柱温度场的影响研究[J]. 工程力学,27(4):246-250.

石永久,高阳,王元清,等. 2010. 温度荷载对新加坡植物园展览温室拱壳杂交结构设计的影响分析[J]. 空间结构,16(4):49-54.

孙国富. 2010. 大跨度钢管混凝土拱日照温度效应理论及应用研究[D]. 济南:山东大学.

王元清,林错错,石永久. 2011. 露天日照条件下钢结构构件温度的试验研究[J]. 建筑结构学报,(增刊1):140-147.

肖建春,徐灏,刘佳坤,等. 2010. 太阳强烈辐射对大跨度球面网壳静力性能的影响[J]. 固体力学学报,31(专辑):275-280.

Airbus Industrie. 1998. Airbus industrie test method solar absorption of paints. AITM220018 [R]. Toulouse:Airbus Industrie.

Chen X Q,Liu Q W,Zhu J. 2009. Measurement and theoretical analysis of solar temperature field in steel-concrete composite girder[J]. Journal of Southeast University,25(4):513-517.

Chen Z H,Xiao X,Liu H B. 2014. A simplified method for calculating temperature of steel tubes considering solar radiation[J]. Journal of Tianjin University,47:1-7.

Chiasson A D,Yavuzturk C,Ksaibati K. 2008. Linearized approach for predicting thermal stresses in asphalt pavements due to environmental conditions[J]. Journal of Materials in Civil Engineering,20(2):118-127.

Diefenderfer B K,Al-Qadi I L,Diefenderfer S D. 2006. Model to predict pavement temperature profile:Development and validation [J]. Journal of Transportation Engineering, 132 (2): 162-167.

Hamed E,Bradford M A,Gilbert R L. 2009. Time-dependent and thermal behaviour of spherical shallow concrete domes[J]. Engineering Structures,31(9):1919-1929.

Jin F,Chen Z,Wang J T,et al. 2010. Practical procedure for predicting non-uniform temperature on the exposed face of arch dams[J]. Applied Thermal Engineering,30(14-15):2146-2156.

Kehlbeck F. 1975. Einfluss der Sonnenstrahlung bei Bruckenbauw er ken[M]. Dusseldorf:Werner Verlag.

Kim S H,Cho K,Won J,et al. 2009. A study on thermal behavior of curved steel box girder bridges considering solar radiation[J]. Archives of Civil and Mechanical Engineering,9(3): 59-76.

Liu H B,Chen Z H. 2013. Non-uniform thermal behaviour of suspen-dome with stacked arch structures[J]. Advances in Structural Engineering,16(6):1001-1009.

Liu H B,Chen Z H,Zhou T. 2012. Theoretical and experimental study on the temperature distribution of H-shaped steel members under solar radiation[J]. Applied Thermal Engineering,37: 329-335.

Liu H B,Chen Z H,Zhou T. 2012. Numerical and experimental investigation on the temperature distribution of steel tubes under solar radiation[J]. Structural Engineering and Mechanics, 43(6):725-737.

Liu H B,Chen Z H,Zhou T. 2012. Research on the process of pre-stressing construction of sus-pen-dome considering temperature effect[J]. Advances in Structural Engineering,15(3):489-493.

Liu H B,Chen Z H,Zhou T. 2013. Investigation on temperature distribution and thermal behavior of large span steel structures considering solar radiation[J]. Advanced Steel Construction,9(1):41-58.

Liu H B,Chen Z H,Zhou T. 2013. Temperature distribution and structural behavior of box-sectional arch structures under solar radiation[J]. Advanced Steel Construction,9(4):298-308.

Liu H B,Chen Z H,Chen B B,et al. 2014. Studies on the temperature distribution of steel plates with different paints under solar radiation[J]. Applied Thermal Engineering,71:342-354.

Liu H B,Chen Z H,Han Q H,et al. 2014. Study on the thermal behavior of aluminum reticulated shell structures considering solar radiation[J]. Thin-Walled Structures,85:15-24.

Liu H B,Han Q H,Chen Z H,et al. 2014. The precision control method for the pre-stressing construction of suspen-dome structures[J]. Advanced Steel Construction,10(4):404-425.

McQuiston F C,Parker J D,Spitler J D. 2005. Heating,Ventilating,and Air Conditioning Analysis and Design[M]. New York:John Wiley and Sons.

Noorzaei J,Bayagoob K H,Thanoon W A,et al. 2006. Thermal and stress analysis of Kinta RCC dam[J]. Engineering Structures,28(13):1795-1802.

Pei Y Z,Bai Y,Shi Y J,et al. 2008. Temperature distribution in a long-span aircraft hangar[J]. Tsinghua Science and Technology,13(2):184-190.

Qin Y H,Hiller J E. 2011. Modeling the temperature and stress distributions in rigid pavements:Impact of solar radiation absorption and heat history development[J]. KSCE Journal of Civil Engineering,15(8):1361-1371.

Tong M,Tham L G,Au F T K. 2001. Numerical modeling for temperature distribution in steel bridges[J]. Computers & Structures,79(6):583-593.

Tong M,Tham L G,Au F T K. 2002. Extreme thermal loading on steel bridges in tropical region [J]. Journal of Bridge Engineering,7(6):357-366.

Xu Y L,Chen B,Ng C L,et al. 2010. Monitoring temperature effect on a long suspension bridge [J]. Structural Control and Health Monitoring,17(6):632-653.

Zuk W. 1965. Thermal behavior of composite bridges-insulated and uninsulated[J]. Highway Research Record,76:231-253.

附录　基于年极值温度的各地区基本气温

省、市	市、县、区	规范气温/℃		本书气温/℃		温度作用比值
		最低	最高	最低	最高	
北京	北京	−13	36	−24	43	1.35
天津	天津	−12	35	−21	41	1.33
	塘沽	−12	35	−19	41	1.27
上海	上海	−4	36	−9	41	1.25
重庆	重庆	1	37	−3	41	1.23
	奉节	−1	35	−7	43	1.38
	梁平	−1	36	−6	41	1.27
	万州	0	38	−5	43	1.26
	涪陵	1	37	−3	44	1.30
	金佛山	−10	25	−16	30	1.30
河北	石家庄	−11	36	−23	44	1.42
	蔚县	−24	33	−37	40	1.35
	邢台	−10	36	−25	43	1.48
	丰宁	−22	33	−30	41	1.29
	围场	−23	32	−31	39	1.27
	张家口	−18	34	−28	41	1.32
	怀来	−17	35	−25	42	1.29
	承德	−19	35	−27	42	1.28
	遵化	−18	35	−28	42	1.31
	青龙	−19	34	−29	40	1.31
	秦皇岛	−15	33	−26	40	1.38
	霸县	−14	36	−26	43	1.38
	唐山	−15	35	−25	41	1.33
	乐亭	−16	34	−26	40	1.30
	保定	−12	36	−23	43	1.39
	饶阳	−14	36	−26	43	1.38
	沧州			−23	42	
	黄骅	−13	36	−21	43	1.30
	南宫	−13	37	−24	44	1.36

续表

省、市	市、县、区	规范气温/℃		本书气温/℃		温度作用比值
		最低	最高	最低	最高	
山西	太原	−16	34	−27	40	1.33
	右玉	−29	31	−41	37	1.31
	大同	−22	32	−30	40	1.29
	河曲	−24	35	−32	41	1.24
	五寨	−25	31	−38	37	1.33
	兴县	−19	34	−30	40	1.32
	原平	−19	34	−29	41	1.33
	离石	−19	34	−28	41	1.29
	阳泉	−13	34	−20	41	1.30
	榆社	−17	33	−26	39	1.29
	隰县	−16	34	−25	40	1.31
	介休	−15	35	−26	41	1.33
	临汾	−14	37	−26	43	1.34
	长治县	−15	32	−25	39	1.37
	运城	−11	38	−20	43	1.29
	阳城	−12	34	−20	41	1.32
内蒙古	呼和浩特	−23	33	−33	39	1.29
	额右旗拉布达林	−41	30	−49	40	1.26
	牙克石市图里河	−42	28	−52	38	1.28
	满洲里	−35	30	−46	41	1.35
	海拉尔	−38	30	−49	41	1.31
	鄂伦春小二沟	−40	31	−49	41	1.26
	新巴尔虎右旗	−32	32	−42	43	1.33
	新巴尔虎左旗阿木古郎	−34	31	−43	43	1.32
	牙克石市博客图	−31	28	−39	38	1.31
	扎兰屯	−28	32	−39	41	1.33
	科右翼前旗阿尔山	−37	27	−48	36	1.32
	科右翼前旗索伦	−30	31	−39	41	1.30
	乌兰浩特	−27	32	−38	42	1.35
	东乌珠穆沁旗	−33	32	−43	42	1.31
	额济纳旗	−23	39	−36	44	1.29
	额济纳旗拐子湖	−23	39	−33	45	1.27
	阿左旗巴彦毛道	−23	35	−35	41	1.32
	阿拉善右旗	−20	35	−30	41	1.29
	二连浩特	−30	34	−41	42	1.31
	那仁宝力格	−33	31	−42	40	1.27

省、市	市、县、区	规范气温/℃		本书气温/℃		温度作用比值
		最低	最高	最低	最高	
内蒙古	达茂旗满都拉	−25	34	−37	40	1.32
	阿巴嘎旗	−33	31	−44	41	1.32
	苏尼特左旗	−32	33	−39	41	1.24
	乌拉特后旗海力素	−25	33	−36	39	1.30
	乌尼特右旗朱日和	−26	33	−38	41	1.34
	乌拉特中旗海流图	−26	33	−37	39	1.28
	百灵庙	−27	32	−43	39	1.38
	四子王旗	−26	30	−39	37	1.35
	化德	−26	29	−37	37	1.35
	杭锦后旗陕坝			−35	39	
	包头	−23	34	−33	41	1.28
	集宁	−25	30	−35	37	1.31
	阿拉善左旗吉兰泰	−23	37	−32	43	1.24
	临河	−21	35	−34	40	1.32
	鄂托克旗	−23	33	−34	38	1.30
	东胜	−21	31	−32	37	1.33
	阿腾席连			−34	38	
	巴彦浩特	−19	33	−32	38	1.36
	西乌珠穆沁旗	−30	30	−42	40	1.37
	扎鲁特鲁北	−23	34	−32	43	1.31
	巴林左旗林东	−26	32	−35	42	1.32
	锡林浩特	−30	31	−43	41	1.38
	林西	−25	32	−34	40	1.30
	开鲁	−25	34	−33	41	1.26
	通辽	−25	33	−34	41	1.30
	多伦	−28	30	−42	37	1.36
	翁牛特旗乌丹	−23	32	−32	41	1.32
	赤峰	−23	33	−32	42	1.31
	敖汉旗宝国图	−23	33	−30	42	1.28
辽宁	沈阳	−24	33	−34	38	1.26
	彰武	−22	33	−34	38	1.32
	阜新	−23	33	−31	41	1.27
	开原	−27	33	−39	38	1.28
	清原	−27	33	−40	39	1.32
	朝阳	−23	35	−35	43	1.35
	建平县叶博寿	−22	35	−29	42	1.24

省、市	市、县、区	规范气温/℃		本书气温/℃		温度作用比值
		最低	最高	最低	最高	
辽宁	黑山	−21	33	−30	38	1.28
	锦州	−18	33	−27	41	1.34
	鞍山	−18	34	−34	39	1.39
	本溪	−24	33	−36	38	1.31
	抚顺市章党	−28	33	−38	39	1.26
	桓仁	−25	32	−38	37	1.33
	绥中	−19	33	−28	40	1.32
	兴城	−19	32	−29	40	1.35
	营口	−20	33	−31	36	1.26
	盖县熊岳	−22	33	−31	37	1.25
	本溪县草河口			−34	37	
	岫岩	−22	33	−33	38	1.30
	宽甸	−26	32	−41	37	1.34
	丹东	−18	32	−29	36	1.30
	瓦房店	−17	32	−27	37	1.32
	新金县皮口			−25	37	
	庄河	−19	32	−29	37	1.30
	大连	−13	32	−22	37	1.31
吉林	长春	−26	32	−37	38	1.30
	白城	−29	33	−40	42	1.32
	乾安	−28	33	−37	40	1.27
	前郭尔罗斯	−28	33	−40	39	1.29
	通榆	−28	33	−37	41	1.27
	长岭	−27	32	−37	39	1.29
	扶余市三岔河	−29	32	−40	38	1.28
	双辽	−27	33	−38	39	1.29
	四平	−24	33	−36	38	1.31
	磐石县烟筒山	−31	31	−45	37	
	吉林	−31	32	−43	38	
	蛟河	−31	32	−45	37	1.31
	敦化	−29	30	−40	36	1.28
	梅河口	−27	32	−40	37	1.31
	桦甸	−33	32	−47	36	1.28
	靖宇	−32	31	−46	35	1.28
	抚松县东岗	−27	30	−42	35	1.34
	延吉	−26	32	−35	39	1.28

续表

省、市	市、县、区	规范气温/℃		本书气温/℃		温度作用比值
		最低	最高	最低	最高	
吉林	通化	−27	32	−40	37	1.30
	浑江市临江	−27	33	−39	38	1.28
	集安	−26	33	−39	39	1.32
	长白	−28	29	−39	36	1.31
黑龙江	哈尔滨	−31	32	−41	39	1.28
	漠河	−42	30	−52	39	1.27
	塔河	−38	30	−48	40	1.29
	新林	−40	29	−49	40	1.29
	呼玛	−40	31	−51	41	1.29
	加格达奇	−38	30	−48	40	1.30
	黑河	−35	31			
	嫩江	−39	31	−49	40	1.28
	孙吴	−40	31	−50	38	1.24
	北安	−36	31	−44	39	1.24
	克山	−34	31	−45	39	1.30
	富裕	−34	32	−43	40	1.27
	齐齐哈尔	−30	32	−40	41	1.31
	海伦	−32	31	−42	39	1.28
	明水	−30	31	−42	39	1.33
	伊春	−36	31	−45	38	1.23
	鹤岗	−27	31	−36	38	1.28
	富锦	−30	31	−39	39	1.27
	泰来	−28	33	−39	42	1.33
	绥化	−32	31			
	安达	−31	32	−41	40	1.28
	铁力	−34	31	−45	37	1.26
	佳木斯	−30	32	−43	38	1.30
	依兰	−29	32	−39	38	1.27
	宝清	−30	31	−40	39	1.29
	通河	−33	32	−42	37	1.22
	尚志	−32	32	−44	37	1.27
	鸡西	−27	32	−36	38	1.27
	虎林	−29	31	−37	36	1.23
	牡丹江	−28	32	−40	38	1.31
	绥芬河	−30	29	−37	36	1.25

省、市	市、县、区	规范气温/℃		本书气温/℃		温度作用比值
		最低	最高	最低	最高	
山东	济南	−9	36	−20	43	1.39
	德州	−11	36	−26	43	1.48
	惠民	−13	36	−24	42	1.36
	寿光县羊角沟	−11	36			
	龙口	−11	35	−22	39	1.34
	烟台	−8	32	−15	39	1.35
	威海	−8	32	−15	38	1.35
	荣成市成山头	−7	30	−16	33	1.33
	莘县朝城	−12	36	−22	43	1.36
	泰山	−16	25	−28	29	1.38
	泰安	−12	33	−24	42	1.45
	淄博市张店	−12	36	−26	42	1.42
	沂源	−13	35	−21	40	1.28
	潍坊	−12	36	−20	42	1.30
	莱阳	−13	35	−22	40	1.30
	青岛	−9	33	−15	38	1.26
	海阳	−10	33	−17	39	1.30
	荣成市石岛	−8	31	−16	36	1.33
	菏泽	−10	36	−21	43	1.39
	兖州	−11	36	−20	42	1.33
	营县	−11	35	−23	40	1.37
	临沂	−10	35	−19	41	1.32
	日照	−8	33	−16	40	1.35
江苏	南京	−6	37	−15	41	1.30
	徐州	−8	35	−18	41	1.39
	赣榆	−8	35	−19	40	1.37
	盱眙	−7	36	−17	41	1.34
	淮阴	−7	35	−19	40	1.42
	射阳	−7	35	−15	39	1.30
	镇江					
	无锡			−9	40	
	泰州					
	连云港					
	盐城					
	高邮	−6	36	−16	40	1.32
	东台	−6	36	−13	39	1.24

省、市	市、县、区	规范气温/℃		本书气温/℃		温度作用比值
		最低	最高	最低	最高	
江苏	南通	−4	36	−12	40	1.29
	启东县吕泗	−4	35	−11	39	1.29
	常州	−4	37	−14	40	1.32
	溧阳	−5	37	−15	40	1.32
	吴县东山	−5	36	−10	40	1.20
浙江	杭州	−4	38	−10	41	1.21
	临安县天目山	−11	28	−12	43	1.42
	平湖县乍浦	−5	36	−11	39	1.23
	慈溪	−4	37	−9	41	1.23
	嵊泗	−2	34	−8	37	1.25
	嵊泗县嵊山	0	30	−7	36	1.45
	舟山	−2	35			
	金华	−3	39	−10	42	1.24
	嵊县	−3	39	−11	42	1.26
	宁波	−3	37			
	象山县石浦	−2	35	−8	39	1.29
	衢州	−3	38	−10	41	1.25
	丽水	−3	39	−9	43	1.24
	龙泉	−2	38	−9	41	1.27
	临海市括苍山	−8	29	−20	32	1.39
	温州	0	36	−6	40	1.27
	椒江市洪家	−2	36	−8	40	1.28
	椒江市下大陈	−1	33	−7	35	1.23
	玉环县坎门	0	34	−6	35	1.23
	瑞安市北麂	2	33	−3	35	
安徽	合肥	−6	37	−17	41	1.35
	砀山	−9	36	−20	42	1.38
	亳州	−8	37	−19	42	1.37
	宿县	−8	36	−22	42	1.45
	寿县	−7	35	−21	40	1.46
	蚌埠	−6	36	−18	42	1.42
	滁县	−6	36	−18	41	1.40
	六安	−5	37	−18	42	1.42
	霍山	−6	37	−17	42	1.39
	巢湖	−5	37	−14	41	1.29
	安庆	−3	36	−11	41	1.35

省、市	市、县、区	规范气温/℃		本书气温/℃		温度作用比值
		最低	最高	最低	最高	
安徽	宁国	−6	38	−16	42	1.31
	黄山	−11	24	−24	29	1.49
	黄山(市)	−3	38	−13	42	1.32
	阜阳	−7	36	−20	42	1.43
江西	南昌	−3	38	−10	41	1.24
	修水	−4	37	−12	43	1.35
	宜春	−3	38	−9	41	1.23
	吉安	−2	38	−8	42	1.24
	宁冈	−3	38	−12	38	1.21
	遂川	−1	38	−7	42	1.24
	赣州	0	38	−6	41	1.23
	九江	−2	38	−11	41	1.31
	庐山	−9	29	−18	33	1.33
	鄱阳	−3	38	−11	40	1.25
	景德镇	−3	38	−12	42	1.31
	樟树	−3	38	−11	42	1.28
	贵溪	−2	38	−9	41	1.26
	玉山	−3	38	−10	42	1.26
	南城	−3	37	−9	41	1.26
	广昌	−2	38	−10	41	1.27
	寻乌	0	37	−7	39	1.23
福建	福州	3	37	−3	41	1.29
	邵武	−1	37	−9	41	1.31
	崇安县七仙山	−5	28	−16	32	1.47
	浦城	−2	37	−9	41	1.28
	建阳	−2	38	−10	41	1.29
	建瓯	0	38	−8	42	1.31
	福鼎	1	37	−5	41	1.29
	泰宁	−2	37	−11	40	1.30
	南平	2	38	−7	41	1.34
	福鼎县台山	4	30	−3	35	1.47
	长汀	0	36	−8	40	1.32
	上杭	2	36	−5	40	1.33
	永安	2	38	−8	41	1.36
	龙岩	3	36	−6	39	1.36
	德化县九仙山	−3	25	−15	30	1.60

续表

省、市	市、县、区	规范气温/℃		本书气温/℃		温度作用比值
		最低	最高	最低	最高	
福建	屏南	−2	32	−11	36	1.38
	平潭	4	34	0	36	1.21
	崇武	5	33	0	37	1.30
	厦门	5	35	1	40	1.29
	东山	7	34	3	38	1.29
陕西	西安	−9	37	−20	43	1.36
	榆林	−22	35	−33	40	1.27
	吴旗	−20	33	−28	38	1.25
	横山	−21	35	−30	40	1.26
	绥德	−19	35	−26	41	1.24
	延安	−17	34	−26	40	1.30
	长武	−15	32	−26	38	1.36
	洛川	−15	32	−24	38	1.31
	铜川	−12	33	−21	39	1.32
	宝鸡	−8	37	−16	42	1.30
	武功	−9	37	−19	42	1.34
	华阴市华山	−15	25	−26	29	1.38
	略阳	−6	34	−11	40	1.29
	汉中	−5	34	−10	39	1.26
	佛坪	−8	33	−14	39	1.29
	商州	−8	35	−15	41	1.30
	镇安	−7	36	−14	42	1.29
	石泉	−5	35	−11	43	1.33
	安康	−4	37	−10	43	1.28
甘肃	兰州	−15	34	−24	40	1.30
	吉诃德					
	安西	−22	37			
	酒泉	−21	33	−32	38	1.30
	张掖	−22	34	−31	40	1.28
	武威	−20	33	−31	40	1.35
	民勤	−21	35	−30	41	1.27
	乌鞘岭	−22	21	−31	28	1.38
	景泰	−18	33	−28	39	1.30
	靖远	−18	33	−26	39	1.27
	临夏	−18	30	−27	36	1.31
	林洮	−19	30	−29	36	1.33

省、市	市、县、区	规范气温/℃		本书气温/℃		温度作用比值
		最低	最高	最低	最高	
甘肃	华家岭	−17	24	−27	29	1.38
	环县	−18	33	−26	39	1.29
	平凉	−14	32			
	西峰镇	−14	31	−24	36	1.34
	玛曲	−23	21	−30	26	1.28
	夏河县合作	−23	24	−30	31	1.30
	武都	−5	35	−9	40	1.23
	天水	−11	34	−19	38	1.27
	马宗山	−25	32	−37	37	1.31
	敦煌	−20	37	−30	43	1.28
	玉门	−21	33	−33	38	1.31
	金塔县鼎新	−21	36	−32	40	1.27
	高台	−21	34	−32	40	1.30
	山丹	−21	32	−34	39	1.39
	永昌	−22	29	−29	35	1.27
	渝中	−19	30	−28	36	1.30
	会宁			−26	35	
	岷县	−19	27	−27	33	1.29
宁夏	银川	−19	34	−29	39	1.29
	惠农	−20	35	−30	39	1.26
	陶乐	−20	35	−31	39	1.27
	中卫	−18	33	−30	38	1.33
	中宁	−18	34	−28	39	1.29
	盐池	−20	34	−32	38	1.31
	海源	−17	30	−27	35	1.32
	同心	−18	34	−30	39	1.32
	固原	−20	29	−30	35	1.33
	西吉	−20	29	−30	34	1.31
青海	西宁	−19	29	−26	35	1.29
	茫崖			−35	34	
	冷湖	−26	29	−36	36	1.30
	祁连县托勒	−32	22	−40	30	1.30
	祁连县野牛沟	−31	21	−37	27	1.25
	祁连县	−25	25	−32	33	1.30
	格尔木市小灶火	−25	30	−32	37	1.26
	大柴旦	−27	26	−36	34	1.31

续表

省、市	市、县、区	规范气温/℃		本书气温/℃		温度作用比值
		最低	最高	最低	最高	
青海	德令哈	−22	28	−36	35	1.42
	刚察	−26	21	−33	27	1.27
	门源	−27	24	−35	31	1.28
	格尔木	−21	29	−33	35	1.37
	都兰县诺木洪	−22	30	−29	37	1.27
	都兰	−21	26	−29	33	1.33
	乌兰县茶卡	−25	25	−33	31	1.28
	共和县恰卜恰	−22	26	−30	34	1.33
	贵德	−18	30	−23	37	1.26
	民和	−17	31	−24	37	1.28
	唐古拉山五道梁	−29	17	−37	23	1.32
	兴海	−25	23	−33	31	1.33
	同德	−28	23	−37	30	1.33
	泽库			−36	25	
	格尔木市托托河	−33	19	−42	25	1.29
	治多			−35	26	
	杂多	−25	22	−35	27	1.32
	曲麻莱	−28	20	−36	26	1.29
	玉树	−20	24	−30	30	1.36
	玛多	−33	18	−44	25	1.34
	称多县清水河	−33	17	−44	23	1.34
	玛沁县仁峡姆	−33	18	−36	27	1.24
	达日县吉迈	−27	20	−35	25	1.28
	河南	−29	21	−39	27	1.32
	久治	−24	21	−35	27	1.38
	昂欠	−18	25	−27	30	1.33
	班玛	−20	22	−28	29	1.37
新疆	乌鲁木齐	−23	34	−39	43	1.44
	阿勒泰	−28	32	−48	39	1.45
	阿拉山口	−25	39	−36	45	1.27
	克拉玛依	−27	38	−39	44	1.28
	伊宁	−23	35	−40	40	1.38
	昭苏	−23	26	−35	35	1.43
	达坂城	−21	32	−33	40	1.37
	巴音布鲁克	−40	22	−50	29	1.28
	吐鲁番	−20	44	−28	50	1.22

省、市	市、县、区	规范气温/℃		本书气温/℃		温度作用比值
		最低	最高	最低	最高	
	阿克苏	−20	36	−30	41	1.26
	库车	−19	36	−28	42	1.27
	库尔勒	−18	37	−28	41	1.26
	乌恰	−20	31	−33	37	1.36
	喀什	−17	36	−27	41	1.30
	阿合奇	−21	31	−30	37	1.29
	皮山	−18	37	−25	42	1.23
	和田	−15	37	−24	42	1.27
	民丰	−19	37	−27	43	1.25
	安德河	−23	39	−30	44	1.20
	于田	−17	36	−26	42	1.27
	哈密	−23	38	−34	45	1.28
	哈巴河	−26	34	−46	41	1.46
	吉木乃	−24	31	−42	40	1.49
	福海	−31	34	−47	41	1.36
	富蕴	−33	34	−52	42	1.40
	塔城	−23	35	−42	43	1.46
新疆	和布克赛尔	−23	30	−36	36	1.37
	青河	−35	31	−53	39	1.39
	托里	−24	32	−40	40	1.42
	北塔山	−25	28	−37	36	1.37
	温泉	−25	30	−39	38	1.39
	精河	−27	38	−39	43	1.26
	乌苏	−26	37	−40	43	1.31
	石河子	−28	37	−41	43	1.29
	蔡家湖	−32	38	−46	45	1.29
	奇台	−31	34	−45	42	1.34
	巴伦台	−20	30	−27	36	1.25
	七角井	−23	38			
	库米什	−25	38	−36	44	1.28
	焉耆	−24	35	−34	40	1.24
	拜城	−26	34	−36	39	1.25
	轮台	−19	38	−28	42	1.23
	吐尔格特	−27	18	−36	25	1.36
	巴楚	−19	38	−26	43	1.22
	柯坪	−20	37	−31	43	1.30

续表

省、市	市、县、区	规范气温/℃		本书气温/℃		温度作用比值
		最低	最高	最低	最高	
新疆	阿拉尔	−20	36	−28	41	1.23
	铁干里克	−20	39	−26	44	1.19
	若羌	−18	40	−26	45	1.23
	塔吉克	−28	28			
	莎车	−17	37	−26	42	1.25
	且末	−20	37	−27	42	1.22
	红柳河	−25	35	−36	42	1.29
河南	郑州	−8	36	−19	44	1.43
	安阳	−8	36	−21	43	1.45
	新乡	−8	36	−19	43	1.41
	三门峡	−8	36	−15	43	1.32
	卢氏	−10	35	−20	42	1.37
	孟津	−8	35	−17	44	1.40
	洛阳	−6	36	−19	44	1.51
	栾川	−9	34	−17	40	1.32
	许昌	−8	36	−17	43	1.38
	开封	−8	36	−17	43	1.37
	西峡	−6	36	−13	43	1.33
	南阳	−7	36	−18	42	1.41
	宝丰	−8	36	−17	44	1.40
	西华	−8	37	−20	43	1.39
	驻马店	−8	36	−19	43	1.39
	信阳	−6	36	−19	41	1.43
	商丘	−8	36	−18	43	1.39
	固始	−6	36	−20	41	1.45
湖北	武汉	−5	37	−17	40	1.37
	郧县	−3	37	−12	44	1.40
	房县	−7	35	−15	41	1.33
	老河口	−6	36	−16	42	1.37
	枣阳	−6	36	−14	41	1.31
	巴东	−2	38	−7	43	1.25
	钟祥	−4	36	−13	40	1.32
	麻城	−4	37	−14	42	1.37
	恩施	−2	36	−8	41	1.28
	巴东县绿葱坡	−10	26	−18	30	1.34
	五峰县	−5	34	−13	40	1.38

省、市	市、县、区	规范气温/℃		本书气温/℃		温度作用比值
		最低	最高	最低	最高	
湖北	宜昌	−3	37	−8	42	1.26
	荆州	−4	36	−14	40	1.34
	天门	−5	36	−15	40	1.35
	来凤	−3	35	−7	40	1.24
	嘉鱼	−3	37	−13	41	1.34
	英山	−5	37	−13	42	1.31
	黄石	−3	38	−12	41	1.28
湖南	长沙	−3	38	−10	42	1.26
	桑植	−3	36	−8	42	1.27
	石门	−3	36	−9	42	1.32
	南县	−3	36	−12	40	1.31
	岳阳	−2	36	−12	40	1.36
	吉首	−2	36	−7	41	1.26
	沅陵	−3	37	−9	41	1.26
	常德	−3	36	−11	41	1.34
	安化	−3	38	−10	42	1.27
	沅江	−3	37	−11	40	1.28
	平江	−4	37	−11	41	1.27
	芷江	−3	36	−9	40	1.26
	雪峰山	−8	27	−16	29	1.29
	邵阳	−3	37	−9	40	1.23
	双峰	−4	38	−11	41	1.25
	南岳	−8	28	−18	32	1.37
	通道	−3	35	−8	38	1.23
	武岗	−3	36	−9	40	1.24
	零陵	−2	37			
	衡阳	−2	38	−8	42	1.24
	道县	−1	37	−6	40	1.23
	郴州	−2	38	−9	41	1.25
广东	广州	6	36	−2	39	1.37
	南雄	1	37	−6	40	1.28
	连县	2	37	−5	41	1.31
	韶关	2	37	−4	40	1.26
	佛岗	4	36	−4	40	1.38
	连平	2	36	−5	39	1.32
	梅县	4	37	−6	40	1.41

续表

省、市	市、县、区	规范气温/℃		本书气温/℃		温度作用比值
		最低	最高	最低	最高	
广东	广宁	4	36	−5	40	1.40
	高要	6	36	−1	39	1.36
	河源	5	36	−3	40	1.39
	惠阳	6	36	−2	39	1.38
	五华	4	36	−3	40	1.34
	汕头	6	35	−1	39	1.40
	惠来	7	35	1	39	1.37
	南澳	9	32	2	37	1.54
	信宜	7	36	−1	39	1.36
	罗定	6	37	−2	40	1.33
	台山	6	35	−1	38	1.34
	深圳	8	35	−1	38	1.47
	汕尾	7	34	0	38	1.40
	湛江	9	36	2	38	1.36
	阳江	7	35	−1	38	1.39
	电白	8	35	1	38	1.37
	台山县上川岛	8	35	1	37	1.33
	徐闻	10	36	2	39	1.45
广西	南宁	6	36	−3	40	1.43
	桂林	1	36	−5	40	1.29
	柳州	3	36	−3	40	1.31
	蒙山	2	36	−4	40	1.28
	贺山	2	36			
	百色	5	37	−2	43	1.40
	靖西	4	32	−3	38	1.46
	桂平	5	36	−1	40	1.33
	梧州	4	36	−3	40	1.34
	龙舟	7	36	−3	41	1.51
	灵山	5	35	−1	39	1.34
	玉林	5	36	−1	39	1.30
	东兴	8	34	1	39	1.45
	北海	7	35	0	37	1.32
	涠洲岛	9	34	1	36	1.39
海南	海口	10	37	3	40	1.38
	东方	10	37	3	39	1.35
	儋县	9	37	2	41	1.40

省、市	市、县、区	规范气温/℃		本书气温/℃		温度作用比值
		最低	最高	最低	最高	
海南	琼中	8	36	−1	39	1.44
	琼海	10	37	5	40	1.31
	三亚	14	36	4	37	1.51
	陵水	12	36	5	38	1.36
	西沙岛	18	35	15	35	1.16
	珊瑚岛	16	36	16	38	1.10
四川	成都	−1	34	−6	38	1.25
	石渠	−28	19	−39	25	1.31
	若尔盖	−24	21	−35	27	1.32
	甘孜	−17	25	−28	31	1.41
	都江堰			−6	36	
	绵阳	−3	35	−7	39	1.21
	雅安	0	34	−4	38	1.33
	资阳	1	33	−5	40	1.42
	康定	−10	23	−16	30	1.38
	汉源	2	34	−4	41	1.43
	九龙	−10	25	−16	32	1.34
	越西	−4	31	−11	36	1.41
	昭觉	−6	28	−16	34	1.37
	雷波	−4	29	−10	37	1.41
	宜宾	2	35	−3	41	1.32
	盐源	−6	27	−11	33	1.31
	西昌	−1	32	−5	38	1.31
	会理	−4	30	−6	35	1.22
	万源	−3	35	−9	40	1.30
	阆中	−1	36	−4	41	1.22
	巴中	−1	36	−6	41	1.26
	达县	0	37	−5	42	1.28
	遂宁	0	36	−4	41	1.25
	南充	0	36			
	内江	0	36	−4	42	1.26
	泸州	1	36	−2	41	1.24
	叙永	1	36	−2	44	1.33
	德格	−15	26	−22	33	1.32
	色达	−24	21	−35	25	1.35
	道孚	−16	28	−22	33	1.24

续表

省、市	市、县、区	规范气温/℃		本书气温/℃		温度作用比值
		最低	最高	最低	最高	
四川	阿坝	−19	22	−33	29	1.51
	马尔康	−12	29	−17	36	1.30
	红原	−26	22	−37	27	1.33
	小金	−8	31	−12	37	1.26
	松潘	−16	26	−22	33	1.30
	新龙	−16	27	−20	35	1.28
	理塘	−19	21	−30	26	1.38
	稻城	−19	23	−27	28	1.32
	峨眉山	−15	19	−21	24	1.33
贵州	贵阳	−3	32	−8	37	1.28
	威宁	−6	26	−14	32	1.44
	盘县	−3	30	−8	36	1.34
	桐梓	−4	33	−7	38	1.24
	习水	−5	31	−9	36	1.24
	毕节	−4	30	−9	36	1.33
	遵义	−2	34	−8	39	1.29
	湄潭	−3	34	−8	39	1.26
	思南	−1	36	−6	41	1.26
	铜仁	−2	37	−8	42	1.28
	黔西	−4	32	−9	36	1.26
	安顺	−3	30	−8	34	1.29
	凯里	−3	34	−9	38	1.28
	三穗	−4	34	−11	39	1.29
	兴仁	−2	30	−7	36	1.34
	罗甸	1	37	−4	41	1.25
	独山	−3	32	−9	35	1.26
	榕江	−1	37	−6	40	1.23
云南	昆明	−1	28	−8	33	1.39
	德钦	−12	22	−14	28	1.24
	贡山	−3	30	−3	37	1.22
	中甸	−15	22			
	维西	−6	28	−8	32	1.20
	昭通	−6	28	−12	34	1.36
	丽江	−5	27	−9	32	1.28
	华坪	−1	35	−2	42	1.23
	会泽	−4	26	−15	32	1.56

省、市	市、县、区	规范气温/℃		本书气温/℃		温度作用比值
		最低	最高	最低	最高	
云南	腾冲	−3	27	−5	32	1.24
	泸水	1	26	−1	33	1.35
	保山	−2	29	−5	33	1.21
	大理	−2	28	−5	33	1.27
	元谋	3	35	−2	42	1.38
	楚雄	−2	29	−7	34	1.34
	曲靖市沾益	−1	28	−9	34	1.49
	瑞丽	3	32	0	38	1.31
	景东	1	32	−2	39	1.31
	玉溪	−1	30	−5	35	1.29
	宜良	1	28	−9	35	1.65
	泸西	−2	29	−10	35	1.46
	孟定	−5	32	1	42	1.10
	临沧	0	29	−2	35	1.26
	澜沧	1	32	−2	38	1.28
	景洪	7	35	2	42	1.43
	思茅	3	30	−4	36	1.51
	元江	7	37	1	44	1.42
	勐腊	7	34	1	39	1.43
	江城	4	30	−2	36	1.44
	蒙自	3	31	−6	36	1.51
	屏边	2	28	−3	34	1.42
	文山	3	31	−5	36	1.47
	广南	0	31	−6	37	1.41
西藏	拉萨	−13	27	−19	31	1.25
	班戈	−22	18	−40	24	1.59
	安多	−28	17	−38	24	1.37
	那曲	−25	19	−41	24	1.47
	日喀则	−17	25	−23	30	1.26
	乃东县泽当	−12	26	−19	31	1.31
	隆子	−18	24	−23	27	1.21
	索县	−23	22	−35	27	1.37
	昌都	−15	27	−21	34	1.29
	林芝	−9	25	−15	31	1.36
	葛尔	−27	25			
	改则	−29	23			

续表

省、市	市、县、区	规范气温/℃		本书气温/℃		温度作用比值
		最低	最高	最低	最高	
西藏	普兰	−21	25	−33	29	1.35
	申扎	−22	19	−31	25	1.37
	当雄	−23	21	−36	28	1.44
	尼木	−17	26	−22	31	1.22
	聂拉木	−13	18	−22	23	1.45
	定日	−22	23	−35	27	1.37
	江孜	−19	24	−24	28	1.23
	错那	−24	16	−40	19	1.48
	帕里	−23	16	−31	19	1.30
	丁青	−17	22	−25	28	1.36
	波密	−9	27	−19	32	1.43
	察隅	−4	29	−6	33	1.18

编 后 记

　　《博士后文库》(以下简称《文库》)是汇集自然科学领域博士后研究人员优秀学术成果的系列丛书。《文库》致力于打造专属于博士后学术创新的旗舰品牌,营造博士后百花齐放的学术氛围,提升博士后优秀成果的学术和社会影响力。

　　《文库》出版资助工作开展以来,得到了全国博士后管委会办公室、中国博士后科学基金会、中国科学院、科学出版社等有关单位领导的大力支持,众多热心博士后事业的专家学者给予积极的建议,工作人员做了大量艰苦细致的工作。在此,我们一并表示感谢!

《博士后文库》编委会

图 1-5   天津天山海世界水上娱乐中心   图 1-6   天津于家堡交通枢纽站房

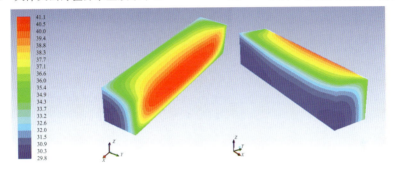

（a）8:00时温度场

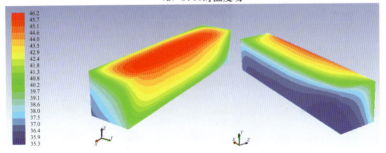

（b）10:00时温度场

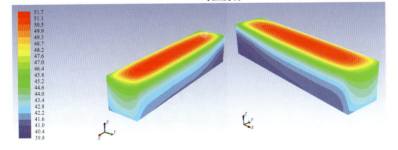

（c）12:00时温度场

图 4-70   太阳辐射作用下试件 T1 各时刻温度场分布(单位:℃)

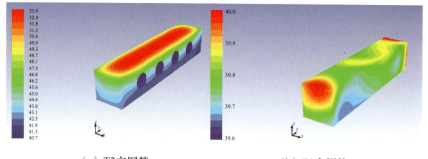

（a）T2方钢管　　　　　　　　　　　　（b）T3方钢管

图 4-71　太阳辐射作用下试件 T2 和 T3 在 12:00 时的温度场分布（单位:℃）

图 5-1　山东茌平体育馆建成后的实际效果

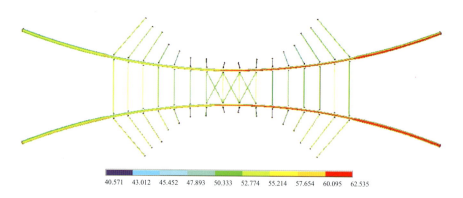

| 40.571 | 43.012 | 45.452 | 47.893 | 50.333 | 52.774 | 55.214 | 57.654 | 60.095 | 62.535 |

图 5-14　钢拱及其撑杆温度场分布云图（单位:℃）

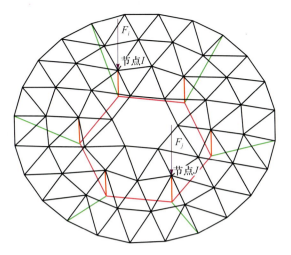

图 5-28　弦支穹顶受力示意图

黑线-单层网壳部分;红线-撑杆;绿线-径向拉杆;粉线-环向拉索

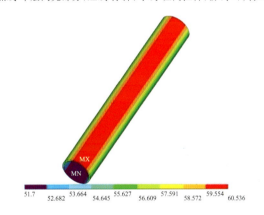

图 5-66　14:00 时钢构件的温度场分布(单位:℃)

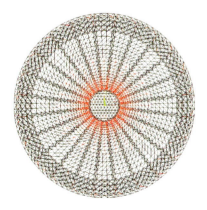

图 5-69　太阳辐射影响系数超过 3.0 的杆件分布

红色代表杆件

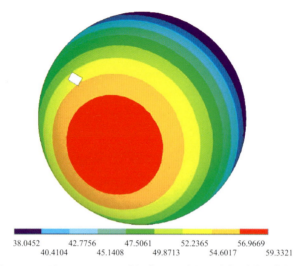

图 5-85　6 月 21 日 14：00 时铝合金屋盖的温度场分布（单位：℃）

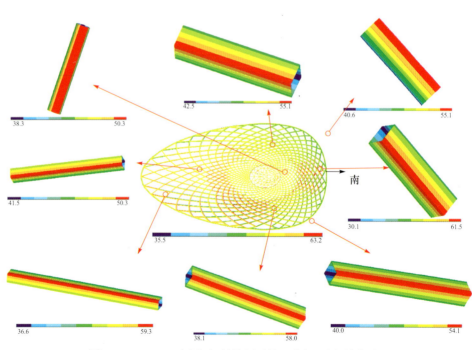

图 5-116　12：00 时太阳辐射作用下的温度场云图（单位：℃）